36.4

Adam, Eva und – Wir
Die Evolution entlässt ihre Kinder
Ein fiktiver Tatsachenbericht

Jürgen G. Meyer

Adam, Eva und – Wir

Die Evolution entlässt ihre Kinder

Ein fiktiver Tatsachenbericht

Jürgen G. Meyer

Ein Buch aus dem WAGNER VERLAG

Lektorat & Layout: schmidt.petra@gmx.net
Umschlaggestaltung: www.boehm-design.de
... nach Entwürfen des Autors

1. Auflage

ISBN: 978-3-86683-546-7

Bibliografische Information der Deutschen Bibliothek
Die Deutsche Bibliothek verzeichnet diese Publikation in der
Deutschen Nationalbibliografie; detaillierte bibliografische Daten sind
im Internet über http://dnb.ddb.de abrufbar.

Die Rechte für die deutsche Ausgabe liegen beim
Wagner Verlag GmbH,
Zum Wartturm 1, 63571 Gelnhausen.
© 2009, by Wagner Verlag GmbH, Gelnhausen
Schreiben Sie? Wir suchen Autoren, die gelesen werden wollen.

Das Werk ist einschließlich aller seiner Teile urheberrechtlich geschützt. Jede
Verwertung und Vervielfältigung des Werkes ist ohne Zustimmung des Verlages
unzulässig und strafbar. Alle Rechte, auch die des auszugsweisen Nachdrucks und
der Übersetzung, sind vorbehalten! Ohne ausdrückliche schriftliche Erlaubnis des
Verlages darf das Werk, auch nicht Teile daraus, weder reproduziert, übertragen
noch kopiert werden, wie zum Beispiel manuell oder mithilfe elektronischer und
mechanischer Systeme inklusive Fotokopieren, Bandaufzeichnung und Datenspeicherung. Zuwiderhandlung verpflichtet zu Schadenersatz. Wagner Verlag
ist eine eingetragene Marke.
Alle im Buch enthaltenen Angaben, Ergebnisse usw. wurden vom Autor nach
bestem Wissen erstellt. Sie erfolgen ohne jegliche Verpflichtung oder Garantie des
Verlages. Er übernimmt deshalb keinerlei Verantwortung und Haftung für etwa
vorhandene Unrichtigkeiten.
Druck: DIP-Digital-Print, Stockumer Str. 28, 58453 Witten

Gewidmet

dem Gedenken
an meine ersten akademischen Lehrer

Professor Dr. Dr. h.c. mult. Adolf Butenandt, München,
Professor Dr. Georg Wilhelm Löhr, Marburg,
Professor Dr. Richard Pohl, Freiburg,
Professor Dr. Friedrich Turba, Würzburg

sowie

in ebenso großer Dankbarkeit
Professor Dr. Peter Breunig, Frankfurt

Inhalt

Einführung	11
Es werde Licht ...	18
Ein neuer Gast	19
Deszendenz = Abstammung mit Abänderung	22
Lamarck und Darwin diskutieren	28
Die Inselgruppen Galapagos und Kerguelen	34
Neue Wortmeldungen	38
Ordnung mit System: Carl von Linné	45
Fuhlrott und das Neandertal	52
Faustkeile und andere Steinwerkzeuge	55
... und es ward Licht	60
Der Erbsenzähler aus Brünn: Gregor Mendel	61
Der Evolutionsbegriff Herbert Spencers	67
Neue Funde: Waren die Neandertaler nicht allein?	72
Ernst Haeckel und das Biogenetische Grundgesetz	78
Zytologen und Genetiker verkünden Neuigkeiten	84
Und das Licht war gut	97
Hans Spemann und der Organisator-Effekt	100
Morgan, Muller und die Mutationen	105
Evolution durch Schöpfung? Schöpfung durch Evolution?	112
Gene bestehen aus DNS	117
Von der Röntgenstrukturanalyse zur DNS-Doppelhelix	120
Robert Broom und die Australopithecinen	129
Die Piltdown-Affäre	134
Hans Reck, Louis Leakey und das erste Olduvai-Skelett	140
Früheste Kunstwerke: Statuetten und Höhlenmalerei	153

Mit dem Licht kam die Erleuchtung 160
Mitschurin und Lyssenko: Irrlehren stützen Ideologien 163
Anfänge der molekularen Genetik 168
„Ursuppe" und chemische Evolution 172
Der genetische Code – einzige Konstante in der Evolution 178
Immer wieder Afrika: Vor- und Frühmenschenfunde 185
Out of Africa, biped: Die Eroberung der Kontinente 192
Out of Africa, molekulargenetisch: Evas Mitochondrien 198
Evolution und Entwicklungsbiologie (Evo Devo) 202
Das menschliche Genom: Struktur und offene Fragen 210
Synthetische Theorie der Biologischen Evolution 217
Kreationismus kontra Evolution und Theologie 223
Letzte Neuigkeiten aus Genetik und Paläontologie 228
Epigenetik und Lamarck: Schließt sich der Kreis? 243

Chronologie 249
Glossar 260
Lebensdaten 275
Weiterführende Literatur 281
Index 284
Legenden 295

Danke!

An den Anfang dieses Berichts möchte ich Worte meines Dankes stellen, denn es erfreut einen gestressten Autor, wenn gute Wünsche zum Gelingen des Werks ihn erreichen, insbesondere in Verbindung mit Hinweisen, Anregungen und Hilfen bei Literaturrecherchen.

So wäre die Suche nach dem Verbleib des ersten in der Olduvai-Schlucht 1913 geborgenen menschlichen Skeletts wohl erfolglos geblieben ohne die engagierte Unterstützung durch Herrn Privat-Dozenten Dr. Oliver Hampel, Museum für Naturkunde der Humboldt-Universität Berlin, der die Spur nach München aufzeigte, wo Frau Professor Dr. Gisela Grupe, Staatssammlung für Anthropologie und Paläoanatomie, das Skelett in den dortigen Archiven entdeckte und wichtige Quellen zur Datierung nennen konnte.

Geholfen haben mir in vielfältiger Weise weiterhin Monika Bork, Dr. Matthias Fritzsche, Angela Noe (Stadtbibliothek Hanau), Richard Schaffer-Hartmann (Leiter der Hanauer Museen), Rolf Siegel sowie Joachim Weihl (Buchhandlung Dausien, Hanau).

Ihnen allen gilt mein herzlicher Dank, in den ich mit besonderer Freude und Erleichterung meine Verleger Andrea Manes und Hauke Wagner einbeziehen möchte, ohne deren Weitblick mein Manuskript noch immer nicht gedruckt wäre. Ebenso dankbar bin ich den Mitarbeiterinnen und Mitarbeitern des noch jungen Verlags, die frei von verkrusteten Strukturen das Erscheinen des Buches in relativ kurzer Frist ermöglicht haben.

Hanau, den 12. Februar (!) 2009
Jürgen G. Meyer

Einführung

Spuren ersten Lebens auf unserem Planeten sind in 3,5 Milliarden altem Urgestein erhalten geblieben. Die Abdrücke wurden von mikroskopisch kleinen, noch kernlosen Vorläufern der späteren (kernhaltigen) Zellen hinterlassen, rundlichen Zusammenballungen organischer Moleküle, unter ihnen Ribonukleinsäuren (RNS) und Proteine. Diese Bausteine des Lebendigen ermöglichten Vermehrung und Stoffwechsel.

Dann kam vor etwa 3 Milliarden Jahren der Tag, an dem diese „Rundlichen" beschlossen, ihrem langweiligen Dasein – es währte nun schon 500 Millionen Jahre – einen Kick zu geben. Auslöser war die Bereicherung ihrer engen „RNS-Welt" durch die Erfindung der Desoxyribonukleinsäure (DNS). Damit war eine neue materielle Basis für die Speicherung lebenswichtiger Informationen geschaffen: Der genetische Code wurde zur einzigen Konstante auf dem langen Weg der Evolution zum Menschen, er konnte nicht durch Besseres ersetzt werden. Noch heute folgt dessen Übersetzung in Proteine der gleichen Sprache wie in den Anfängen, noch immer bewirken die so synthetisierten Transkriptionsfaktoren die Ausprägung der von den Genen codierten Merkmale.

Dann umgaben sich die formlosen Molekülaggregate, deren Komponenten in chemischen Wechselreaktionen kooperierten, mit einer Membran, nahmen als Bakterienzellen Gestalt an. Ihre Architektur war in ihrer DNS archiviert, die sich bei der Teilung verdoppelte, sodass jede der Tochterzellen den gleichen DNS-Bestand erhielt: Diese identische Reduplikation bedeutete die Unsterblichkeit des Bauplans. Er wird mit jeder Zellteilung weitergegeben, die genetische Information nach ihrer materiellen Verdopplung vererbt an die Nachkommen, über alle Evolutionsschritte hinweg in gleicher Weise.

Hinzugekommen ist schon früh eine weitere essentielle Erfindung: die Änderung der Gene, ihrer Konstellationen oder Wirkkombinationen mit dem Effekt einer Variation der von ihnen gesteuerten Merkmale. Damit war die wichtigste Voraussetzung für die Möglichkeit einer Selektion der bestangepassten Varianten erfüllt, der Start der Evolution freigegeben.

Nun wurden vor etwa 2,7 Milliarden Jahren zwei verschiedene Wege eingeschlagen, die einerseits zu den Archae-Bakterien, andererseits zu den Eubakterien führten.

Die Vertreter der urtümlichen Archäen wuchsen unter eher als lebensfeindlich anzusehenden Bedingungen: Sie liebten heiße Quellen, hohe Salzkonzentrationen und bezogen ihre Energie aus dem Umsatz einfacher Moleküle, wobei sie Methangas produzierten.

Die Erdatmosphäre war noch frei von Sauerstoff, als von Bakterien das Chlorophyll erfunden wurde, sodass die Sonnenenergie zur Synthese von Zucker und weiter von Fetten aus Wasser und Kohlendioxid genutzt werden konnte. Die Photosynthese war mit der Freisetzung von Sauerstoff verbunden. Die in riesigen Massen in den Meeren schwimmenden „Cyanobakterien" verhalfen der Atmosphäre vor 2,5 Milliarden Jahren zu ihrem ersten Sauerstoffgehalt, der nun von anderen Bakterienarten zur Energiegewinnung durch oxidative Reaktionen genutzt wurde.

Die Zahl der unterschiedlich spezialisierten Archäen und Bakterien hatte ständig zugenommen. Als Zeichen ihrer Experimentierfreude kann auch die Eingrenzung der bis dahin frei im Zellplasma schwimmenden Nukleinsäuren durch die Ausbildung einer innerzellulären Membran angesehen werden, die nun die DNS umschloss und damit einen Zellkern bildete: Die Eukaryonten, die „echten" kernhaltigen Zellen, waren geboren.

In diesem Zeitabschnitt vor etwa 1,5 – 2 Milliarden Jahren begann eine grundsätzliche Zweiteilung der Entwicklungslinien. Aus dem Nebeneinander der Einzeller und Bakterien wurde in Sonderfällen ein Miteinander, ein ausgewogenes Geben und Nehmen, Symbiose genannt, schließlich perfektioniert durch die Einverleibung der kleineren Partner, durch die *Endosymbiose*: Einzeller mit inkorporierten Bakterien nutzten deren oxidativen Stoffwechsel als Energiequelle, andere holten sich zusätzlich Cyanobakterien ins Zellplasma, deren Photosynthese ihnen zu so wichtigen Grundbausteinen wie Zucker und Fetten verhalf.

Neuere Analysen der Genome haben ergeben, dass die Eukaryonten aus der Endosymbiose von Archae- und Eubakterien entstanden, wobei die letzteren als Mitochondrien morphologisch erhalten blieben im Gegensatz zu den Archäen, deren Gene formlos integriert wurden und vor allem die Replikation bei der Zellteilung steuern.

Als dann vor 630 Millionen Jahren Einzeller zu Mehrzellern zusammenwuchsen, entwickelten sich die ausschließlich Mitochondrien enthaltenden Gewebe zu den Tieren, in deren Zellen aus den Verbrennungsreaktionen der Atmungskette Energie gewonnen wird: Die Mitochondrien sind gleichsam zu „Kraftwerken" geworden. Aus den zusätzlich mit photosynthetisierenden Endosymbionten ausgestatteten Geweben entstanden die grünen Pflanzen mit ihren nun Chloroplasten genannten Kindern der Cyanobakterien. Beide, Chloroplasten wie Mitochondrien, haben ihre eigene DNS konserviert und reduplizieren sich immer noch unabhängig von den Teilungen ihrer Wirtszellen.

Dann nahm die weitere Evolution ihren bekannten Verlauf: Zu Beginn des Kambriums wuchs die Formenvielfalt lawinenartig, man spricht von der „kambrischen Explosion" vor 530 Millionen Jahren, einer höchst kreativen Epoche, in der die genetische Basis für die bilateral-symmetrischen Tierbaupläne geschaffen und bis in die Gegenwart konserviert wurde.

Nach weich- und hartschaligen Tieren folgten erste Fische (500 Millionen Jahre), einige fanden vor etwa 400 Millionen Jahren Gefallen am Landgang und wurden zu Amphibien. Aus ihnen entwickelten sich die Reptilien, aus denen schließlich vor 200 Millionen Jahren die beiden Linien Vögel und Säuger hervorgingen und den Artenreichtum auf unserem Planeten komplettierten bis hin zu unseren direkten Vorfahren, die als Fossilien nach und nach ans Tageslicht kamen und auch heute noch mit jedem spektakulären Fund zur Bestätigung oder auch

Korrektur unserer Vorgeschichte beitragen. Den fossilen Überresten frühester Hominiden bis hin zum Homo sapiens sind, ihrer Bedeutung für die Menschwerdung entsprechend, mehrere Kapitel gewidmet.

Zu Darwins Zeiten hatte die Paläoanthropologie noch nicht das Licht dieser Welt erblickt. Der Neandertaler war damals der einzige Statist auf der Evolutionsbühne der Hominiden. Von der korrekten Zuordnung des Fundes als Frühmenschenart bis zur verspottenden Erklärung, es handle sich um Überreste eines Rachitiskranken, spannte sich die bunte Palette der Interpretationen der Wissenschaftler und jener, die es vorgaben zu sein.

Doch zurück zu Charles Darwin. Ihn bewegte die Frage, wie es zu der unzählbaren Artenvielfalt kommen konnte. Seine Erkenntnis, dass sich auf dem langen Weg der Evolution die komplexen Organismen aus einfacheren Vorläuferformen entwickelt haben, gilt auch heute noch als unumstößliche Tatsache.

Und doch löst Darwin 150 Jahre nach seiner Publikation über die Entstehung der Arten immer wieder heftige Diskussionen aus. Sie betreffen nicht seine eben erwähnte Abstammungslehre, sondern die Frage nach den letzten Ursachen für die Ausformung von Varianten als unumgängliche Voraussetzung für die Auslösung von Selektionsvorgängen, für das Überleben der tauglichsten Arten im Kampf ums Dasein. Dieses Problem hat auch Darwin erkannt, es hat ihn nachhaltig beschäftigt, bewegt, ja unsicher werden lassen: Er selbst beklagte die fehlende Erklärungsmöglichkeit für das Entstehen von Varianten als „sein Dilemma", sah hier eine Lücke in der Beweisführung für seine Abstammungslehre. Vielleicht würde es ihn trösten: Auch bis zu seinem 200. Geburtstag ist dieses Dilemma trotz verschiedener Lösungsvorschläge noch nicht überzeugend beseitigt worden.

Das Evolutionsgeschehen wird heute nicht mehr als Theorie, sondern als Tatsache von der Wissenschaft anerkannt: Die Arten befinden sich in ständiger Wandlung, sodass bei Änderung der Umweltbedingungen der „Daseins-Wettbewerb" einsetzt, die bestangepassten Varianten durch natürliche Auslese ihren Selektionsvorteil nutzen und sich zahlreicher fortpflanzen können als die jetzt benachteiligte Ursprungsart, die weniger Nachkommen erzeugt und schließlich ausstirbt.

Der Philosoph Herbert Spencer hat Darwins „struggle for life" einen Schritt weitergedacht und als dessen Konsequenz den Begriff „survival of the fittest", das Überleben des Tauglichsten, in die Diskussion eingeführt.

Darwin und seine Zeitgenossen hatten keine konkreten Vorstellungen von den Vorgängen bei der Vererbung, die zwar durch die 1865, siebzehn Jahre vor Darwins Tod, publizierten Kreuzungsversuche Gregor Mendels erhellt, aber nicht beachtet wurden. Daher hatte man von Mutationen im heutigen Sinne keinerlei Kenntnis, konnte die beobachteten erblichen Abwandlungen von Merkmalen nicht erklären. Sie wurden als zufallsbedingt angesehen, ohne eine Richtung, ohne ein Ziel. Je nach Umweltbedingung schien die eine oder andere Variante Überlebensvorteile aufzuweisen im Vergleich mit ihren „zurückgebliebenen" Verwandten.

Dieses Überleben der tauglichsten Varianten lässt sich überspitzt und anthropoid gedacht als einen erfolgreich praktizierten Egoismus ansprechen, zurückzuführen auf mindestens ein mutiertes Gen, das als „Egoistisches Gen" seit der Erstveröffentlichung des Buches von Richard Dawkins 1976 ungebremst für Furore sorgt, vor allem in breiten Leserkreisen außerhalb der Wissenschaft.

Auf Basis des Darwinismus wird die Ansicht vertreten, dass die Gene in ihrem grenzenlosen Egoismus uns deshalb steuern und zur Fortpflanzung animieren, weil sie sich selbst erhalten und über alle Generationen hinweg weiterleben wollen. Wenn demnach Genen in dieser anthropomorph gedachten Individualität die Verfolgung einer Absicht unterstellt wird, ist vor diesem Hintergrund zu fragen, woher Dawkins die Gewissheit nimmt, dass das Dasein von diesen einzelnen Genen als so wunderbar empfunden wird, dass ein ewiges Leben für sie attraktiv ist.

Der Darwin-These mitsamt ihren Modifikationen ist kürzlich eine Antithese gegenübergestellt worden, in der das „kooperative Gen" an die Stelle des „egoistischen Gens" gerückt wird: Ein einzelnes Gen könne seine Information nur im Zusammenwirken mit anderen Genen exprimieren, das An- oder Abschalten von Aktivitäten sowie die Beteiligung von transponierbaren Elementen seien Beispiele für eine breit angelegte Kooperation.

Auch die Umkehrung des „egoistischen Gens" in sein Gegenteil muss Spekulation bleiben, insbesondere erscheint sie als Begründung für einen „Abschied vom Darwinismus" nicht stringent genug. Nicht Gene, Genkombinationen oder deren Netzwerke können egoistisch oder kooperativ „denken" und bewusst handeln – das bleibt allein dem Menschen vorbehalten, der mehr ist als die Summe seiner Gene.

Die verschiedenen Interpretationen und Theorien der Genwirkung werden im letzten Kapitel („Epigenetik und Lamarck: Schließt sich der Kreis?") noch ausführlich diskutiert, zumal manche Auslegung nicht frei ist von Widersprüchen. Hier soll daher nur die Möglichkeit angesprochen werden, dass die Wahrheit, wie so oft, in der Mitte liegen könnte, dass die Vielfalt des genetischen Pools nämlich sowohl Altruismus als auch Egoismus konserviert.

Dann ist es folgerichtig, dass sich diese genetische Konstellation auch im zwischenmenschlichen Verhalten ausdrücken kann, individuell schwankend zwischen den beiden Extremen. Dieser Dualismus begegnet uns im täglichen Leben immer wieder. So lässt sich das Streben nach Erfolg und Anerkennung durchaus als eine positive Facette des Egoismus interpretieren. Als streng individualisierte Variante ist dieser Wettstreit in der Forscherwelt anzutreffen, wenn es um das Überleben in der Wissenschaft geht, um das Erklimmen der nächsthöheren Stufe auf dem steinigen Weg nach oben.

Nicht immer wird das legitime Bemühen, einen ruhmreichen Beitrag zum wissenschaftlichen Fortschritt zu leisten, in fairem Wettstreit ausgetragen, führt nicht immer zum „Überleben des Besten", sondern oft zum Erfolg des Blenders. Egoismus kann zum kaltblütigen Fanatismus eskalieren und „über Leichen gehen". Die Beispiele allein aus der Evolutionsforschung sind oft bedrückend und nur in Ausnahmefällen amüsant. Sie reichen vom Verschweigen der Resultate eines Erstbeschreibers über das perfide Ausspionieren der Laborergebnisse von Kollegen bis zu grotesken Auswüchsen, getoppt von der Piltdown-Affäre – alles höchst unerfreuliche Begleiterscheinungen dieser Abart des Kampfes ums Dasein, aber mit dem schwachen Trost geschmückt, dass früher oder später das Licht der Wahrheit heller leuchten wird als jede Unredlichkeit. Etliche Beispiele für derartige Kapriolen, immer wieder eingestreut, verleihen dem Text eine pikante Würze.

Es werde Licht ...

Über die Herkunft des Menschen wurde bis zur Mitte des 18. Jahrhunderts nicht diskutiert.
Die Schöpfungsgeschichte des Alten Testaments war in den Herzen der Christen fest verankert: Gott schuf den Menschen als sein Ebenbild, dazu die Pflanzen und Tiere.
Dieser einmalige Schöpfungsakt ließ konsequenterweise spätere Veränderungen der Baupläne des Lebendigen nicht zu – ein Credo nicht nur der Theologen.
Doch dann wurden Zweifel laut. Naturforscher begannen, mit ihrem durch das Studium der Lebewesen gewonnenen, objektiv nachprüfbaren Wissen gegen den Glauben anzutreten.
Lamarck und Darwin sind ihre wohl bekanntesten Vertreter. Sie setzten dem Dogma von der Konstanz der Arten ihre Erkenntnis vom Artenwandel entgegen, für den sie die Entwicklung von einfachen zu höher organisierten Strukturen postulierten: Die Abstammung einer Art von einer primitiveren Vorläuferform wurde als Deszendenztheorie zum Zankapfel zwischen Geistlichkeit und Naturwissenschaft.
Der einzige Ort, an dem alle jene Akteure auf der Evolutionsbühne ihre Forschungsergebnisse und deren Interpretationen wirklich frei und ohne Befürchtung negativer Rückwirkungen auf Reputation und Karriere vortragen konnten, war der große Konferenzraum bei Petrus.
Diese Kolloquien im Jenseits waren geprägt durch das Gütesiegel absoluter Wahrheit. Im Unterschied zu irdischen Kongressen war es dort oben nicht möglich, Geschöntes oder gar Gefälschtes vorzutragen: Der himmlische Assistent mit dem aufschlussreichen Namen Veritatikus durchschaute bereits kleinste Flunkereien – sehr zum Entsetzen derer, die glaubten, irdische Gewohnheiten dort oben beibehalten zu dürfen ...

Die ersten Diskussionen über den Deszendenzgedanken fanden im Laufe des Jahres 1882 statt. Sie wurden begonnen, nachdem Darwin als Hauptakteur die Runde der Anhänger und Gegner seiner Theorie komplettiert hatte: eine auf Erden nicht realisierbare Möglichkeit, die Argumente und Meinungen von Forschern aus einer Epoche von mehr als hundert Jahren in Rede und Gegenrede anzuhören!

Ein neuer Gast

An der Himmelspforte wird geläutet.

Petrus, wieder einmal nicht an seinem Platz, brummelt sein Missfallen in den Bart:

Gott gab die Zeit. Von Eile hat er nichts gesagt.

Durch die Klappe blickt er in den Vorhof und fragt, ungehalten ob der Störung, wer denn da schon wieder Einlass begehre. Als er den Namen hört, huscht ein leichtes Lächeln über sein Gesicht.

Er schaut auf das große Europa-Chronometer: Vier Uhr sieben nachmittags, 19. April 1882.

Die schwere Tür öffnet sich knarrend.

Er habe ihn schon vor Tagen erwartet. Schließlich sei sein schwerer Krankheitszustand unübersehbar gewesen. Es könne nicht einfach so hingenommen werden, dass jemand, auch nicht ein Charles Robert Darwin, seine Gastrolle auf Erden ungefragt verlängere, hält er dem weißbärtigen Weisen aus Down House verschmitzt lächelnd vor.

Darwin, auch da oben cooler Gentleman, bedankt sich für die freundlichen Worte, fällt dann aber erschöpft in den Empfangssessel. Durch das hohe Fieber der letzten Tage sei er doch erheblich geschwächt worden, zumal er völlig untrainiert da unten seinen Abschied genommen habe – sein Witz hat offensichtlich keinen Schaden genommen.

Darwin lässt seine Blicke schweifen.

Das Foyer ist recht geräumig. Klar, denkt er so vor sich hin, hier oben kann man sich den großzügigen Umgang mit den Quadratmetern leisten.

Im Osten entdeckt er die Einmündung eines U-förmigen Arbeitsplatzes mit Uhren, Teleskopen, Schriftrollen. Er wird offenbar von Petrus selbst betreut, mit Unterstützung durch seinen Assistenten, der Darwin mit dem sinnigen Namen Memoritus vorgestellt wird. Hundert Jahre später hätte man ihn Festplattinus nennen können.

Darwin tritt interessiert näher. Ob er wohl mal …?

Natürlich dürfe er. Memoritus stellt ihm eines der Teleskope ein.

Unglaublich, so Darwin, das sei ja Kent! Er erkenne Down House, die Kirche, und dort …

Eine dicke Nebelschwade schiebt sich über die Grafschaft. Schade, man müsste sie verscheuchen können.

Wie gern hätte er einen Blick auf seine Familie geworfen, trotz dreier Todesfälle eine immer noch große Familie: Die hartnäckige Fruchtbarkeit seiner Frau hatte ihm in ziemlich schneller Folge die Kleinigkeit von zehn Kindern geschenkt!

Wolken verschieben? Petrus bedauert. Das könne selbst er nicht, auch nicht hindurchsehen. Solche Meisterleistungen seien allein dem Chef vorbehalten, und den dürfe er nur in Notfällen konsultieren.

Ja, ja, der Nebel, denkt Darwin. Was wäre London ohne ihn?

Wolken und Nebel seien zwar ein großes Problem, so Petrus, aber man tröste sich hier oben mit anderen, eben überirdischen Möglichkeiten.

Da gebe es beispielsweise eine ebenso fantastische wie nützliche Einrichtung. Sie erlaube es, gesteuert über die perfekte Perfekt-Zeituhr, alle Ereignisse der Vergangenheit, dem Perfekt eben, zusammen mit den darin verwickelten Personen perfekt abzufragen. Eine geniale Archivierung, Memoritus sei darin Meister, gebe sogar Auskunft über das jeweilige Apartment, in dem wichtige Leute hier oben anzutreffen seien – ausgenommen natürlich jene gottlosen Kreaturen, die in der Hölle schmoren würden.

Darwin schüttelt ungläubig sein Haupt, der lange weiße Bart gerät in Schwingungen.

Träume? Fieberfantasien? Wieder spürt er die Schwäche seiner letzten Erdenstunden.

Genau richtig, denkt Petrus und gibt Darwin das Geleit zur Himmelsdroschke, zu jenem schlichten Einspänner, der jeden Neuzugang in das ihm zugedachte Apartment zu bringen hat.

Er möge sich dort einrichten, prüfen, ob etwas vergessen worden sei.

Und morgen warte eine Überraschung auf ihn. Er, Petrus, werde ihn zum gemeinsamen Frühstück besuchen.

Er habe prächtig geschlafen, sich von den Strapazen des Sterbens erholt, versichert er immer wieder.

Das freue ihn zu hören, so der Bärtige mit dem Himmelsschlüssel. Dann sei er ja sicher fit für das Kommende. Er hoffe, ihm damit eine Freude machen zu können.

Petrus klatscht dreimal in die Hände – dort oben funktioniert immer noch die Jahrtausende alte Rufanlage.

Die Tür öffnet sich, zwei Küchenengel decken flink, geschickt und schweigend den Frühstückstisch.

Darwin wundert sich. Drei Gedecke?

Er möge sich überraschen lassen. Memoritus habe noch gestern die Europa-Suchkartei bemüht, um jemanden hierher bitten zu können, der schon seit 1829 bei ihnen weile.

Wieder klatscht Petrus in die Hände, jetzt nur zweimal, und schon tritt ein schlanker, stattlicher Mann ein: weißes Haupthaar über einem hageren, aber freundlichen Gesicht, dunkle, ausdrucksvolle Augen, entspannte Züge, leichtes Lächeln ...

Petrus macht seine Gäste miteinander bekannt: hier neben ihm Charles Robert Darwin, und dort Jean-Baptiste de Monet, Chevalier de Lamarck.

Darwin springt auf und reicht Lamarck die Hände. Er ist gerührt, voller Respekt gegenüber dem Mann, der schon vor ihm das Dogma von der Unveränderlichkeit der Arten infrage gestellt hatte, jenem Naturforscher, den er auf Erden nie kennengelernt hatte – zum Zeitpunkt seines Todes war Darwin erst zwanzig Jahre jung!

Die Worte fliegen hin und her, Petrus wird zum Statisten auf dieser naturphilosophischen Bühne, die er dann prompt nach einem Tässchen Kaffee – schwarz, mit Milch hapert es da oben – verlässt. Die Pflicht rufe. Klar, was sonst.

Deszendenz = Abstammung mit Abänderung

Die kurze Unterbrechung genügt, um Charles Darwins Gedanken zurückzulenken auf die Vergangenheit. Er lässt die wesentlichen Stationen seines Lebens, seine Gedanken und Theorien Revue passieren – im flotten Zeitraffer, würde man heute sagen.

Kindheit und Jugend berührt er dabei ebenso wenig wie sein abgebrochenes Medizinstudium – er hatte das Leiden der ohne Narkose operierten Menschen nicht verkraften können. Ohnehin übten die Naturwissenschaften mit Zoologie, Botanik, Geologie und Chemie seit jeher eine größere Faszination auf ihn aus.

Nach Kräften gefördert wurden diese Neigungen durch den Geologen Adam Sedgwick und insbesondere durch den Botaniker John Stevens Henslow, beide Professoren in Cambridge. In ihren Instituten hatte er jede freie Stunde verbracht, die das Theologiestudium ihm ließ, hatte dort ebenso emsig gearbeitet wie ein Assistent.

Ob die Überlegung, dem naturwissenschaftlichen Hobby als Landpfarrer ungestört nachgehen zu können, ausschlaggebend für die Entscheidung zugunsten der Theologie gewesen war, kann Darwin nicht mehr rekonstruieren. Immerhin erfüllt es ihn mit einiger Genugtuung, dieses Studium zum Abschluss gebracht zu haben, wenn auch ohne praktischen Nutzen. Er hat nie als Priester gearbeitet.

Als ihm wenige Monate nach dem Examen durch Vermittlung seines Lehrers Henslow die Teilnahme an einer Weltumseglung mit HMS „Beagle" ermöglicht wird, ist sein Glaube an kirchliche Dogmen, an die Bibel und ihre Schöpfungsgeschichte noch gefestigt. Bei seiner Rückkehr fünf Jahre später, man schrieb 1836, konnte davon keine Rede mehr sein. Geblieben war allein die Würdigung und Akzeptanz der Bibel als Richtschnur für Ethik und Moral im Alltag, für das friedliche Miteinander der Menschen. Doch etliche Geschehnisse verlangten Einschränkungen: Wie passte jener hohe Anspruch beispielsweise zur Sklaverei, deren Leiden er auf seiner Reise hilflos ansehen musste, wie sollte ein stets als gütig verehrter Gott Verständnis finden, der trotz seiner Allmacht den vielfachen Tod Unschuldiger bei Natur- und Hungerkatastrophen nicht verhinderte? Später, so seine schmerzhafte Erinnerung, der sinnlose Tod seiner Lieblingstochter Annie 1851, zehn Jahre jung, nach langer, leidvoller Krankheit. Die Frage nach dem „Warum?" hatte er immer wieder gen Himmel geschrien, bis seine Verzweiflung den Zweifel an der Güte Gottes formte.

Schon bald nach seiner Reise verweigerte er William Paley und seinen Naturtheologen, die in der Zweckmäßigkeit alles Natürlichen das Wirken eines göttlichen Plans sahen, die Gefolgschaft, obwohl er als Theologiestudent deren „Beweisführung" für die Existenz Gottes noch akzeptiert hatte.

Darwins Gedanken verweilen in Erinnerung an die „Beagle". Ihre bescheidene Länge von nur dreißig Metern mit der Folge drangvoll-fürchterlicher Enge überall, physisch besonders gravierend in den Kabinen, dazu die autoritär-konservative Führung durch Kapitän Robert Fitzroy, einen launischen, leicht aus der Haut fahrenden Choleriker …

Dessen hervorragende Fähigkeiten als Navigator und Kartograf standen allerdings auf der Positivliste, für den Priester

Darwin kam hinzu, dass Fitzroy die Bibel als Quelle aller Weisheit in hohem Maße schätzte.

Der immer ausgeglichene und freundliche Darwin schaffte es nicht zuletzt auf dieser Ebene, ein gutes Verhältnis zu ihm zu entwickeln und zu bewahren.

Von der Mannschaft wurde Darwin anfangs eher belächelt, dann aber akzeptiert und schließlich respektiert. Nur an jenen Tagen, an denen er hohen Seegangs wegen über der Reling hängen und Fische füttern musste, geriet der Respekt ebenso ins Wanken wie des Schiffes Planken.

Die „Beagle"-Reise, so sagt er sich, habe sein Leben verändert, ja umgekrempelt. Seine vergleichenden Betrachtungen vor allem der Tierwelt ließen Zweifel an der Schöpfungsgeschichte aufkommen, an der Erschaffung aller Pflanzen und Tiere sowie des Menschen auf einen Schlag in fester, unabänderlicher Form.

Mit dieser These unvereinbar, geht es ihm durch den Kopf, seien die zahlreichen auf der Reise gesammelten Hinweise darauf, dass alles Leben einem Wandel unterworfen sei, einer Weiterentwicklung je nach den Umweltbedingungen, einer Anpassung also.

Sogleich nach der Rückkehr, so seine lebhafte Erinnerung, hatte er damit begonnen, Punkte zu sammeln, Fakten zusammenzutragen und zu ordnen, die als Beweise für die Wandlung der Lebewesen, als Beweise gegen die starre These von ihrer Konstanz nützlich sein würden.

Fast zwanzig Jahre lang suchte er, immer wieder von Bedenken geplagt, nach unumstößlichen Argumenten für den Artenwandel, verschob die Publikation seiner Ergebnisse immer wieder aus Furcht, sich mit angreifbaren Thesen zu exponieren, belächelt zu werden.

Eine Kämpfernatur sei er nun einmal nie gewesen, muss er sich eingestehen. Und das schon gar nicht in jenem Umfeld, in einer Gesellschaft, die, tief in der christlichen Religion verwurzelt, vom Klerus wachsam kontrolliert wurde. Sogar die Naturtheologen hatten es schwer.

Doch dann der Donnerschlag. Darwin zuckt noch einmal zusammen, durchlebt die grenzenlose Überraschung, die unsagbare Enttäuschung ein zweites Mal: das Manuskript von Alfred R. Wallace, das ihn im Jahre 1858 erreicht und im ersten Augenblick umgeworfen hatte. Doch nach und nach gewann ein positiver Aspekt die Oberhand, empfand er dessen Ergebnisse als Ermutigung: Er hatte jetzt einen kompetenten Mitstreiter!

Wallace nämlich war durch eigene Beobachtungen an der Tierwelt Borneos zu eben jenem – Darwins – Schluss gekommen, dass die Arten sich in steter Anpassung an sich ändernde Lebensbedingungen wandeln, Varianten bis hin zu neuen Arten entwickeln. Er formulierte sogar den auch von Darwin vermuteten Kausalzusammenhang: Das Leben wilder Tiere sei ein ständiger Kampf ums Dasein!

Ob auch Wallace von Thomas R. Malthus gelernt hatte? Eigentlich hätte sein 1834 verstorbener Theologie-Kollege und späterer Nationalökonom heute dabei sein sollen. Doch er hatte sich mit einer Unpässlichkeit, wie von Caenuntius, dem Himmelsboten, zu hören war, entschuldigt.

Jedenfalls hatte dessen Theorie über zukünftige Hungerkatastrophen Darwin stark beeinflusst, vielleicht sogar als Zündfunken für seine Selektionstheorie die entscheidende Erleuchtung ausgelöst:

Die Bevölkerung, so Malthus, wachse in geometrischer Reihe exponentiell und somit viel schneller als die nur arithmetisch, also linear mögliche Steigerung der Nahrungsproduktion. Zwangsläufig würde die Menschheit infolge wiederkehrender Hungersnöte zahlenmäßig reduziert. Nur die Starken seien fähig, dann den Kampf um das tägliche Brot zu überleben.

Das war's! Was lag näher, als diese Vision auf die Tierwelt zu übertragen? Alle seine Beobachtungen ließen sich analog mit dem „Kampf ums tägliche Brot", mit dem Überleben der am besten angepassten Varianten erklären!

So nun also auch Wallace!

Darwin seufzt. Die Würfel waren gefallen. Noch im gleichen Jahr 1858 publizierte er gemeinsam mit Wallace, in dessen Gesellschaft er sich vor Angriffen besser geschützt fühlte, eine Abhandlung über die Fähigkeit der Arten, Varianten zu bilden, die das Überleben als Folge der natürlichen Auslese begünstigten. Im Verlauf vieler Generationen könnten sich aus den Varianten neue Arten entwickeln: Deszendenz = Abstammung mit Abänderung, so die einfache Formel.

Ein Jahr später, Darwin denkt kopfnickend an sein zwanzig Jahre lang ausgebrütetes Manuskript, hatte er dann sein umfangreiches Werk „Über die Entstehung der Arten durch natürliche Auslese" veröffentlicht. Dabei überkommt ihn erneut jenes ungute, unbefriedigende Gefühl, genau wie damals, als er nach handfesten Beweisen für den Ablauf dieser Selektion, für deren tatsächliches Funktionieren suchte.

Erst einige Jahre später war ihm eine Publikation von Henry W. Bates bekannt geworden, ein Bericht über die faszinierende Tierwelt des Amazonasgebietes. Dort hatte Bates viele Jahre geforscht und mehr als 8.000 neue Insektenarten entdeckt! Dabei hatte er herausgefunden, dass dort Schmetterlinge vorkommen, die von ihren Fressfeinden gemieden werden, obwohl sie durchaus genießbar sein würden.

Die Erklärung dieses Phänomens ist überzeugend: Sie haben die Farben und Flügelmuster von giftigen Arten angenommen und täuschen damit ihren natürlichen Feinden „Vorsicht, unbekömmlich!" vor. Diese Nachahmung von Schutzmerkmalen, die man als Mimikry bezeichnet, ist nur mit natürlicher Auslese zu begründen: Die Selektion funktioniert!

Und jetzt taucht Asa Gray in seiner Erinnerung auf, jener amerikanische Botaniker, dem er schon 1857 seine Selektionstheorie vorgetragen hatte.

Gray war Feuer und Flamme, sprach vom „Ei des Kolumbus", ohne den er übrigens nicht in Amerika weilen könne, und wurde zum eifrigsten Verfechter der Deszendenztheorie jenseits des Ozeans. Dabei klammerte er geschickt die religiösen Gefühle der Gläubigen aus, indem er die Varianten, die Basis der natürlichen Auslese, als von Gott gesteuert ansah und damit den Schöpfer nicht nur akzeptierte, sondern ihm eine fortdauernde segensreiche Tätigkeit attestierte.

1857! Ein Jahr vor dem Brief des Alfred R. Wallace, ein Jahr vor dem mit ihm gemeinsam publizierten, gemeinsam und unabhängig voneinander formulierten Gedanken einer Selektion!

Darwin ist hochzufrieden. Er geht, seiner Zurückhaltung entsprechend, mit dieser Erkenntnis nicht an die Öffentlichkeit. Es genügt ihm zu wissen, dass er notfalls seine Priorität mit dem Schreiben an Gray beweisen könnte. Aber was wäre damit gewonnen? Für ihn zählt nur der wissenschaftliche Fortschritt, ohne Gerangel, ohne Eitelkeit.

Bravo, Charles!

Als dann 1871 seine Abhandlung über die Entstehung des Menschen erschien – Darwin muss unwillkürlich tief durchatmen –, sah er keine andere Möglichkeit als die Flucht ins Versteck, um sich dem von der anglikanischen Staatskirche entfachten Sturm der Entrüstung zu entziehen.

Er hatte die als ketzerisch empfundene Aussage gewagt, dass der Mensch, wie er versucht habe nachzuweisen, der Nachkomme eines affenähnlichen Geschöpfes sei!

Lamarck und Darwin diskutieren

Jean-Baptiste sieht Charles immer noch schweigend an. Dessen Physiognomie verrät ihm heftige mentale Aktivitäten, die er nicht stören will.

Doch soeben geht ein Ruck durch den Körper, der noch verklärte Blick richtet sich auf Lamarck. Der räuspert sich kurz, vergewissert sich, dass Darwin nicht länger träumt, und nimmt das Gespräch wieder auf.

Nach einigen Komplimenten für Darwins Schaffen, die er mit feierlicher Stimme vorträgt, kommt er, scheinbar beiläufig, auf die Chronologie des Deszendenzgedankens zu sprechen. Höflich, aber zielgerichtet.

Er habe schon 1809, dem Geburtsjahr seines verehrten Kollegen, in seiner „Philosophie zoologique" deutlich herausgestellt, dass die Arten veränderlich seien. Das, fuhr er mit belustigtem Lächeln fort, habe er, der frische Erdenbürger, ja wohl kaum mit seinem ersten Schrei ebenfalls in die Welt gesetzt?

Charles, auch dort oben immer noch von größter Zurückhaltung, ohne jedes Interesse an einem eskalierenden Streit, lächelt freundlich. Man halte ihn zwar für begabt, aber der erste Schrei, also wirklich, Monsieur, sein erster Schrei sei nichts weiter gewesen als der Ausdruck unbeschreiblicher Freude über seinen direkt vorausgegangenen ersten Atemzug. Ob das in Frankreich anders sei als in England?

Nun lächeln beide. Charles behält sein Lächeln, als er freundlich fragt, ob Monsieur denn vor 1809 nichts von Großvater Erasmus Darwin gehört habe? In dessen Werk über die „Gesetze des organischen Lebens" habe jener doch bereits um 1796 seine Gedanken über eine ständige Fortentwicklung der Lebewesen vorgetragen. Allerdings sei die Zeit noch nicht reif genug gewesen, um die Tragweite solcher Überlegungen zu erkennen.

Da es offenbar ohne die leidige Prioritätsfrage nicht gehe, so Lamarck, sei es nur recht und fair, hier zunächst seinen Landsmann Charles Bonnet zu nennen, der schon 1745 eine „scala naturae", im Original „Ideé d'une échelle des êtres naturelles" diskutiert habe, eine Stufenleiter der Lebewesen also, auf der es mit der Vervollkommnung kontinuierlich aufwärts gegangen sei. Den Affen habe er als den letzten Versuch der Natur vor dem Menschen eingeordnet!

Und dann die „Histoire naturelle" seines Freundes Georges Louis Leclerc, Graf von Buffon, aus dem Jahre 1760. Auch darin sei eine künstliche, starre Systematik in der Natur abgelehnt worden. Stattdessen habe auch Buffon die Aufmerksamkeit auf Veränderungen in der Formvielfalt, auf eine Entwicklungstheorie gelenkt, ihn selbst damit stark beeinflusst. Es sei also zu fragen, und er gebe den Ball mit Vergnügen zurück, ob denn Grandpère Erasmus nicht von den beiden gehört habe?

Darwin schaut Lamarck lange an, schweigend.

Schließlich fährt Lamarck fort, es sei in Ordnung, diese Diskussion bringe nichts. Vielmehr solle man zunächst einmal das Verbindende herausstellen, nämlich das Nachdenken über die unzähligen Arten da unten, über deren Vielfalt als Folge der Wandelbarkeit. Das sei doch ihr gemeinsamer Ansatz!

Daraus leite sich die Kernfrage ab, wie denn das alles zu erklären sei, ob es eine Kausalkette gebe, wenn ja, ob es gelingen könne, deren Anfang einzugrenzen, die Abhängigkeit eines jeden Gliedes dieser Folge vom vorhergehenden zu erkennen.

Darwin stimmt zu, während Lamarck seinen Gedanken freien Lauf lässt.

Die Schöpfungsgeschichte sei für ihn nicht akzeptabel, das habe er schon im ausgehenden achtzehnten Jahrhundert immer wieder betont. Zwar hätte diese seine Überzeugung damals so gut wie keine Beachtung gefunden, vielleicht habe man ihn auch nicht für hinreichend kompetent gehalten für eine so brisante Problematik ...

Ihn habe er nachhaltig beeindruckt, ja sogar angeregt, tröstet Darwin.

Danke, Charles. Und dann sei doch wohl erwähnenswert, dass er überlegt habe, ob nicht das Leben auf jener schönen Erde da unten mit ganz einfach gebauten Organismen seinen Anfang genommen habe ...

Mit Einzellern vielleicht?

Lamarck nickt Zustimmung, ist nicht zu bremsen:

... aus denen sich dann höher organisierte Lebewesen entwickelten: Vom Einfachen zum Komplizierten, das sei nachvollziehbar und in seiner Abstammungstabelle von 1809 dargelegt worden.

Darwins Miene hellt sich auf.

Richtig, da seien am Anfang Kleinstlebewesen aufgeführt, über Ringelwürmer und Weichtiere gehe es aufwärts zu den Fischen, dann zu den Vögeln und Säugern ...

Lamarck hebt den rechten Zeigefinger wie ein Lehrer, der seinem Schüler ein Monitum erteilt: Da habe er aber die Amphibien und Reptilien unterschlagen, nach den Fischen, erst aus den Reptilien seien sowohl Vögel als auch Säugetiere hervorgegangen!

Darwin entschuldigt sich. Das hätte ihm nicht passieren dürfen, vor allem deshalb peinlich, weil er seinerzeit eine Zeichnung des Archaeopterix in Händen gehabt habe, jenes Bindeglieds aus einer Solnhofener Kalksteinplatte, freigelegt 1861. Der Abdruck dieses Urvogels mit einem Alter von immerhin 150 Millionen Jahren gelte als ein Paradebeispiel der Paläontologie: Als Übergangsform vom Reptil zum Vogel weise es schon einen Schnabel auf, aber noch mit Zähnen, dazu aus den Vorderseiten der Flügel herausragende Reptilienkrallen, schließlich einen Echsenschwanz mit 21 Wirbeln, gefiedert wie ein Palmwedel!

Übrigens, apropos Urvogel: Ob ihm schon einmal aufgefallen sei, dass nur die letzten Glieder in der vermuteten Entwicklungsfolge, nämlich die Vögel und Säuger, die Fähigkeit zur Temperaturregelung erworben hätten, eben Warmblüter seien? Das habe sie von klimatischen Extremen weitgehend unabhängig werden lassen, was ihre heutige Verbreitung über den ganzen Erdball bis hin zu den Polen erkläre. Eisbären und Pinguine beispielsweise seien nur deshalb auf dem ewigen Eis der Antarktis zu finden!

Das sei ein wirklich interessanter Hinweis, stimmt Darwin zu. Doch er würde gern noch einmal auf die Anfänge allen Lebens zurückkommen.

Er habe das Postulat der Urzeugung, des Entwicklungsbeginns aus ein- oder wenigzelligen Organismen, in der Tat von ihm übernommen, habe aber ein Problem mit dem zur Erklärung herangezogenen Begriff Transformation, sofern damit eine Antwort auf Umwelteinflüsse, also eine gezielte Anpassung, gemeint sei. Er neige vielmehr der Auffassung zu, dass markante Merkmaländerungen, die in sicherlich seltenen, aber denkbaren Fällen sofort eine neue Art hervorbrächten, durch Evolutionssprünge bedingt seien, die man als Transmutationen bezeichne. So habe es auch August Weismann in seinen kürzlich erschienenen „Studien zur Deszendenztheorie" (1876) dargelegt.

Lamarck widerspricht nicht. Aber ihm gehe es weniger um die Frage der Nomenklatur als um die Suche nach der Ursache für die Merkmaländerungen – womit er, wie Darwin stirnrunzelnd registriert, seine Zustimmung relativiert, wohl an seiner Transformation festhält.

Seine Überzeugung, so Lamarck weiter, wolle er nur der Klarheit wegen noch einmal kurz skizzieren:

Die Ausprägung bislang nur unscheinbarer Organe werde dann erfolgen, wenn sie durch besonders starken Gebrauch, der aufgrund von Änderungen der Lebensbedingungen ausgelöst werde, gekräftigt würden. Nicht auf einen Schlag, sondern nach und nach, im Laufe vieler Generationen. Dies heiße also, dass jeder Fortschritt in der Weiterentwicklung solcher Organe auf die Nachkommen übertragbar sein müsse, zumindest dann, wenn sie bei beiden Elternteilen ausgeprägt sei. Es handle sich nach seiner Ansicht um gezielte Antworten auf geänderte Anforderungen. Damit werde das natürliche Streben des Organismus nach Vervollkommnung realisiert.

Charles schweigt eine gute Weile.

Der Weg, den Monsieur eben aufgezeigt habe, sei logisch und daher hilfsweise akzeptabel, solange die wirkliche Ursache für die beobachteten Änderungen noch im Dunkeln liege. Er könne sich aber nur unter gewissen Vorbehalten der These einer Vererbung der erworbenen Fähigkeiten anschließen, beschränkt auf den einen oder anderen Sonderfall. Keinesfalls zustimmen könne er dem Postulat, dass die Umwandlungen zielgerichtet seien. Es gebe sicher auch Veränderungen zum Negativen. Solche Varianten würden aussterben, in der Regel unbemerkt, sie würden eben nicht auffallen.

Nein, dem müsse er seine Zustimmung versagen. Natürlich seien die Wandlungen immer, ohne Ausnahme, auf das Ziel verbesserter Organe ausgerichtet, kontert Lamarck.

Man sehe sich doch nur einmal den überaus nützlichen Hals der Giraffen an. Er habe sich ebenso wie die Vorderbeine immer mehr gelängt, weil die Tiere sich ständig strecken mussten, um das bessere Futter in den Baumkronen zu erreichen.

Ihm sei es sympathischer, so Darwin, von Varianten in einer Population auszugehen, abgewandelten Individuen mit längeren Hälsen und Vorderbeinen als bei anderen Tieren der Gruppe. Zumindest in Trockenperioden mit keinerlei Grün am Boden habe das den wichtigen, vielleicht entscheidenden Vorteil gebracht, hohe Zweige erreichen zu können und dadurch zu überleben. Hinzu komme die sexuelle Selektion, da anzunehmen sei, dass die stattlicheren Exemplare sich erfolgreicher vermehren konnten als die Miniaturausgaben.

Völlig analog sei seine Beobachtung zu erklären, dass die Riesenschildkröten auf dem Galapagos-Archipel sich dem jeweiligen Nahrungsangebot angepasst hätten: Auf der Insel Isabela mit reichlicher Bodenvegetation habe er kurzhalsige, auf Pinta und Duncan jedoch Subspezies mit langen Hälsen angetroffen. Und warum? Auf diesen Inseln herrsche ein Trockenklima ohne Bodenbewuchs, die Nahrung bestehe dort aus höher wachsenden Pflanzenteilen z.B. der Kakteen. Das sei doch mit der Entwicklung der Giraffenhälse vergleichbar!

Ach, dabei falle ihm noch ein, dass kürzlich fossile Kurzhals-Giraffen mit einem Alter von immerhin zwanzig Millionen Jahren freigelegt worden seien. Da habe man also die Urform, übrigens schon damals mit der für Säuger obligaten Zahl von sieben Halswirbeln, wie sie auch bei den späteren Langhälsen anzutreffen seien.

Lamarck scheint beeindruckt. Nach kurzer Pause wirft er jedoch ein, dass dies alles doch ebenso glaubhaft mit seiner Hypothese über die Ursache langer Hälse zu begründen sei. Das ständige Recken habe eben seine Folgen gehabt!

Darwin gibt nicht so schnell auf. Nicht zuletzt beim Beispiel der Galapagos-Schildkröten sei er sich seiner Sache absolut sicher. Zwar müsse er eingestehen, dass beide Interpretationen diskutabel seien, solange der Mangel an unumstößlichen Beweisen fortbestehe.

Aber, und er werde nicht müde dabei, er müsse immer wieder bestreiten, dass Merkmaländerungen zielgerichtet seien. Deshalb habe er an die Stelle des Begriffs Transformation, das müsse noch einmal geklärt werden, die Transmutation gesetzt: Die hiermit gemeinte Wandlung werde nicht länger als Folge von Aktivitäten des Individuums, sondern als das zufällige Ergebnis von unbeeinflussbaren, in ihrer Ursache unklaren, plötzlichen Entwicklungssprüngen angesehen. Diese könnten in jede Richtung gehen, von letal bis tauglich, bis zur Entstehung neuer Arten. Das sei ein wirklich breites Spektrum.

Nur die nützlichen Varianten würden ausgelesen, hätten Vorteile im Kampf ums Dasein, würden zu Erlesenen, könnten sich in größerer Zahl vermehren und so den Betrachter täuschen, den Eindruck vermitteln, sie hätten sich gezielt angepasst.

Wahr also sei nach seiner festen Überzeugung, dass eine positive Auslese stattgefunden habe, die als Grundlage für seine Selektionstheorie unverzichtbar sei. Die Deszendenzlehre sei nur auf der Basis Variation plus Selektion glaubhaft zu vertreten.

Um es nochmals zu verdeutlichen: Eine Variation, eine Merkmaländerung, sei niemals zielgerichtet, produziere Untaugliches ebenso wie Taugliches. Da aber nur Letzteres einen Selektionsvorteil bedeuten könne, sich nur Träger dieser Variation positiv von den anderen Individuen ihrer Population unterschieden, entstehe eine Richtung der Auslese hin zum besser Angepassten. Die Selektion also habe eine Richtung, keinesfalls aber die Art der Variation.

Lamarck schaut Darwin lange an, schweigend, offensichtlich nachdenkend.

Darwin habe eben so überzeugt vorgetragen, dass er vermuten dürfe, er habe ihm sichere Beweise für die Richtigkeit seiner Thesen vorenthalten. Ob es da nicht etwas nachzutragen gäbe? Etwas Handfestes, Sichtbares?

Das sei ihm auf Erden ohne Schwierigkeiten möglich gewesen. Seine von der „Beagle"-Reise mitgebrachten Objekte lagerten aber leider dort unten, so Darwin.

Der im Himmel Erfahrene erklärt jetzt zur Überraschung Darwins, das sei kein Problem. Die hier oben verfügbaren Möglichkeiten seien von ungeahnten Dimensionen. Es bedürfe zwar einer Lizenz von höchster Stelle, doch sei er in dieser Hinsicht optimistisch. Sein Verhältnis zu Petrus sei offen und herzlich.

Die Inselgruppen Galapagos und Kerguelen

Nun erlebt Darwin zum ersten Mal eine der fantastischen überirdischen Möglichkeiten.

Nachdem Lamarck ihrer beider Anliegen bei Petrus überzeugend vorzutragen verstand, willigte jener, wenn auch nicht ohne Rückfrage beim Chef, mit dem einschränkenden Hinweis ein, dass er die Aktion auf exakt eine Stunde begrenzen müsse.

Eine Stunde, keine Minute länger. Es sei also weise, diese Zeit effizient zu nutzen.

Dann erleben die beiden ein von hohen, harmonischen Tonfolgen begleitetes Rauschen. Die Augen werden verschlossen, lassen sich erst wieder öffnen, als sie in Down House angekommen sind, im Raum mit der naturkundlichen Sammlung.

Beide tragen das als Caelestamisia bekannte Himmelshemd, ein langes, weißes Gewand mit angeschnittenen Ärmeln. Es hat die besondere Eigenschaft, seinen Träger für Irdische unsichtbar werden zu lassen. Nur die beiden können sich sehen und miteinander sprechen – für Dritte unhörbar, versteht sich!

Charles führt seinen Gast zielstrebig zu einer Reihe präparierter Vögel, Finken, die er vom Galapagos-Archipel mitgebracht hat, wo im Herbst 1835 die Weltumseglung mit der „Beagle" für die Dauer einiger Wochen unterbrochen wurde. Kapitän Fitzroy musste die Inseln vermessen, Charles nutzte die willkommene Gelegenheit zu seinen Studien der Natur auf diesem einsam im Pazifik gelegenen Archipel.

Für diese Singvögel gebe es einen gemeinsamen Vorfahren in Südamerika. Es sei anzunehmen, dass einige Exemplare davon vor zwei bis drei Millionen Jahren auf die Inseln gelangten, wohl mithilfe von Treibholz, denn für einen Flug über die 600-Meilen-Strecke könnten die Kräfte dieser kleinen Kerlchen unmöglich ausgereicht haben.

Lamarck wendet ein, es gehe ja schon wieder mit Vermutungen los, das sei gegen die Abmachung. Wo denn seine konkreten, sichtbaren Argumente blieben?

Darwin wiegt sein greises Haupt. Es bestehe doch sicherlich Einigkeit in der Annahme, dass diese Finken Eltern gehabt haben müssten? Gehe man also von denen aus, könne man die früheren Vorfahren und deren Reise auf die Inseln getrost ausklammern.

Und nun komme er auf den Punkt. Im Laufe der Jahrmillionen hätten sich etliche Arten gebildet, er habe immerhin neun unterscheiden können, später hätten andere Forscher noch vier weitere entdeckt.

Dabei möge man bedenken, dass die Natur Zeit habe, viel Zeit, sodass die Varianten immer wieder eine winzige Veränderung nach der anderen ausbilden konnten, sich mit jedem Schritt besser an die vorgefundenen ökologischen Nischen anpassten, und zwar bei fehlender Konkurrenz.

Das höre sich gut an, so, als ob er dabei gewesen sei, frozzelt Lamarck. Wo denn nun endlich die schlagenden Beweise blieben?

Darwin wirkt verärgert, kürzt ab, konfrontiert den Zweifler mit vier Exemplaren seiner ausgestopften Finken: Ob er sich freundlicherweise die Mühe machen wolle, die Schnäbel zu vergleichen? Es sei doch unbestreitbar, dass durch deren unterschiedliche Ausformungen jeweils eine eigene Variante repräsentiert würde. Das sei eine Folge der Nahrungsarten. Wie er durch Untersuchung der Mageninhalte festgestellt habe, sei z.B. der spitzschnäbelige Trillerfink ein Insektenfresser, der *Geospiza magnirostis* hingegen ein Samenfresser. Sein dicker Schnabel erinnere an den europäischen Kernbeißer.

Damit sei doch wohl klar, dass sich diese Werkzeuge für die Nahrungsaufnahme der Qualität der gefundenen Nahrung nach und nach dadurch angepasst hätten, dass immer die tauglichste Variante die weniger angepasste zurückgedrängt habe. Noch Fragen?

Lamarck ist sichtlich nachdenklich geworden. Nach einer Grübelweile aber meint er, dass man auch andersherum argumentieren könne. Die einen hätten auf ihrer Insel reichlich Pflanzensamen vorgefunden, es gelernt, deren harte Schalen aufzubrechen und so ihre Schnäbel gestärkt.

In der Umgebung der anderen hingegen sei der Tisch reichlich mit Insekten gedeckt gewesen, sodass sie keinen Anlass hatten, ihre Schnabelform zu verändern.

Doch, doch, ereifert sich Darwin. Man könne zwar nicht wissen, wie die Urahnen vor Millionen Jahren genau ausgesehen hätten, doch sei davon auszugehen, dass es nur einige

Exemplare einer einzigen Art gewesen seien, die auf den Archipel verdriftet wurden. Wenn man es weiter als wahrscheinlich annehme, dass diese Finkenart einen mittelstarken Schnabel gehabt habe, so wäre die Abwandlung in beide Richtungen wohl am plausibelsten. So hätten sich die dreizehn festgestellten Arten am ehesten entwickeln können.

Diese beiden hier – Darwin hält Lamarck die Bälge vor die Nase – würden demnach die Extremformen darstellen, die sich am weitesten von der Urform entfernt hätten.

Für ihn sei klar, dass als Erstes die Schnabelvarianten entstanden, die dann per Selektion zur Spezialisierung auf Samen- oder Insektennahrung geführt hätten.

Eben, bedankt sich Lamarck, der sich nicht so schnell geschlagen geben will, der Kräfte schonende Gebrauch beim Insektenfang habe die stärkere Urform überflüssig werden lassen, die Schnäbel seien zarter geworden, das sei doch nun unbestreitbar.

Darwin schüttelt erneut sein Haupt. Mit einem unüberhörbaren Seufzer bittet er seinen Gast zu einer Vitrine und demonstriert eine flügellose Fliege und einen Schmetterling mit Stummelflügeln, beide schön in Spiritusgläsern aufbewahrt.

Lamarck liest zunächst die Schildchen: „Calycopterix" und „Embryonopais". Dann schaut er Darwin fragend an.

Diese beiden Exemplare habe ihm der Zoologe Charles W. Thomson geschenkt. Er sei mit HMS „Challenger" 1874 auf die Kerguelen gelangt, jener sturmumtobten subantarktischen Inselgruppe im Indischen Ozean. Was in unseren Breiten sicher einen tödlichen Nachteil bedeutet hätte, sei dort von Vorteil: Aus Fliegern seien Krabbeltiere geworden, deren Flugunfähigkeit diese Varianten davor bewahre, vom Sturm auf das Meer hinausgeblasen zu werden und zu ertrinken. Das sei doch ein glänzender Beweis für das Überleben des Bestangepassten, des für diese extremen Bedingungen Tauglichsten!

Und hier sei für das allzu oft bemühte Gegenargument des „Andersherum" nun wirklich kein Platz, es sei undenkbar, hier Ursache und Wirkung zu vertauschen: Die klugen Tierchen hätten dann in weiser Voraussicht an der Leeseite der Felsen über tausende von Generationen still ausharren müssen, um nicht ins Verderben geweht zu werden, hätten warten müssen, bis sich ihre Flügel endlich infolge Nichtgebrauchs zurückgebildet hätten – eine wirklich abenteuerliche Vorstellung!

Darwin deutet Lamarcks Schweigen als Zeichen zumindest des Nachdenkens, vielleicht einer beginnenden Unsicherheit, und freut sich: Er ist den „Krabbelfliegern" von den Kerguelen dankbar verbunden. Sie waren sein stärkstes Argument.

Plötzlich fallen den beiden Ausflüglern die Augen zu, Sphärenklänge paaren sich mit dem bekannten Rauschen.

Kaum zurück im Jenseits, geht der Wortwechsel zwischen den beiden weiter – Lamarck war da noch etwas eingefallen.

Neue Wortmeldungen

Darwin und Lamarck diskutieren so eifrig, sind so versunken in ihre Argumentationen, dass sie nicht bemerken, was um sie herum geschieht.

Die Kunde vom Disput der beiden Koryphäen verbreitet sich schnell. Jede Abwechslung dort oben ist stets hochwillkommen.

Aus Zuhörern werden aktive Teilnehmer. Der sichtbar Ungeduldigste der Runde nutzt geschickt eine kleine Pause, um sich zu erheben, sich vorzustellen:

Er, William Paley, habe schon 1802, also vor der Kleinigkeit von achtzig Jahren, in seinem Werk „Natur-Theologie" die Artenvielfalt mit den jeweils exakt an die Lebensbedingungen angepassten Bauplänen erklärt.

Und diese seien das wunderbare Werk des Allmächtigen. So wie eine Uhr mit ihrem komplizierten Mechanismus auf das Wirken des Uhrmachers zurückzuführen sei, so müsse analog beispielsweise die geniale Konstruktion eines menschlichen Auges als das Werk Gottes anerkannt werden.

Dieses Beispiel unbestreitbarer Zweckmäßigkeit in der Natur, der ein intelligenter Plan zugrunde liege, solle doch für ihn, Darwin, den Priester, einen klaren Gottesbeweis darstellen.

Gespannte Ruhe. Alle Blicke richten sich auf den Angesprochenen.

Das sei ein weites Feld, beendet der schließlich sein denkendes Schweigen.

Gewiss, er habe Theologie studiert und sei nach wie vor offen für alle Randgebiete, in die sie hineinwirke. Er kenne den Standpunkt der Naturtheologen sehr wohl, habe ihn früher sogar geteilt. Doch sei er von der Richtigkeit seit seiner „Beagle"-Reise nicht mehr überzeugt. Die enorme Artenvielfalt sei allein auf den Artenwandel zurückzuführen. Die von ihm, Paley, geforderte Konstanz der Arten sei eine unhaltbare Prämisse der Naturtheologie.

Noch bevor Paley erwidern kann, schnellt ein quirliger Zuhörer von seinem Platz empor: Baron Georges de Cuvier. Heftig gestikulierend weist er darauf hin, dass seine Katastrophentheorie alles zu erklären vermöge, ohne einen Artenwandel auskomme. Wenn nämlich alle Lebewesen durch periodisch wiederkehrende universale Naturkatastrophen ausgelöscht und dann durch einen anschließenden Schöpfungsakt immer neu geschaffen würden, sei die Annahme eines Artenwandels obsolet und damit auch der Deszendenzgedanke.

Er betone nochmals: Die Schöpfung habe sich immer dann wiederholt, wenn das Leben durch Naturkatastrophen weitgehend ausgelöscht worden sei. Er erinnere an die vollständige Extinktion der Dinosaurier vor 65 Millionen Jahren. Damals beherrschten sie das Land, die Meere und die Lüfte. Dann verdunkelte sich der Himmel, die von abertausenden Vulkanen emporgeschleuderten Rauch- und Ascheschwaden verdeckten die Sonne, es herrschte jahrelange Nacht, nur erhellt von gewaltigen Meteoriteneinschlägen, von ausgedehnten Waldbränden.

Sie konnten die fehlende Sonne nicht ersetzen, es wurde kalt auf der Erde, bitterkalt. Hinzugekommen sei das massenhafte Verkümmern der Vegetation, die ohne Sonne nicht habe gedeihen können. Kein Dinosaurier habe überlebt.

Apropos Dinosaurier, denkt Charles Lyell, springt auf und bittet ums Wort, nur zwei Sätze:

Erstens habe kein Geringerer als sein allzu bescheidener Freund Gideon Mantell diesen Ausdruck geprägt, nachdem er in Sussex Zähne einer riesigen Leguanart aus der älteren Kreidezeit ausgegraben habe, und zweitens komme als Ursache für den schlagartigen Untergang der Dinosaurier auch der Einschlag eines großen Asteroiden mit der Folge einer gewaltigen Flutwelle in Betracht.

Sprach's und setzte sich wieder, nicht ohne zuvor Mantell die Hand gereicht zu haben.

Etwas ungnädig ob der Störung knüpft Cuvier an seine Katastrophenschilderung an und weist darauf hin, dass dies Anlass genug gewesen sei für die Schöpfung neuer Arten, nachdem der Rauch sich verflüchtigt habe und die Sonne wieder habe scheinen können, oder, um dem werten Herrn Zwischenredner einen Gefallen zu tun, nachdem die Wassermassen wieder in die Meere zurückgeflossen seien.

Aber das vollständige Aussterben habe sich nicht auf die Dinosaurier beschränkt. Er habe durch Untersuchungen an fossilisierten Skeletten, womit er übrigens als Vater der Paläontologie angesehen werde, nachweisen können, dass jede große Katastrophe für viele Lebewesen auch anderer Spezies das Ende bedeutet habe.

Dann der neue Schöpfungsakt, durchaus im Sinne der Naturtheologen. Deren Lehre habe er auch dadurch unterstützt, dass er die kausalen Zusammenhänge zwischen Anatomie und Funktion als das Ergebnis göttlichen Wirkens ansehe. Denn die Funktion eines Organs ergebe sich aus seiner Struktur, umgekehrt verrate der anatomische Bauplan, welcher Funktion er diene. Das sei ein von Gottes Hand gelenkter sinnvoller Funktionalismus.

Diese Erkenntnis habe ihn auf die Idee gebracht, anatomische Charakteristika als Ordnungsprinzip im Tierreich zu verwenden. Auf dieser Basis könne man eine Einteilung in Wirbeltiere, Weichtiere, Gliedertiere und Strahltiere vornehmen, wie er schon 1817 publiziert habe. Das sei die Geburtsstunde der vergleichenden Anatomie gewesen, von allen seinen Fachkollegen anerkannt.

Nicht nur Darwin empfindet so viel Eigenlob als ziemlich peinlich. Aber bescheiden sei er ja noch nie gewesen, der liebe George Baron de Cuvier!

Der aber findet Gefallen an seiner Rolle als zungenflinker Rhetoriker, an der gespannten Aufmerksamkeit, die ihm sein Auditorium schenkt.

Er könne nicht umhin, abschließend auf die Sintflut als unumstößlichen Beweis für die Richtigkeit seiner Katastrophentheorie hinzuweisen. Auch hier komme man ohne Veränderung der Arten aus, da von den Menschen und Tieren der Arche Noah die neue Besiedlung der Erde ausgegangen sei.

Nun ergreift Charles Lyell erneut das Wort.

Es sei höchste Zeit, die von seinen verehrten Herren Vorrednern bestrittene Veränderlichkeit der Arten, die Arche Noah als Sonderfall ausgenommen, zu diskutieren. Dazu müsse er allerdings etwas weiter ausholen, wofür er um Nachsicht bitte.

Er sei zwar „nur" Geologe, habe aber dennoch einen Beitrag zur Frage des Artenwandels leisten können.

In seinem 1830 erschienenen Werk „Prinzipien der Geologie" habe er aus den darin beschriebenen Beobachtungen den Schluss gezogen, dass Hebungen und Senkungen lokal begrenzter Erdregionen, auch Vulkanismus, die entscheidenden Veränderungen in diesen Lebensräumen ausgelöst haben könnten. Natürlich könne man hier auch einen Sintflut-Effekt einordnen, aber dann sicher nur als regional begrenztes Ereignis. Eine globale Flut, die mit mehreren tausend Metern Höhe den gesamten Erdball umschlossen habe, sei glatter Unsinn. Woher sollte das viele Wasser kommen, wohin, nachdem Gottes Zorn abgeebbt war, wieder abebben? Nein, so könne es nicht gewesen sein.

Alle seine Überlegungen hätten ihn zu der Forderung veranlasst, als methodisches Prinzip zur Erklärung historischer Ereignisse nur solche Ursachen zuzulassen, die auch noch in der Gegenwart wirken, also heutigentags aktuell zu beobachten sind. Diese als Aktualismus bezeichnete Theorie basiere auf der Erkenntnis, dass Veränderungen in der Vergangenheit nicht durch eine einzige Kraft hervorgerufen worden seien, sondern allein durch zeitlich unbegrenzt gültige Naturgesetze.

Um auf Zeit und Bibel zurückzukommen: Der Umgang mit Zeitangaben erscheine ihm reichlich unkritisch, da hapere es gewaltig. Wenn die Dauer der Sintflut mit 300 Tagen beschrieben werde, sei dies aus zwei Gründen unglaubhaft: Erstens sei der Zweck dieser Überflutung, nämlich das Gottesurteil an allen „durch die Nase atmenden Kreaturen" zu vollstrecken, auch durch Ersäufen in einer viel kürzeren Zeitspanne möglich gewesen. Es hätte völlig ausgereicht, und das sei schon ein „overkill", den Atmenden lediglich 30 Minuten lang die Luft abzustellen.

Und zweitens hätten die in der Arche mitgeführten Tiere zwar die Flut überleben können, alle Pflanzenfresser wie Pferd, Kuh, Schaf oder Ziege aber hätten anschließend verhungern müssen, weil sämtliche Gräser und Kräuter, Büsche und Bäume nach 300 Tagen auf Tauchstation abgestorben wären, hätten verfaulen müssen.

Wenn in der Bibel weiter angenommen werde, dass seit der Schöpfung nur einige tausend Jahre vergangen seien, so sei auch hier ein unzulässiger Umgang mit der Zeit zu konstatieren. Aufgrund der Ergebnisse seiner Forschungen müsse er unvorstellbar lange Zeiträume zunächst einmal für alle geologischen Vorgänge in der Erdgeschichte postulieren. Dann aber könne auch der Entwicklung des Lebens ein plausibler Zeitbedarf zugestanden werden.

Die mit jeder Epoche veränderten Umweltbedingungen hätten also alles Lebende vor die Wahl gestellt, entweder in geeignete Nischen auszuweichen oder sich an das Neue anzupassen oder aber unterzugehen. Ob dabei, wie er früher geglaubt habe, auch völlig neue Arten in einem Akt der Schöpfung entstanden seien, wolle er heute nicht mehr als wahrscheinlich betrachten. Gerade im Hinblick auf seine eben genannte Annahme, dass alle Epochen sehr lange bestanden hätten, seien die für eine allmähliche Umwandlung bestehender Arten erforderlichen Voraussetzungen erfüllt gewesen.

Einem solchen Artenwandel könne er allerdings nur in Verbindung mit seiner Überzeugung das Wort reden, dass jede Merkmaländerung von Gott gelenkt werde.

Petrus nickt hocherfreut Zustimmung.

Jetzt hält es Etienne Geoffroy Saint-Hilaire nicht länger auf seinem Sitz. Er eilt nach vorn.

Da die Diskussion endlich beim Artenwandel angekommen sei, werde es Zeit für seinen persönlichen Beitrag. Schließlich habe er von Anbeginn die Überlegungen seines Landsmanns Lamarck unterstützt, die Deszendenztheorie aktiv vertreten: Abstammung des höher entwickelten Organismus von einfacheren Vorläuferformen.

Deshalb wolle er hier an seinen Befund erinnern, der seinerzeit wenig Beachtung gefunden habe, inzwischen aber in neuem Licht erscheine: die Entdeckung nämlich, dass die Kiemenknochen der Fische den schallübertragenden Knochen des menschlichen Innenohres entsprächen!

Bei diesem Beweis einer langen Entwicklungsfolge wolle er nur nebenbei auf den lauten Disput mit seinem geschätzten Kollegen und Katastrophentheoretiker Cuvier von 1830 hinweisen, der so viel Staub aufgewirbelt habe, dass er immerhin als „Akademiestreit" in die Annalen der Geschichte Eingang gefunden habe.

Raunen geht durch den Raum, Skepsis wird spürbar. Doch Geoffroy Saint-Hilaire fährt unbeirrt fort mit dem Hinweis auf

Karl Ernst von Baer, zurzeit leider erkrankt, an einem Vortrag gehindert.

Sein deutscher Kollege habe erstmals die frappierende Ähnlichkeit von Wirbeltierembryonen verschiedener Spezies beschrieben, habe entdeckt, dass in sehr frühen Stadien der Embryonen von Landtieren Phasen durchlaufen würden, in denen Kiemenbögen und Kiemenfurchen ausgebildet seien, genauso wie bei Fischen!

Und an Darwin gewandt erinnert er an dessen „Entstehung der Arten", jenem epochalen Werk, in dem die Befunde von Baers als unumstößliches Argument für die Abstammungslehre zitiert worden seien.

Darwin nickt zustimmend. Das sei in der Tat sehr wichtig für ihn gewesen. Inzwischen habe Ernst Haeckel die vergleichenden Untersuchungen mit großem Erfolg fortgeführt und ausgedehnt, die Erstbefunde voll und ganz bestätigt.

Geoffroy Saint-Hilaire applaudiert in seiner Begeisterung. Es sei wirklich schade, dass Haeckel hier noch nicht persönlich sprechen könne, doch wünsche er ihm und dem wissenschaftlichen Fortschritt natürlich noch viele Jahre erfolgreichen Schaffens dort unten.

Darwin nutzt die jetzt entstandene Pause, um sich noch einmal zu Wort zu melden.

Die Erwähnung Haeckels lasse dessen Besuch im Down House wieder lebendig werden, er glaube, es sei 1866 gewesen. Da habe Haeckel ihm einen Entwurf des Stammbaums aller Lebewesen vorgelegt, über den sie lange gesprochen hätten.

Es sei ein wenig schwierig gewesen, denn sein Deutsch sei fast so schlecht gewesen wie Haeckels Englisch, aber unter Zuhilfenahme von Händen, Füßen, eines Wörterbuchs und, recht effektiv, eines Skizzenblocks seien sie ganz gut zurechtgekommen.

Dann hätten beide entdeckt, dass man außerdem die Lateinkenntnisse nutzen könne. Dadurch sei eine interessante Frage aufgekommen.

Die Abstammungslehre werde ja in der wissenschaftlichen Nomenklatur als Deszendenzlehre bezeichnet.

Das sei aber, so Haeckels Bedenken, als zäume man das Pferd am Schwanze auf.

Im Lateinischen heiße „descendere" doch „hinabsteigen". Die Entwicklung des Lebens sei aber nicht als Abstieg, sondern umgekehrt als Aufstieg vom Einfachen zum Hochentwickelten erkannt worden. Auch der von ihm vorgeschlagene Stammbaum wachse empor, beruhe also auf der Aszendenz!

Haeckel habe mit großem Enthusiasmus gesprochen, es sei doch ein logisches Erfordernis, diese Erkenntnis zu verbreiten. Was aus der Aszendenz geworden sei? Eine schöne Erinnerung, wie so oft, wenn Etabliertes sich der Logik und dem Fortschritt verweigere!

Jedenfalls habe ihm der Besuch Haeckels recht anschaulich vorgeführt, mit welchem Temperament, mit welcher Hingabe er auf den naturwissenschaftlichen Sitzungen die Entstehung der Artenvielfalt vorgetragen und verteidigt habe. Er sei bisher neben Thomas Henry Huxley sein wortgewaltigster Mitstreiter da unten gewesen. Er empfinde große Dankbarkeit.

Ordnung mit System: Carl von Linné

Am Ende der letzten Diskussionsrunde besteht Einmütigkeit unter den Teilnehmern: Zu viele Redner, zu viel Neues, zu viel Stress.

Daraus folgt der Beschluss, in Zukunft nicht mehr als drei Vorträge einzuplanen. Man könne sich doch Zeit nehmen, zumal es daran in keiner Weise mehr mangele.

So kommt es Petrus gelegen, als ihn eines Tages ein freundlicher, mittelgroßer Gast aufsucht, dessen gütig wirkenden rehbraunen Augen wohl jeden beeindrucken müssen, auf den sie gerichtet sind.

Er nennt Petrus seinen Namen, will sein Tun auf Erden erläutern.

Petrus winkt ab. Er wisse Bescheid. Natürlich sei er als Referent willkommen, möge seine großartige Idee, eine für den Menschen sichtbare Ordnung in die Schöpfungen Gottes, in die verwirrende Vielfalt der Pflanzen und Tiere zu bringen, gerne schon in der nächsten Sitzung vortragen. Man brauche wieder einmal eine gesunde Mischung aus Spannung und Entspannung!

Petrus stellt den Teilnehmern den Referenten vor: Carl von Linné habe schon als junger Student wissenschaftlich Beachtliches geleistet und rasch Anerkennung gefunden.

Dies werde durch einen Lehrauftrag für Botanik an der Universität Uppsala belegt, der ihm bereits im dritten Semester seines Medizinstudiums erteilt worden sei.

Durch seine Expeditionen in weitgehend unerforschte Gebiete Lapplands, die er mit 25 Jahren unternahm, sei die Kenntnis über Flora und Fauna des hohen Nordens in unerwartetem Umfang bereichert worden. Man dürfe also gespannt sein.

Linné tritt vor, begrüßt sein Auditorium mit einer leichten Verbeugung und beginnt ruhig und souverän mit seinen Ausführungen. Schon zu Lebzeiten gefiel es ihm, sich im Glanze seines Ruhmes zu sonnen.

Als Sohn eines Pfarrers und einer Pfarrerstochter habe er sich von Kindesbeinen an für die Blüten und Früchte der Schöpfung interessiert, bald ein umfangreiches Herbarium angelegt. Im Laufe der Jahre habe er aber den Überblick über seine ins Uferlose angeschwollene Sammlung verloren, alle verfügbaren Schränke in seinem Elternhaus seien sozusagen aus den Fugen geplatzt.

Bei einer versuchten Bestandsaufnahme habe er feststellen müssen, dass so manches Exemplar zwei- oder gar dreifach vorhanden gewesen sei – nicht akzeptabel, solch ein Durcheinander!

Linné macht eine Pause. Aufmerksamkeit und Spannung steigen.

Er wolle abkürzen, den Beginn seiner Überlegungen und die nicht immer tauglichen Ideen überspringen. Ein großer Redner sei er ohnehin noch nie gewesen.

Als Kernpunkt sehe er die Einsicht an, dass es von hohem Nutzen für die Klarheit in der Wissenschaft sein würde, wenn jedes Geschöpf, ob Pflanze oder Tier, aufgrund leicht zu erfassender Merkmale in ein System eingeordnet würde. Ein System, das die Identifizierung, die Identität eines jeden Individuums sichere, ihm einen Platz in der natürlichen Ordnung und einen eigenen Namen gebe.

Aus diesen Gedanken sei sein „Systema naturae" hervorgegangen, ein Produkt unendlicher Kleinarbeit, in dem er Pflanzen, Tiere und Mineralien katalogisiert habe.

Er wolle als Beispiele für sein Ordnungsprinzip die Kriterien bei den Blütenpflanzen erläutern.

Begonnen habe er mit deren Sexualität, der Untersuchung der Staub- und Fruchtblätter. Bei näherer Betrachtung falle auch dem Laien auf, dass die Zahl der Staubgefäße von Art zu Art außerordentlich stark schwanke.

Auch die weiblichen Organe seien in den Blüten sehr unterschiedlich ausgebildet. Sie bestünden meist aus mehreren miteinander verwachsenen Fruchtblättern, aus denen Fruchtknoten, Stempel bzw. Griffel und oben die Narbe geformt würden. Letztere sei zum effektiveren Einfangen der Pollenkörner, der „kleinen Männchen" der Botanik, auf ihrer Oberfläche klebrig.

Die große Variation in der Narbengestaltung sei deshalb ebenfalls für eine Klassifizierung sehr gut geeignet.

Hier müsse er nun sein Bedauern darüber erneuern, dass gewisse Vertreter der Geistlichkeit in der Analytik der Sexualorgane, ja in ihrer bloßen Erwähnung, einen Verstoß gegen die Sittlichkeit, eine unmoralische und daher verwerfliche Entgleisung gesehen hätten.

So habe im besonders prüden England der Übersetzer seiner Schriften sich in die Anonymität flüchten müssen, um sich nicht den Angriffen erzkonservativer Kirchenfürsten auszusetzen, die, das sei seine Empfehlung, besser über den Heiligenschein meditiert hätten als scheinheilig Keuschheit zu predigen. Schließlich hätten sie sich häufig genug eines beachtlichen Kindersegens erfreut, zumal die anglikanische Kirche – erfreulicherweise – vom Zölibat nichts wissen wolle.

Unruhe, Raunen, geteilte Heiterkeit. Vorsichtige Blicke hinüber zu Bischof Wilberforce. Doch der zieht sich mit einem Pokergesicht aus der Affäre. Wer, um Gottes willen, wird sich hier oben wegen des geradezu lächerlichen Pflanzensexes exponieren!

Doch zurück, so Linné, zu jenem Übersetzer. Der sei kein Geringerer gewesen als Charles Darwins Großvater Erasmus, der sich für seine Systematik, inzwischen auch Taxonomie genannt, begeistert und ihre Verbreitung nach Kräften unterstützt habe.

Das System sei im Laufe der Zeit immer wieder verfeinert worden. So habe er weitere Merkmale wie die Kelch- und Blütenblätter nach Farbe, Form und Anzahl, ob einzeln stehend oder verwachsen, in die Ordnungskriterien einbezogen. Damit sei dann der ihm willkommene Nebeneffekt verbunden gewesen, von der Sexualität ein wenig ablenken zu können.

Schmunzeln, Kopfschütteln, fragende Blicke.

Die wichtigsten systematischen Einheiten seien die Arten. Angehörige einer Art seien untereinander fruchtbar und müssten in <u>allen</u> Ordnungsmerkmalen übereinstimmen. Gelte dies nicht für alle, aber doch für wichtige Hauptmerkmale, so würden diese Arten zu Gattungen zusammengefasst, einander ähnliche Gattungen wieder zu Familien.

Bevor er dies durch einfache Beispiele verdeutliche, wolle er noch die Namengebung erklären. Jedem Mitglied einer Art habe er einen lateinischen Doppelnamen gegeben, den ersten für die Gattung, den zweiten für die Art. Das System sei also zweiteilig, auch binomial genannt.

So unterscheide man in der Gattung Ginster z.B. den Behaarten Ginster, Genista pilosa, vom Färberginster, Genista tinctoria. Damit seien diese beiden Arten eindeutig gekennzeichnet.

Ginster gehöre ebenso wie die nahen Verwandten Klee, Bohne, Wicke oder Lupine, um nur einige Vertreter zu nennen, zur Familie der Schmetterlingsblütler: Sie alle hätten Blüten mit zwei seitlichen Flügeln, einer nach oben zeigenden Fahne und dem kleinen vorderen Schiffchen. Ein weiteres Familienmerkmal sei die vielsamige Hülse (Erbse, Bohne), die sich aus nur einem Fruchtblatt entwickle.

Die Zuhörer werden unruhig, zu viele Details. Linné hält inne, wittert Desinteresse, schaut ein wenig verwirrt in die Runde.

Diese kleine Pause nutzt ein hagerer, drahtig wirkender Teilnehmer zu einer Wortmeldung, bereits stehend, zum Sprung nach vorn bereit.

Petrus kennt das Temperament des Grafen von Buffon, bittet ihn um seinen Beitrag.

Das alles sei ja schön und offensichtlich auch logisch aufgebaut. Hier aber sei seine persönliche Pflicht gefordert, seine unerschütterliche Meinung zu artikulieren. In einem Satz: Er lehne, wie alle Welt wisse, ein künstliches System in der Natur kompromisslos ab.

Das war's auch schon.

Bevor Georges Louis Leclerc, Graf von Buffon, seinen Platz wieder einnehmen kann, beginnt Linné schon mit seiner Replik. Nicht ungeschickt, stellt er Allgemeines an den Anfang.

Zwar bestehe eine nicht wegzudiskutierende Distanz, doch beschränke sich diese glücklicherweise auf die große Entfernung zwischen ihren beiden Geburtsorten im kühlen Schweden einerseits und dem sonnigen Burgund andererseits. Verbunden seien sie aber nicht nur durch das gemeinsame Geburtsjahr 1707, sondern auch durch die intensive Beschäftigung mit den Pflanzen, deren Ergebnisse Buffon in seinem berühmten Werk „Histoire Naturelle" niedergelegt habe. Seine vorwiegend auf die vergleichende Morphologie ausgerichtete Forschung sei nachvollziehbar geeignet, Gedanken über Künstliches in der Natur abzulehnen.

Auch hier seien sie sich einig. Wenn er, Linné, Ordnung in die Vielfalt bringe, drücke er der Natur damit keineswegs den Stempel des Künstlichen auf. Die Arten blieben so, wie Gott sie geschaffen habe. Konstruiert sei allein die erfundene Namengebung, für die er den Begriff künstlich gelten lassen wolle. Mit anderen Worten: Die Natur werde in einer erdachten Systematik in keiner Weise verfälscht, an ihr werde nicht manipuliert, die Gruppierung Art-Gattung-Familie sei allein unter praktischen Gesichtspunkten erfolgt, sei logisch und deshalb innerhalb einer relativ kurzen Zeitspanne in der Wissenschaft etabliert worden.

Man denke doch bitte an die Weltumseglung Darwins. Ohne die Anwendung der binomialen Nomenklatur sei in die große Zahl beschriebener Tiere und Pflanzen keinerlei Ordnung zu bringen gewesen! Mit seinem System habe er genau das bezwecken wollen, und er bitte freundlich darum, ihm als gottesfürchtigen Christen keine Unredlichkeit zu unterstellen.

Im Übrigen erscheine ihm die Analogie zur binomialen Namensgebung bei den Menschen erwähnenswert. Auch hier sei der Einzelne ohne Vor- und Familiennamen nicht so leicht identifizierbar, er würde weder Briefe erhalten noch eine Heiratsurkunde! Bei kleinlicher Auslegung könne man auch dieses System als künstlich einstufen. Das aber würde nichts an der Tatsache ändern, dass alle Menschen natürliche Geschöpfe seien.

Beifall, anfangs etwas zögerlich, doch dann, als auch Buffon applaudiert, von allen Teilnehmern.

Linné beobachtet scharf. Mitläufer also auch noch hier oben, denkt er sich.

Erneut kommt eine Wortmeldung vom Grafen Buffon.

Es gehe ihm die Formulierung Linnés durch den Kopf, die Arten blieben so, wie Gott sie geschaffen habe.

Hier möge man ihm bitte erlauben, dass er zum Nachdenken anrege. Er habe schon um die Mitte des achtzehnten Jahrhunderts bei seinen Pflanzenstudien Weiterentwicklungen gesehen, die Bildung von Varianten als Argument gegen ein starres Verweilen der Natur betont. Daher verwundere es ihn, dass nicht auch Linné aus der von ihm erkannten nahen Verwandtschaft von Arten auf Veränderlichkeit, auf Wandlung in kleinen Schritten geschlossen habe.

Linné schweigt, offensichtlich verärgert. Kritik ist seine Sache nicht. Er zieht sich mit der Erklärung aus der Bredouille, dass er sich auf die reine Beschreibung allein der Morphologie habe beschränken müssen, eben auf den Kern seiner Systematik. Die Forschung nach den Ursachen von Ähnlichkeiten habe er bewusst ausgeklammert.

Kopfwiegen, Schweigen. Wohl etwas dünn, mag so mancher gedacht haben.

Jetzt meldet sich Charles Darwin.

Er bitte um Nachsicht, wolle nicht nerven. Es sei aber nicht deutlich genug herausgestellt worden, dass Linné endlich Ordnung in das Tierreich gebracht habe, mit großem Zeitaufwand und manchen Problemen.

Er müsse ihm seine besondere Anerkennung, ja Bewunderung aussprechen für die Nonchalance, die Unbekümmertheit, mit der Linné, da er zwischen Affen und Menschen mehr übereinstimmende als trennende Merkmale festgestellt habe, beide in das Tierreich, beide als zu den „Primaten" gehörend, klassifiziert habe. Affe und Mensch seien nebeneinander gestellt worden, ohne die Abstammungsfrage zu berühren.

Dies sei höchstwahrscheinlich der Grund dafür, dass diese an sich sensationelle Einordnung damals, im Jahre 1758, unbeachtet geblieben sei im Gegensatz zu dem Wirbel, den er hundert Jahre später mit seinen Überlegungen zum gleichen Thema ausgelöst habe.

Petrus bedankt sich beim Referenten und den Diskussionsrednern. Er ist hochzufrieden. Die durch Buffon drohende Eskalation fand nicht statt, die Versöhnung wurde erreicht, bevor ein Streit sie überhaupt nötig werden ließ. Eigentlich gehe alles, wenn der gute Wille dominiere, überdenkt er schmunzelnd den Verlauf dieser Sitzung.

Fuhlrott und das Neandertal

Am Ende der letzten Diskussionsrunde waren die Teilnehmer wieder einmal einhellig der Meinung, dass zu viel Neues auf sie eingestürzt sei, die Dauer der Sitzung ermüdet habe.

Es wurde daher beschlossen, einen früheren Vorschlag dahingehend zu korrigieren, dass nur noch ein Redner vorzuplanen sei. Es müsse bedacht werden, dass in der Diskussion ohnehin noch weitere Fachleute ihre Beiträge bringen würden.

Als Johann Carl Fuhlrott, seit 1877 dabei, zum nächsten Treffen eingeladen wurde, war er hocherfreut. Er werde also der einzige Referent sein, hatte der Himmelsbote Caenuntius ihn wissen lassen, da zu seinem Thema wohl niemand sonst etwas vortragen könne.

Ja, das Neandertal. Als Lehrer in Wuppertal genoss er in der Schule höchsten Respekt und am Nachmittag seine uneingeschränkte Freiheit. So hatte er reichlich Zeit, seine außerberuflichen Interessen zu pflegen. Für ihn ging von allem, was die Natur, belebt oder unbelebt, zu bieten hatte, eine geradezu magische Faszination aus.

Er sammelte Mineralien, Schmetterlinge, präparierte Tierbälge und war ständig unterwegs, wachsamen Auges für alles, was da kreuchte und fleuchte. Daheim wuchs seine naturkundliche Sammlung täglich, bis hin zur Museumsreife.

Diesem seinem Ruf war es zu danken, dass ihm von Arbeitern, die im Neandertal mit dem Abbau von Kalkfelsen beschäftigt waren, eines schönen Tages Skelettreste eines „Bären" gebracht wurden. Mit Freude und Genugtuung lässt er jenen

Septembertag des Jahres 1856 in seiner Erinnerung wieder lebendig werden.

Jetzt unterbricht Petrus die Gedankenflüge, eröffnet die Sitzung, stellt den Redner kurz vor.

Fuhlrott begrüßt die Runde mit einer angedeuteten Verbeugung.

Es sei ihm Freude und Ehre zugleich, den Fund aus dem Neandertal hier besprechen zu dürfen.

Unter den ihm überbrachten Teilen des Skeletts habe er ohne große Mühe einen gut erhaltenen Oberschenkelknochen als menschlichen Ursprungs erkennen können.

Sofort sei er an die Fundstelle geeilt, eine Höhle, in der er unter verschiedenen Ablagerungen weitere Skelettreste freigelegt habe. Er erlebe den freudigen Schrecken jetzt erneut, der in ihn gefahren sei, als er eine Schädelkalotte, eine intakte Hirnschale, habe bergen können. Eines Menschen zwar, aber irgendwie anders.

Als er dann alle Fundbestandteile ein Jahr nach ihrer Bergung, also 1857, zusammen mit dem zu Rate gezogenen Anatom Hermann Schaaffhausen in Bonn dem Naturhistorischen Verein vorgestellt habe, sei auch die Altersfrage erörtert worden.

Die vorgetragene Einschätzung, dass es sich vielleicht um einen Menschentyp aus dem Diluvium mit einem Alter von etlichen zehntausend Jahren handeln könne, habe einen Aufschrei der Entrüstung ausgelöst, zu einer kontrovers geführten Diskussion in den Fachkreisen Anlass gegeben.

Insbesondere der als Koryphäe angesehene Rudolf Virchow – Fuhlrott deutet mit dem Finger abwärts, um sein Bedauern über dessen Fehlen hier oben auszudrücken – habe den Fortschritt der Erkenntnis auf das Schwerste gebremst, als er behauptete, die markanten Überaugenwülste des Hirnschädels seien Folge einer rachitischen Erkrankung, der Fund einem verkrüppelten modernen Menschen zuzuordnen. Da habe man ihm also ein zweites Mal einen Bären aufbinden wollen!

Ganz am Rande nur wolle er hier außerdem die Tatsache belächeln, dass Virchow, den er nicht um seine Ansicht gebeten habe, sich während seiner Abwesenheit unter einem Vorwand Zutritt zu seinen Privaträumen verschafft und den Fund gründlich untersucht habe.

Murren und ungläubiges Kopfschütteln. Ein renommierter Wissenschaftler mit solchen Manieren? Eben, manche können mit ihrem wohlverdienten Ruhm nicht umgehen und brüskieren ihre Mitmenschen unverdient mit Arroganz.

Er habe aber, so Fuhlrott vor dem gespannt lauschenden Publikum weiter, sich durch den Wissenschaftspapst nicht beirren lassen und sei froh, seinen Fund von Anbeginn als einen frühen Menschen angesehen und verteidigt zu haben. Darin sei er bestärkt worden durch seinen Freund Schaaffhausen, der schon 1853 Gedanken über die Möglichkeit einer Weiterentwicklung der Lebewesen veröffentlicht habe. Noch dort unten habe er sich dann durch die Schriften Darwins und dessen Anhängern bestätigt gesehen und sei heute froh, mit seiner Einschätzung die Deszendenztheorie auch für den Menschen stützen zu können.

Es gebe für ihn weiterhin keinen Zweifel, dass die Skelettfragmente aus dem Neandertal einem eiszeitlichen Frühmenschen zuzuordnen seien, der vielleicht vor 50.000 Jahren gelebt habe.

Die Reaktion der erlauchten Runde ist ebenso geteilt wie ihre Einstellung zur Abstammungslehre.

Darwin lächelt, ist erfreut und zufrieden. Er schüttelt dem hageren, hochwüchsigen Mitstreiter, der ihn um eine Kopflänge überragt, dankend die Hand und ergänzt dessen Ausführungen mit der Prognose, dass hier nach seiner Überzeugung der Anfang einer neuen Fachrichtung zu sehen sei, nämlich der Lehre von der Urgeschichte des Menschen, der Paläoanthropologie.

Jetzt schaltet sich Charles Lyell ein. Er tritt vor und weist auf seinen Besuch der Fundstätte im Neandertal hin, die er

1860 gemeinsam mit Mr. Fuhlrott – er schickt ihm einen freundlichen Blick hinüber – untersucht habe. Seine daraus gewonnenen Erkenntnisse, die er zusammen mit einer Skizze des Talprofils und der Höhle 1863 veröffentlicht habe, seien mit der Beurteilung seitens der Erstbeschreiber Fuhlrott und Schaaffhausen völlig identisch. Es handele sich auch aus geologischer Sicht um sehr, sehr alte Überreste eines Menschen, in der Tat um einen Ansatz, wie er eben von Mr. Darwin angekündigt worden sei, um den Beginn einer gezielten Erforschung der Menschwerdung.

Pause. Allgemeine Müdigkeit.

Petrus schreitet ein und schlägt vor, eine wohlverdiente Phase der Erholung einzuplanen. Er werde rechtzeitig von sich hören lassen, sobald weitere Experten für dieses Gebiet, das er in seiner Lage als heikel empfinde, angekommen seien.

Man erhebt sich mit beifälligem Gemurmel, im Hinterkopf die naheliegende Frage, wann das wohl sein werde.

Faustkeile und andere Steinwerkzeuge

Petrus, immer dankbar für Anregungen aus dem Auditorium, ruft nach einem Gespräch mit Jacques Boucher de Perthes die Wissenschaftler erneut zusammen.

Er stellt den Redner des Tages vor. Zwar sei er als Zöllner ausgebildet worden, aber vielleicht ließe sich gerade deshalb seine berufsbedingte Neugierde nach allem Verborgenen als Erklärung dafür heranziehen, dass aus ihm ein in der Fachwelt stark beachteter Amateur-Archäologe geworden sei.

Boucher de Perthes bedankt sich, geht vor zum Rednerpult.

Er habe 1838 dem Bau des Somme-Kanals zugeschaut. Dabei seien ihm im ausgehobenen Kies sonderbar geformte Steine und versteinerte Knochen aufgefallen, die er eingesammelt und untersucht habe. Nach zunächst vergeblichem Bemühen um eine Zuordnung der Steine sei er schließlich auf den Gedanken gekommen, auch ausgestorbene Tierarten mit in die Betrachtung einzubeziehen. So habe er Überreste von Mammut, Rentier und Wisent sichern können.

Einen Teil der Knochenfunde habe er Georges Baron de Cuvier vorgelegt, von dem bekannt gewesen sei, dass er sich intensiv mit den Fossilien ausgestorbener Tierarten aus den Kalkablagerungen des Pariser Beckens befasst habe, um damit seine Katastrophentheorie zu stützen.

Er schaut mit leichtem Kopfnicken zu Cuvier hinüber.

Der Experte habe dann die kleineren Knochen verschiedenen Nagetieren zuordnen können, die in der Altsteinzeit, etwa 700.000 bis 100.000 Jahre vor uns, hier in Europa gelebt hätten. Unter den größeren Fossilien habe Cuvier noch Fragmente von Knochen der Wildpferde erkannt und im Übrigen seine Befundinterpretationen bestätigt.

Nicht weitergekommen bei ihm sei er hingegen mit den Steinen. Die Frage, ob deren zugespitzte Keilform nicht die Bearbeitung durch die Hände von Menschen vermuten lasse, habe er mit dem Hinweis, dass es keine fossilen Menschen gebe, brüsk zurückgewiesen: „L'homme fossile n'existe pas!"

Wieder daheim, habe er sich erneut an die Somme begeben. Dort sei ihm die Idee gekommen, auch einmal die bekannte Kiesgrube bei Abbeville zu besuchen, da man dort den Kies sehr viel tiefer abbaue als beim Kanal.

In der fast steil abfallenden Wand seien ihm dann horizontale Schichten aufgefallen, die durch ihre Verfärbungen und ihre Strukturen deutlich voneinander zu unterscheiden gewesen seien.

Hier nun habe er systematische Untersuchungen begonnen. Mit tatkräftiger Hilfe der Arbeiter, das habe ihn manche Flasche Wein gekostet (Heiterkeit im Saale), habe er den Abraum der Schichten getrennt gelagert und in dem Kies- und Erdmaterial nach Knochen und auffälligen Steinen gesucht.

Er wolle es jetzt kurz machen: In den untersten Schichten, die sich über einer Basis aus Lehm befunden hätten, habe er deutlich gröber bearbeitete Feuersteine gefunden als in den oberen, also jüngeren Ablagerungen. Dies stütze doch wohl seine Vermutung, dass diese Steine den Frühmenschen als Werkzeuge gedient hätten, denn im Laufe der Zeit hätten sie ihre Techniken der Bearbeitung verbessern können, hätten dazugelernt ...

Beifall, Zustimmung. Logik überzeugt.

... und so könne man aus der Schichtenfolge eine Chronologie ableiten. Diese Methode sei, wie er später erfahren habe, von William Smith in England begründet und als Stratigrafie bezeichnet worden.

Nun wolle er an dieser Stelle Édouard Lartet erwähnen – er lächelt ihm zu – und daran erinnern, dass Lartet als Erster auf Leitfossilien hingewiesen habe und sie zur Altersbestimmung der Fundschichten sowie zur Unterteilung der Altsteinzeit in engere Zeitabschnitte herangezogen habe, so zum Beispiel in die Höhlenbärperiode.

Sein besonderer Dank gelte sodann Marcel Jérôme Rigollot, der ihn nach anfänglichen Zweifeln tatkräftig unterstützt habe, und Gabriel de Mortillet, die beide in den Kiesgruben von Saint-Acheul, weiter flussaufwärts bei Amiens gelegen, neben Fossilien zahlreiche Feuersteingeräte geborgen und damit die Gleichzeitigkeit früher Menschen und der von ihnen benutzten Steinwerkzeuge mit inzwischen ausgestorbenen Tierarten belegt hätten.

Allerdings seien die dort gefundenen Faustkeile deutlich feiner bearbeitet worden als selbst in der jüngsten Schicht von Abbeville, woraus zu schließen gewesen sei, dass diese Arbeiten jünger waren als die von Abbeville. De Mortillet habe deshalb vorgeschlagen, für die Periodeneinteilung nicht länger Tierknochen, sondern die fortschreitende Verfeinerung der Steinartefakte als Ordnungsprinzip einzusetzen. Damit seien die Epochen des Abbevilléen und des Acheuléen aus der Taufe gehoben worden.

In Übereinstimmung mit den von ihm hinzugezogenen Fachleuten habe er die älteste Phase der europäischen Faustkeilkultur bis zu etwa 500.000 Jahren vor unserer Zeit dem Abbevilléen zugeordnet, das sich örtlich überlappe oder zu dieser Zeit übergehe in das sich anschließende Acheuléen Nordfrankreichs mit deutlich erkennbar feiner gearbeiteten zweischneidigen Faustkeilen. In Europa sei das Acheuléen dann vor etwa 200.000 Jahren vom Moustérien abgelöst worden, das man bis zum Beginn des Jungpaläolithikums vor 40.000 Jahren datiere. In relativ rascher Abfolge schließe sich dann, ebenfalls benannt nach den wichtigsten Fundorten, mit zunehmend verbesserter Klingentechnologie das Aurignacien, Gravettien, Solutréen und Magdalénien an. Damit ende diese Epoche vor etwa 12.000 Jahren.

Dies sei, nebenbei gesagt, ein für die Menschheitsgeschichte denkwürdiges Datum, da wenig später, vor ungefähr 9.000 Jahren, die Jäger und Sammler mit der Beherrschung von Viehzucht und Ackerbau sesshaft geworden seien, zunächst in einem „fruchtbarer Halbmond" genannten Gebiet Kleinasiens, dann nach und nach weiter nördlich. Erst vor gut 6.000 Jahren seien auch die letzten Winkel Europas erfasst worden.

Jetzt wendet sich Boucher de Perthes der Tafel zu, zeichnet Faustkeile und andere Artefakte, erläutert noch einmal den technischen Fortschritt.

Die zuvor genannten Zeitabschnitte würden durch die immer wieder verfeinerte Abschlagtechnik bei der Werkzeugherstellung und durch örtliche Besonderheiten unterschieden. Er wolle hier nur die Levallois- oder Schildkern-Technik des Moustérien erwähnen, durch die man viele Abschläge in vorherbestimmter Form und Größe habe gewinnen können. Die Produkte dieser Abschlagtechnik seien zu Schabern und Spitzen weiterverarbeitet und aus den verbliebenen Kernen relativ schlanke Faustkeile gefertigt worden. Im Jungpaläolithikum vor 40.000 bis 10.000 Jahren habe der rasche handwerkliche Fortschritt dann seine Perfektion in messerscharfen Feinklingenabschlägen gefunden.

Diese Fertigkeiten seien zur Herstellung von Kratzern, Schabern, Sticheln, zweiseitig scharfen Pfeil- und Wurfspieß-Spitzen benutzt worden, letztere oft aus Horn oder Knochen und dann sogar mit Widerhaken. Die Ausformung dieser Harpunen sei ohne die Einsatzmöglichkeit entsprechend geeigneter Steinwerkzeuge nicht denkbar gewesen.

Boucher de Perthes wirkt erschöpft. Er hat mit großer Begeisterung und lebhafter Gestik vorgetragen.

Beifall kommt auf, auch Petrus applaudiert, will die Sitzung offensichtlich beenden.

Doch da meldet sich Édouard Lartet und bittet ums Wort.

Es sei ihm ein herzliches Anliegen, seinem verehrten Kollegen zu seinen Erfolgen auf Erden ebenso wie zum gelungenen Vortrag hier oben zu gratulieren. Allerdings halte er eine kleine Ergänzung für wichtig, die das gezeichnete Bild abrunde.

Die vorgestellten Steinwerkzeuge seien nämlich nicht allein zur Anfertigung von Waffen und bei der Zerlegung von Beutetieren und für die Nahrungszubereitung eingesetzt worden, sondern auch zur Herstellung von Schmuck- und Kunstgegenständen. So habe er in der Höhle bei La Madeleine im Tal der Dordogne Knochen- und Elfenbeinschnitzereien sowie Kleinplastiken auch aus Stein gefunden, die Tiere oder weibliche Fruchtbarkeitssymbole dargestellt hätten. Sie seien alle dem Aurignacien zuzuordnen, also etwa 30.000 Jahre alt.

Dieser kleine Nachtrag erscheine ihm erwähnenswert, weil auch damit die geistig-kulturelle Entwicklung der Menschen beleuchtet würde.

Petrus bedankt sich und erklärt, dass er die früheste Kunst ohnehin als Thema für eine spätere Sitzung vorgesehen habe.

Unter beifälligem Raunen erheben sich die Teilnehmer, offensichtlich zufrieden angesichts dieser nicht allzu anstrengenden Vorträge.

... und es ward Licht

Tempus fugit – scientia crescit: Zwar fliegen die Jahre dahin, doch parallel wächst die wissenschaftliche Erkenntnis.

Als Lamarck, Darwin und Wallace den Deszendenzgedanken formulierten, war dies nur vorstellbar auf der Basis einer Weitergabe der abgewandelten Merkmale von Generation zu Generation.

Über die der Vererbung zugrunde liegenden Mechanismen gab es noch keine Erkenntnisse.

Gregor Mendel publizierte seine Arbeit über „Versuche mit Pflanzenhybriden" im Jahre 1865. Zu dieser Zeit war der internationale Informationsfluss, insbesondere bei Sprachbarrieren, zähviskos bis nahezu null. In England jedenfalls wurden Mendels Ergebnisse nicht hinreichend bekannt, auf dem Kontinent nicht hinreichend gewürdigt.

Sie versanken bis zum Jahre 1900 in einen Dornröschenschlaf, um dann gleich dreifach wachgeküsst zu werden: von Correns, de Vries und Tschermak.

Aber nicht nur die mit bloßem Auge wahrnehmbaren Resultate von Kreuzungsversuchen hatten das Interesse der Forscher geweckt. Was geschah in den Zellen? Wie ließen sich die beim Blick durch das Mikroskop erkennbaren Veränderungen bestimmter Strukturen beim Zellwachstum erklären?

Die Zytologen begannen, die Vorgänge im Inneren der Zellen zu analysieren, fanden Gesetzmäßigkeiten bei der Zellteilung, erkannten deren Bedeutung für die Vererbung.

Zellforschung und Vererbungslehre, Zytologie und Genetik, wuchsen zusammen. Sie regten zu Experimenten an, die Licht in das Dunkel des zellulären Innenlebens bringen sollten: Wie hingen Auslösung und Steuerung der Teilungsvorgänge kausal zusammen?

„... und es ward Licht": Der Wissenszuwachs in den fünfundvierzig Jahren nach 1882 war insbesondere auf den verschiedenen Gebieten der Naturwissenschaften gewaltig.
Auf den Konferenzen bis 1927 wurde zwischen Zytologen, Genetikern, Entwicklungsphysiologen und Evolutionstheoretikern mit großem Enthusiasmus diskutiert.
Auch die Paläoanthropologen kamen erneut zu Wort. Durch die Funde weiterer Knochenfragmente, die ebenfalls Merkmale des Fuhlrott-Neandertalers aufwiesen, konnten die gegnerischen Argumente vom „rachitischen Einzelfall" überzeugend aus der Welt geschafft werden.
Ergänzt wurden jene Ausgrabungen durch die Freilegung eines etwa 600.000 Jahre alten menschlichen Unterkiefers in Mauer bei Heidelberg und der noch älteren Knochenfragmente auf Java und in Südafrika, die eine neue Epoche der Forschung einleiten sollten.
Und Bischof Wilberforce verstand es, wie schon so oft auf Erden, die nüchterne, allzu wissenschaftliche Konferenzatmosphäre auch dort oben mit einem handfesten Zwischenfall aufzulockern ...

Der Erbsenzähler aus Brünn: Gregor Mendel

An einem sonnigen Frühlingsmorgen im Jahre 1884 streckt und reckt sich Gregor Mendel auf seinem Lager, lässt die Augen geschlossen, verbleibt in der Horizontalen.

Er habe so wunderbar geschlafen wie lange nicht mehr, freut er sich. Und dann diese Träume! Sein Leben dort unten war noch einmal an ihm vorübergerauscht:

Seine Kindheit auf dem elterlichen Bauernhof, Natur pur rings-herum, seine Bienenzucht, sein glückliches Händchen bei der Veredelung von Obstbäumen – dieses Leben war ein Geschenk.

Dann Gymnasium und Universität, Theologie und Naturwissenschaften, der zweimalige Anlauf auf die Lehramtsprüfung, das zweimalige Scheitern – die verknöcherten Prüfer mit ihren grau-weißen Bärten und Kneifern vor den zusammengekniffenen Äuglein – auch er hätte damals gern gekniffen.

Nach der Priesterweihe Chorherr bei den Augustinern, Hilfslehrer (immerhin!) am Gymnasium – eine schöne Zeit mit viel Zeit für andere Interessen, wie bei Lehrern üblich, man denke nur an Fuhlrott.

Zeit also für seine Kreuzungsversuche im Garten des Augustinerklosters. Seine Bienchen hatten ihn gelehrt, wie der Pollen auf die Narben zu praktizieren war. Eine glückhafte Tätigkeit, zwar mühsam, streckenweise auch ein bisschen langweilig, monoton, immer die gleichen, recht langweiligen Bienchenfunktionen …

Es klopft. Mendel schreckt hoch, öffnet die Tür.

Freundlich lächelnd bittet Caenuntius ihn zur Konferenz – nach einem Vierteljahr der Eingewöhnung hier oben sei, wie abgesprochen, die Reihe an ihm.

Mendel ist erst jetzt hellwach, der letzte Rest Schläfrigkeit verflogen. Das habe er ja beinahe vergessen, er komme sofort, benötige nur noch ein paar erfrischende Minuten im Bad.

Der Konferenzraum ist gut besucht. Petrus macht alle miteinander bekannt.

Die heutige Sitzung sei ausschließlich jenem Manne gewidmet, der mit seinen Pflanzenversuchen im Brünner Klostergarten Licht in die geheimnisvollen Vorgänge bei der Vererbung gebracht habe. Es sei sicher als ungewöhnlich anzusehen, dass ein Mönch den Fortschritt auf einem naturwissenschaftlichen Spezialgebiet so sehr geprägt habe wie Gregor Mendel.

Langanhaltender Beifall, rhythmisches Trampeln mit den Füßen wie im Hörsaal nach einem pfiffigen Witz des Lieblingsprofessors.

Mendel bedankt sich, geht ohne Umschweife in medias res, erläutert seine Bienchenfunktion bei den Erbsen.

Zunächst habe er violett und weiß blühende Sorten untersucht. Nach deren Kreuzung hätten alle Nachkommen der ersten Generation violett geblüht. Wo war weiß geblieben?

Dann habe er Exemplare dieser Kindergeneration untereinander bestäubt: Treffer! Zwar hätten sich überwiegend violette Blüten ergeben, doch weiß sei auch wieder aufgetaucht!

Nun habe er wiederholt, kontrolliert, gezählt und notiert, bis er des Ergebnisses habe sicher sein können: Die violett blühenden Pflanzen der zweiten Generation hätten zu den weiß blühenden immer im Verhältnis 3:1 gestanden!

Auch die Wunderblume Mirabilis jalapa habe er in völlig analoger Weise untersucht. Im Klostergarten habe er sie mit roten, rosaroten und weißen Blüten angetroffen. In welchen Farben würden die Mischlinge blühen?

Um es kurz zu machen: Erst nach der Kreuzung rot mit weiß habe er reproduzierbare Ergebnisse erhalten, allerdings seien im Gegensatz zu den Erbsen die Kinder in der Mischfarbe rosarot aufgetreten.

Hier alle rosa, bei den Erbsen alle Kinder violett? Er habe auch diese Wunderblumenkreuzungen so lange wiederholt, bis kein Zweifel mehr möglich war.

Es stehe somit fest, dass die erste Kreuzungsgeneration ausnahmslos gleich aussieht, uniform sei: Diese Erste Regel nenne er das Uniformitätsgesetz.

Nun stehe aber noch sein Bericht über das Verhalten der rosaroten Kindergeneration der Wunderblume aus. Und siehe da, oh Wunder: In der zweiten Generation sei wieder die Gartenmischung zum Vorschein gekommen, alle Farben seien vertreten gewesen: rot, rosarot und weiß, und das immer in dem festen Verhältnis 1:2:1!

Dies lasse die Folgerung zu, dass hier die Blütenfarben weiß und rot das gleiche Durchsetzungsvermögen hätten, damit in der Mitte lägen, sich in dieser Hinsicht *intermediär* verhielten und daher in der ersten Generation in der Mischfarbe rosa gleichermaßen ausgeprägt würden, um sich dann in der zweiten Generation wie beschrieben aufzuspalten.

Bei den Erbsen hingegen sei die Blütenfarbe violett ganz offensichtlich von höherer Durchsetzungskraft als das Merkmal weiß, violett sei also das *dominant* zu nennende Merkmal, weiß das *rezessive*. Bei diesen Gegebenheiten spalte die zweite Generation sich im Verhältnis dominant:rezessiv = 3:1 auf.

Diese Erkenntnisse habe er die Zweite Regel oder das Spaltungsgesetz genannt.

Neben beifälligem Kopfnicken wird auch Gemurmel laut, Unruhe und Ungeduld sind unverkennbar.

Mendel schaut Petrus an, der fragt zurück, wie denn der Zeitbedarf aussehe. Doch bevor eine Antwort kommt, verkündet Petrus eine „wohlverdiente" Pause. Beifall, man widmet sich den bereitgestellten Erfrischungen.

Nach einer guten Weile klatscht Petrus in die Hände. Die kleinen Gruppen, in denen eifrig weiterdiskutiert wurde, lösen sich auf; man nimmt wieder Platz.

Mendel, nachdenklich geworden angesichts der unverkennbaren Tatsache, dass er sein Publikum zu sehr strapaziert hat, beginnt mit Worten der Ermunterung: Die schwierigsten Fakten seien abgehandelt, es folge jetzt nur noch eine Art Wiederholung, wenn auch unter neuen Aspekten.

Schlitzohr, denkt er sich dabei, eigentlich wird es eher komplizierter. Aber er nimmt sich vor, die Darstellung abzukürzen und zu vereinfachen, möglichst auch aufzulockern.

Er rückt noch einmal die Erbsen in den Mittelpunkt, die fast unzähligen Erbsen. Aus den Samen der künstlich befruchteten Blüten habe er 28.000 Pflanzen kultiviert.

Das Herausragende, spannend Neue an diesen Versuchen waren die ausgewählten Elternpflanzen: Sie unterschieden sich nicht wie die oben vorgestellten Sorten oder auch die Wunderblume in dem *einen* Merkmal Blütenfarbe, sondern in zweien, nämlich in Farbe und Gestalt der Früchte:

Er habe Pflanzen aus grünen Erbsen mit gerunzelter Oberfläche mit solchen aus gelben, glatten Erbsen gekreuzt. Alle Erbsen der Kindergeneration seien, dem Uniformitätsgesetz entsprechend, untereinander gleich gewesen, jetzt aber mit je einem Merkmal der Eltern, nämlich grün und glatt. Eine neue Sorte? Die Eigenschaften gelb und runzelig schienen untergegangen zu sein!

Aber nur in der ersten Generation. Dass da ein Versteckspiel mit elterlichen Merkmalen üblich sei, wisse man ja aus den Aufspaltungen bei den Enkeln.

Also habe er die Pflanzen der Kindergeneration untereinander hybridisiert, und siehe da: Erwartungsgemäß tauchten die Merkmale der Elternerbsen wieder auf, aber auch die Kombination der Kinder grün/glatt wurde beibehalten. Und außerdem ein Knaller, nämlich gelb-runzelige Samen!

Eine wirklich neue Sorte?

Er berichtet über die Zweifel, die er damals nicht habe verscheuchen können, an die Zweifel, die auch auf der Sitzung des „Naturforscher-Vereins Brünn", den er 1862 gegründet habe, von bedenklich gewiegten weisen Häuptern geäußert worden seien.

An das damals bevorstehende Winterhalbjahr könne er sich nur tief seufzend erinnern. Das enervierende Warten auf Frühling und Sommer in der nagenden Ungewissheit – erneut fühle er die Beklemmung, die ihn gemartert habe, die schlaflosen Nächte. Was würde aus aller Mühe werden, wenn er sich geirrt haben sollte?

Dann endlich die wärmende Sonne.

Schon Ende März des Jahres 1863 habe er an der Südseite der Klostermauer, dem am besten geschützten Platz im ganzen Garten, die gelb-runzeligen Erbsen in den Boden gesteckt, dazu die anderen Vertreter der Enkelgeneration, habe seine Aussaat in Drei-Wochen-Intervallen wiederholt – er habe sichergehen wollen!

Seine Ungeduld habe ihn dazu verführt, schon bald nach der Blüte – er hatte die Pflanzen wieder untereinander bestäubt

– einige junge Schoten zu öffnen. Die neue Sorte gelb/runzelig war nicht dabei, alle Erbschen seien prall und glatt gewesen!

Wieder einmal habe sich erwiesen, dass die Ungeduld ein miserabler Ratgeber sei: Die Früchtchen seien ganz einfach zu jugendlich gewesen, das Merkmal runzelig habe sich schließlich und endlich, wie bei den Menschen, erst mit der Reife ausgebildet!

Noch einmal empfindet er Jubel, Fröhlichkeit, dankbare Gelassenheit.

Diese Resultate habe er in allen seinen Wiederholungen bestätigen können. Auf 16 Individuen der Enkelgeneration hätten sich die Merkmale der Erbsen wie folgt verteilt: 9 seien grün/glatt gewesen wie die Kindergeneration, jeweils drei grün/runzelig bzw. gelb/glatt wie die Eltern, eine jedoch habe die neue Kombination gelb/runzelig gezeigt!

Um zum Schluss zu kommen: Alle Pflanzen aus dieser Enkelgeneration habe er weiter untereinander gekreuzt, es hätten sich die erwarteten Ergebnisse eingestellt, allerdings mit zwei Ausnahmen: Von den 9 Pflanzen mit der neuen Kombination grün/glatt habe eine sich in den Folgegenerationen als *nicht* aufspaltbar erwiesen, ebenso die Nachkommen der gelbrunzeligen Variante: Damit stehe fest, dass es sich bei diesen beiden um neue Sorten handele!

Daraus leite er die Dritte Regel von der Autonomie der Merkmale ab, das Gesetz ihrer freien Kombinierbarkeit.

Es ist schwer zu sagen, ob der nachhaltige Beifall mehr der wissenschaftlichen Leistung galt oder von der Erleichterung über das Ende des anspruchsvollen Vortrags getragen wurde. Wie so oft, liegt die Wahrheit wohl in der Mitte.

Der Evolutionsbegriff Herbert Spencers

Seit der Mendel-Sitzung 1884 sind dort oben etliche Wissenschaftler neu hinzugekommen: George Busk (1886), Richard Owen (1892), Hermann Schaaffhausen (1893), Thomas Henry Huxley (1895), Friedrich Miescher (1895), George John Romanes (1895), Gabriel de Mortillet (1898), Richard Altmann (1900) und, als Benjamin in der Runde, soeben Herbert Spencer (1903).

Der Konferenzraum ist gut besucht. Petrus macht, soweit erforderlich, alle miteinander bekannt.

Die Freude über das auf Erden erhoffte und nun zur Gewissheit gewordene Wiedersehen kennt keine Grenzen. Es wird umarmt, gedrückt, auf die Schultern geklopft – bis Petrus das Wort ergreift.

Diese Sitzung solle dem Manne gewidmet werden, der den Begriff „Evolution" schon 1852 eingeführt habe, damit die Höherentwicklung als solche definiere. Er habe die Anwendung des Evolutionsgedankens nicht nur im Bereich der Biologie vorgeschlagen, sondern ihn auf eine viel breitere Basis gestellt, seine allgemeine Gültigkeit gefordert. Man dürfe also gespannt sein!

Herbert Spencer bedankt sich. Auch als Philosoph fühle er sich recht wohl in der Gesellschaft von Naturwissenschaftlern. Er habe sich immer bemüht, das Verbindende zwischen den verschiedenen Fachrichtungen und Forschungsgebieten herauszustellen.

Nach seiner festen Überzeugung sei Erkenntnis immer empirisch, dem Ergebnis von Experimenten zu verdanken, habe durch Erfahrung begründbar zu sein. Alles andere sei Glauben, sei Nichtwissen.

Da das durch konkrete Beobachtung errungene Wissen in geradezu idealer Weise in der Biologie durch die Deszendenzlehre vorgeführt werde, betrachte er die Evolution als das einigende Prinzip in allen Bereichen der Wissenschaft. Auch die

Kulturen, ja die Staatsformen unterlägen einer Entwicklung, in der letztlich, und das könne leider dauern, nicht Bewährtes durch Besseres ersetzt würde. Allerdings sei hier weniger von natürlicher Auslese auszugehen, es handele sich eher um die Weitergabe von Erlerntem, um Konsequenzen aus Erfahrungen, um die Anwendung der Logik dank des allein dem Menschen vorbehaltenen Intellekts – sofern er hinreichend ausgebildet und sinnvoll angewendet werde.

Schmunzeln, Beifall.

Übrigens, natürliche Auslese. Den von Wallace und Darwin eingeführten Begriff vom „struggle for life", vom Kampf ums Dasein, habe er einen Schritt weitergedacht.

Mit „survival of the fittest" wolle er die Folgen jenes Wettbewerbs, das Überleben des Tauglichsten, in den Mittelpunkt der Betrachtung rücken. Mit „fitness" sei also nicht martialische Stärke, sondern der Anpassungserfolg gemeint. Dies sei für die Erhaltung der Art, für die Zahl der Nachkommen, das allein Entscheidende. Er freue sich – freundliches Lächeln in Richtung Charles Darwin –, dass dies breite Zustimmung erfahren habe.

Wieder Beifall, Raunen. Von Huxley kommt sogar ein lautes Bravo!

Dies nimmt Petrus zum Anlass, um Thomas Henry Huxley aufzurufen.

Darwin strahlt. Was wäre er ohne Huxley, den unermüdlichen Streiter für seine Theorie, ohne ihn, der wie ein Missionar von Vortrag zu Vortrag reiste, um den Deszendenzgedanken zu verbreiten und – zu verteidigen.

Richtig, erinnert sich Darwin, ihm war es echt peinlich gewesen, als ihm zu Ohren gekommen war, dass man den guten Huxley als „Darwins Bulldog" titulierte. Ein Kampfhund für den Kampf ums Dasein! Da wollte wohl jemand witzig sein.

Nicht Darwins Sache, sich in der Öffentlichkeit zu exponieren. Er hätte sich nie so unerschütterlich, so wortgewaltig einsetzen können.

Dabei war Huxley sogar weit vorgeprescht, als er schon 1863 den Menschen in die Evolution der Primaten einbezog, ebenso wie etwa zeitgleich Ernst Haeckel. Auch in diesem Punkt, so musste sich Darwin eingestehen, war er wieder einmal zögerlicher, denn zur Abstammung des Menschen hatte er sich erst 1871 geäußert, wenn auch gründlicher mit zahlreichen Belegen. Auch war er erstmals auf die intellektuelle Fähigkeit des Menschen eingegangen, die sich seiner Ansicht nach ebenfalls durch Selektion entwickelte und so den Abstand zu den Tieren unterstrich.

Und 1872, so sein kleiner Rückblick, hatte er dann noch die aus dem Verhalten und der Physiognomie ableitbaren Gemütsbewegungen bei Mensch und höherem Säugetier verglichen und als analog erkannt. Das war als weiterer Beitrag zur Kontinuität der Entwicklung anzusehen, womit sich der eben begründete Abstand zu den Tieren allerdings wieder verringerte. Nicht unbedingt ein Widerspruch, tröstet er sich, aber etwas einfacher wäre es ihm durchaus willkommen!

Doch zurück zu Huxley. Der ist inzwischen vorgetreten, holt tief Luft für seine ersten Worte – da kommt schnarrender Protest von einem Hinterbänkler.

Bischof Samuel Wilberforce, auf Erden als erzkonservativer Kirchenmann von hohem Einfluss und stets auf hohem Ross, erlaubt sich, hier oben jetzt untertänigst, einen Beitrag Huxleys als wenig hilfreich, ja als unerwünscht einzuschätzen.

Huxley sei nicht honorig mit ihm umgegangen auf jener in die Geschichte eingegangenen Sitzung in Oxford 1860. Er habe noch heute Beleidigendes im Ohr …

Huxley pariert sofort. Das müsse er der Wahrheit zuliebe in vollem Umfang zurückgeben. Denn Seine Exzellenz sei es gewesen, der provoziert habe. Oder sei die Frage, ob ihm, Huxley, Affen als Großeltern willkommen gewesen seien, nicht etwa ebenso unsachlich wie persönlich verletzend?

Der Kirchenfürst lässt nicht locker: Huxleys Antwort sei weitaus ehrenrühriger gewesen als seine rein ironisch gemeinte

Frage, mit der er lediglich die strenge Sitzungsatmosphäre habe auflockern wollen. Sinngemäß habe Huxley doch geantwortet, ihm sei ein Affe als Vorfahre lieber als ein Bischof, der seine Position als Fortschrittsbremse der Wissenschaft missbrauche.

Immer aalglatt, denkt Huxley. Nicht ohne Grund hatte man ihm den Spitznamen „Soapy Sam" gegeben: In Debatten ließ er sich nie festnageln, wirklich fassen, er entglitt allen Argumenten so wie ein glitschiges Stück Seife den Händen.

Offenbar, so Huxley kampfesmutig weiter, habe er immer noch Angst, der Wahrheit ins Gesicht zu sehen. Er empfehle ihm daher, vor weiteren unsachlichen Störmanövern die kommenden Beiträge auf dieser Konferenz abzuwarten. Er wolle die Hoffnung nicht aufgeben, dass ein Mensch, der sich von einem Tier zumindest durch den Besitz geistiger Fähigkeiten unterscheide, leider viel zu selten durch hohe Intelligenz, ein Mensch also, der hier oben sein irdisches Kirchenamt getrost vergessen könne, durchaus noch hinzulernen und Neues als Anlass zum Umdenken nutzen könne.

Darwin schlägt sich auf den Schenkel. Das ist er, das ist Huxley!

Die Runde quittiert mit Gemurmel, überwiegend auch beifällig mit Kopfnicken.

Als der Bischof entgegnen will, hebt Petrus beschwichtigend die Hand: Das sei nun genug und wenig hilfreich. Hier oben sei der himmlische Friede oberstes Gebot, jede emotionsbelastete Streiterei fehl am Platze.

Das richte sich natürlich nicht gegen das Streitgespräch auf wissenschaftlicher Basis, da sei es sogar erwünscht, denn es gebe allzu sachlichen Mitteilungen von Forschungsergebnissen die willkommene Würze.

Dies ermutigt Richard Owen, sich zu erheben und ums Wort zu bitten.

Er habe sich bekanntlich intensiv mit der vergleichenden Anatomie von Wirbeltierfossilien beschäftigt und auf deren

Weiterentwicklung aus einer Urform geschlossen. Damit habe er den Evolutionsgedanken unterstützt.

Das sei leider nur im Sinne Lamarcks geschehen, denkt Darwin. Sein Freund Huxley hatte sich mit Owen wegen dessen Ablehnung des Selektionsprinzips oft ergebnislos gestritten.

Wichtig sei ihm nun der Hinweis auf die Erkenntnis, so Owen weiter, dass es in der Entwicklungsgeschichte interessante Organabwandlungen gegeben habe mit dem Ziel, eine bestimmte Funktion erfüllen zu können. Dabei müsse man zwei völlig verschiedene Wege unterscheiden, die er analog und homolog genannt habe.

So dienten sowohl die Vogelflügel als auch die Schmetterlingsflügel der Fähigkeit dieser Tiere, sich in die Lüfte zu erheben. Entwicklungsgeschichtlich jedoch hätten beide Flügelformen rein gar nichts miteinander gemeinsam. Das sei ein Beispiel für Analogie.

Im Gegensatz dazu sei die Homologie für die Evolution von größter Bedeutung. Er wolle das anhand von abgewandelten Vorderextremitäten aufzeigen: Der Arm des Menschen, der Vorderlauf des Hundes, die Flosse des Wals, die Flügel von Vogel und Fledermaus – sie alle hätten das gleiche Gerüst aus Oberarmknochen, Elle und Speiche, Handwurzel und Fingern, seien allesamt homologe Organe, aber mit verschiedenen Funktionen: Sie dienten zum Händeschütteln und Umarmen, Laufen, Schwimmen oder Fliegen!

Beifall (als weitere Funktion der Hände), wohlwollendes Lächeln für einen im Grunde griesgrämigen Wissenschafter.

In der Tat, diese Homologien unterstützen die Evolutionstheorie mit dem Überleben des Bestangepassten, ausgehend von einer Stammform. Dass Owen dies mit der Vererbung der durch den unterschiedlichen Gebrauch veränderten Merkmale erklärt, sei hier weniger bedeutsam, denkt sich so mancher Experte.

Petrus dankt für diesen nicht vorgesehenen, aber doch wichtigen Beitrag und nimmt ihn zum Anlass, die Teilnehmer zu derartigen Diskussionen zu ermuntern. Das mache die Sitzungen lebendig.

Doch das Auditorium lässt eher die gegenteilige Wirkung erkennen: Erschöpfung, Müdigkeit.

Petrus sieht ein, dass es für heute reiche.

Gute Nacht!

Neue Funde: Waren die Neandertaler nicht allein?

In seinem ersten Gespräch mit Petrus berichtet Alfred Russel Wallace 1913 kurz nach seiner Ankunft von Neuigkeiten über Neandertaler- und andere Frühmenschenfunde, die Petrus auf den Gedanken bringen, dies zum Thema der nächsten Sitzung zu wählen. Kompetente Redner sind ihm immer willkommen.

Er zieht Hermann Schaaffhausen hinzu. Wie erinnerlich, hatte Schaaffhausen seinerzeit die von Fuhlrott vertretene Beurteilung des Fundes von 1856 von Anbeginn geteilt, unterstützt und gegen unsachliche Argumente verteidigt.

Man denke nur an die Rachitis-These Virchows und auch an den Anatom Franz Josef Karl Mayer, der seinen Glauben an die biblische Schöpfungsgeschichte dadurch vor einer Erschütterung zu bewahren suchte, dass er die Fossilien einem knochenkranken Kosaken zuschrieb, der vor den Kriegern Napoleons in die Feldhofer Grotte geflüchtet sein sollte.

Petrus begrüßt die Runde und insbesondere die beiden Redner des Tages. Hermann Schaaffhausen sei ja allen, die damals Fuhlrott zugehört hätten, kein Unbekannter mehr. Er empfinde große Genugtuung angesichts der Tatsache, dass diesem unerschrockenen Kämpfer für eine von ihm als richtig erkannte Sache durch weitere Neandertalerfunde Gerechtigkeit zuteil geworden sei.

Mit einer höflichen Verbeugung bedankt Schaaffhausen sich, tritt vor und kommt zunächst auf Thomas Henry Huxley zu sprechen. Er winkt ihm, dem alten Mitstreiter, locker und fröhlich zu.

Huxley habe schon 1863, wenige Jahre nach dem Neandertalerfund, dessen Schädelkalotte mit ähnlichen Fossilien verglichen. Dabei habe er eine nahezu völlige Identität mit dem 1830 in Engis bei Lüttich ausgegrabenen Kinderschädel festgestellt, der auf ein Alter von 70.000 Jahren geschätzt worden sei.

Wie der Zufall so spiele, sei ausgerechnet dem Zoologen George Busk, der die Neandertaler-Publikation ins Englische übersetzt und dadurch erst auf der Insel bekannt gemacht habe, ausgerechnet diesem Experten sei, nach einigen Umwegen, ein Schädel vorgelegt worden, der 1848 in einem Steinbruch von Gibraltar freigelegt worden sei. Geschätztes Alter: 40.000 bis 50.000 Jahre!

Auch dieser Fund habe eine so frappierende Übereinstimmung mit dem aus der Feldhofer Grotte aufgezeigt, dass man damit alle Spekulationen über Rachitis oder Kosakenverstecke (wieso denn wohl in Gibraltar?) in das Reich der Fabel habe verweisen können.

Weitere Fossilfunde hätten dann den Neandertaler bei allen vorurteilsfreien Wissenschaftlern, bei allen um Objektivität Bemühten zur unbestreitbaren Realität werden lassen. Die Gegner verhielten sich in ihrer Voreingenommenheit ohnehin unwissenschaftlich, seien eher geistig arme Mitläufer einer von vermeintlichen Koryphäen verkündeten Lehrmeinung.

Schließlich habe man in der Höhle von La Naulette 1866 einen Unterkiefer und bei Spy, ebenfalls in Belgien, 1886 die Skelettreste von zwei Neandertalern mit einem Alter von 60.000 Jahren ausgegraben. Hinzu kämen die zahlreichen Fossilien aus Kaprina in Kroatien von einigen Dutzend Individuen, die dort vor etwa 120.000 bis 90.000 Jahren gelebt hätten. Damit sei die Existenz der Neandertaler in einem Zeitraum mindestens zwischen 120.000 und 40.000 Jahren vor heute unumstößlich bewiesen.

Der aktuelle Stand der Erkenntnis nun werde komplettiert durch ein Ereignis von besonderer Qualität, über das sein geschätzter Kollege Alfred Wallace berichten werde.
Schaaffhausen geht unter dem Applaus der Teilnehmer an seinen Platz zurück.

Nun stellt Petrus den zweiten Redner vor: Alfred Russel Wallace sei ja schon durch Darwin bekannt gemacht worden, seine Verdienste um den Deszendenzgedanken, um Evolution und Selektion beim Kampf ums Dasein, die er mit Charles Darwin teile, seien sicher allen Teilnehmern bewusst. Er habe nun höchst interessante Neuigkeiten mitgebracht.
Mit einer einladenden Handbewegung bittet er an das Rednerpult.

Nach seinem freundlichen Dank an Petrus erklärt Wallace, weshalb ihm diese Rolle angetragen worden sei.
In einer längeren Diskussion habe Petrus die Überzeugung gewonnen, dass in dieser Sitzung die Leistungen von Marcellin Boule, der noch nicht hier oben weile, gewürdigt werden müssten. Es könne nämlich nicht davon ausgegangen werden, dass dessen wichtiger Beitrag zu einem späteren Zeitpunkt besser in die Thematik passe als jetzt.
Diese Aufgabe nun sei ihm zugefallen, da er mit Boule einen regen wissenschaftlichen und auch privaten Kontakt gepflegt habe.
Boule also habe ein 1908 in einer Höhle bei La Chapelle-aux-Saints gefundenes Skelett eines Neandertalers, der wohl erst im Greisenalter verstorben sei und vor etwa 50.000 Jahren gelebt habe, vollständig rekonstruieren können. Das sei zweifellos eine Glanzleistung gewesen, die auch nicht dadurch geschmälert werde, dass Boule die ungewöhnliche Form der Wirbelsäule als Indiz für eine ständig gebückte Körperhaltung angesehen habe. Dies sei wohl doch eine recht eigenwillige Interpretation. Schließlich sei bekannt, und anschauliche Beispiele gebe es genug, dass der Mensch im hohen Alter oftmals

zur Bescheidenheit zurückfinde und eine Art Demutshaltung einnehme.

Es sei nun an der Zeit, die schon 1868 im Tal der Dordogne bei Cro-Magnon gefundenen Fossilien mehrerer Menschen zu erwähnen, die zusammen mit etlichen für das Aurignacien typischen Steinwerkzeugen in einer ungestörten Schicht gelegen hätten. Eine Bestimmung des Alters auf etwa 30.000 Jahre sei dadurch zuverlässig möglich gewesen.

Er komme nun auf Boule zurück, der diese Schädel einer genauen Prüfung unterzogen habe. Zur großen Überraschung aller Paläoanthropologen habe die Schädelform jener Menschen mit hoher Stirn, großem Hirnvolumen und vorspringendem Kinn nahezu völlig den anatomischen Proportionen des Jetztmenschen entsprochen. Die Neandertalermerkmale wie Überaugenwülste, flache Stirn, vorspringende Mundpartie und fliehendes Kinn seien nicht vorhanden gewesen!

Hier müsse man sich nun die Frage stellen, ob es überhaupt denkbar sei, dass eine derart grundlegende Veränderung durch evolutionäre Umwandlungen in der relativ kurzen Zeitspanne von vielleicht 10.000 bis 20.000 Jahren habe stattfinden können. Im Hinblick auf die Größenordnungen von Millionen Jahren, die für die Evolution angenommen würden, scheide dieses Denkmodell wohl aus.

Alternativ sei zu überlegen, ob es sich hier um Parallelentwicklungen handeln könne, zumal sich wegen (noch?) fehlender Funde „moderner" Schädel mit einem Alter von mehr als einigen hunderttausend Jahren nicht ausschließen lasse, dass sie irgendwo auf ihre Entdeckung warten würden.

Ebenso müsse analog gelten, dass es möglicherweise noch nicht aufgefundene Neandertalergebeine jüngeren Datums gebe.

Aber hier beginne nun das große Spekulieren. Wenn nämlich beide Denkansätze zuträfen, so könne man daraus folgern, dass Neandertaler und Cro-Magnon-Menschen gleichzeitig nebeneinander gelebt hätten.

Auch bei diesem Szenario gebe es wieder zwei Möglichkeiten: Entweder beide Spezies hätten sich miteinander friedlich vermischt oder aber die Neandertaler seien umgebracht worden.

Gegen die erste Variante spreche die Tatsache, dass dann eine Hybridisierung anatomischer Merkmale hätte erfolgen müssen, wofür aber keinerlei Hinweise vorlägen.

Auch die zweite Überlegung sei zu verwerfen, weil an keinem einzigen der inzwischen doch recht zahlreichen Neandertalerfossilien Spuren einer Gewalteinwirkung gefunden worden seien.

Und damit sei man wieder einmal bei einer Mischung aus Freude und Resignation angelangt, dem Wissenschaftler wohlbekannt: Mit jeder neuen Erkenntnis wachse auch die Unkenntnis.

Beifall, enthusiastisch. Endlich wieder philosophische Ansätze nach all den nüchternen Daten!

Wallace räuspert sich, fährt fort: Er wolle zur Frage sehr alter menschlicher Fossilien jedenfalls noch auf den im Jahre 1907 in Mauer bei Heidelberg geborgenen Unterkiefer hinweisen, der in einer Kiesgrube ans Tageslicht gekommen und mit einem geschätzten Alter von 600.000 Jahren schwerlich einzuordnen sei.

Sodann erinnere er sich an eine knappe Notiz über einen Fund in der Olduvai-Schlucht in Ostafrika von 1913, die er kurz vor seinem Abschied dort unten gelesen habe. Dort sei ein Professor aus Berlin, er heiße Reck oder so ähnlich, bei seinen Feldstudien in einer sehr alten Schicht, geschätzt auf eine Million Jahre, auf ein Menschenskelett gestoßen. Die Überraschung, ohnehin schon groß genug, habe doppeltes Aufsehen erregt wegen des Fehlens markanter Neandertalermerkmale. Näheres könne er leider nicht darüber sagen.

Erstauntes Schweigen. Sehr alt? Kein Neandertaler? Und dazu noch Afrika? Nicht in Europa?

Als könne er Gedanken lesen, greift Wallace den Fundort auf, nimmt ihn zum Anlass, um an den niederländischen Arzt Eugène Dubois zu erinnern, der schon 1891/92 auf Java Fossilien eines Frühmenschen ausgegraben hatte.

Dessen Schädel mit seinem vorspringenden Unterkiefer, breiter Nase und fliehender Stirn bei kräftigen Überaugenwülsten, aber kleinerem Gehirn als beim Neandertaler, sehr großen Zähnen und einem robusten Knochenbau habe nur entfernt an den Neandertaler erinnert. Dubois als Arzt sei aber zu der Folgerung gelangt, dass dieser „Affenmensch" aufrecht gegangen sei und habe ihm daher den Namen „Pithecanthropus erectus" gegeben.

Das sei bei der eben aufgeworfenen Frage, ob vor oder neben dem Neandertaler noch andere Frühmenschen existiert hätten, doch wohl ein wichtiger Nachtrag, wie er hoffe.

In den Beifall hinein ergreift Petrus das Wort. Er sei beeindruckt von der Schlichtheit, mit der Wallace derart bedeutende Entdeckungen hier weitergebe, auch wenn er nur indirekt davon erfahren habe, weil sie nicht seinem eigenen Forschungsgebiet angehörten. Wenn jeder dort, wo Gott ihn hingestellt habe, die Erwartungen erfülle, sei das allein schon großartig. Wenn er aber darüber hinaus auch am Geschehen in den weiter entfernten Forschungsgebieten teilnehme, so sei das in besonderem Maße lobenswert. Und eben deshalb verdiene die doch wirklich qualifizierte Mitteilung hohen Respekt. Er bedanke sich herzlich und wolle den Beitrag zum Anlass nehmen, die Auffindung früher menschlicher Fossilien zum Thema einer der nächsten Sitzungen zu wählen. Vielleicht gebe es schon bald weitere Neuigkeiten, die den jetzigen Kenntnisstand von 1913 ergänzen würden.

Großer Applaus, stehende Ovationen. Ein jeder hatte verstanden: Das Bemühen um die Enträtselung der Menschheitsgeschichte war einen guten Schritt vorangekommen.

Ernst Haeckel und das Biogenetische Grundgesetz

Im August 1919 wird wieder einmal an die Himmelspforte geklopft.

Petrus zögert, fragt sich, was ein Ernst Haeckel hier oben zu suchen habe. Dessen vehemente Ablehnung kirchlicher Glaubenssätze bis hin zu seiner Monismus-Philosophie lässt Verwunderung ob seines Einlassbegehrens berechtigt erscheinen.

Andererseits ist Haeckel als Freund Darwins, als unermüdlicher Verfechter der Evolutionstheorie und als erfolgreicher und respektierter Forscher vor allem auf dem Gebiet der Entwicklungsphysiologie eine durchaus willkommene Bereicherung des Expertenkreises.

Petrus beschließt, Toleranz zu üben und schließt auf.

Nach betont kühler Begrüßung mit ein paar Floskeln der Höflichkeit fragt Petrus den Neuankömmling nach besonderen Wünschen. Haeckel kann eine Gähnattacke nicht unterdrücken.

Natürlich, so Petrus, könne er gleich schlafen, so lange er wolle. Allerdings habe die Erfahrung gelehrt, dass das Nachholbedürfnis meist nach wenigen Tagen befriedigt sei, dass dann der Wunsch nach Abwechslung dominiere.

Bei Haeckel dauert es länger. Er verlässt sein Apartment erstmals nach fünf Wochen, um sich in seiner neuen Umgebung umzusehen.

Zufällig trifft er Charles Darwin. Die Freude ist groß, herzlich, wohltuend für beide.

Da also sei er nun, nun also auch er. Seine Dankbarkeit, so Darwin, für sein geradliniges Eintreten, sein unerschrockenes und immer sachlich überzeugendes Argumentieren für den Deszendenzgedanken sei weiterhin ungebrochen. Er habe der Evolutionstheorie auf dem Kontinent zu dem erwünschten Durchbruch, zu verbreiteter Anerkennung verholfen. Es werde viel darüber diskutiert, Petrus habe fabelhafte Kolloquien eingerichtet, zu denen er sporadisch einlade, vor allem dann, wenn der Nachwuchs hier oben entsprechende Qualifikationen mitbringe. Auch er werde sicher bald von Petrus angesprochen werden.

Und so geschieht es. Noch im Herbst stellt Petrus der Evolutionsrunde den Referenten des Tages vor, den „deutschen Darwin", wie er von seinen Freunden gern genannt werde.

Er wolle dem Auditorium nicht verschweigen, so Petrus weiter, dass er den Ausführungen mit gemischten Gefühlen entgegensehe. Denn schließlich habe Ernst Haeckel von seinen Forschungsergebnissen philosophische Überlegungen und Forderungen abgeleitet, die er nur schwerlich tolerieren könne. Dies vorausgeschickt, bitte er nunmehr zu beginnen.

Haeckel, mit 85 Erdenjahren immer noch eine stattliche Erscheinung, ungebeugt, den gewaltigen weißen Rauschebart wie ein trutzig ausgestrecktes Kinn vor sich her schiebend, geht leichten Schrittes zum Rednerpult. Kein Manuskript, keine Notizen. Auch dort oben verlässt er sich auf sein rhetorisches Talent.

Er habe sich überlegt, dass er seiner heutigen Aufgabe wohl am besten dadurch genügen könne, wenn er von einem Aufbau seines Referats nach chronologisch geordneten Forschungsergebnissen absehe und sich auf die Quintessenz, auf die wichtigsten Eckpunkte seines Schaffens konzentriere, soweit sie die Fortentwicklung des Evolutionsgedankens beträfen.

Erleichterung und Skepsis scheinen sich im Publikum die Waage zu halten. Der enorme Umfang der wissenschaftlichen Leistungen Haeckels ist hinreichend bekannt, so die zahlreichen Arbeiten über Strahlentiere und andere niedere Meeresbewohner, von denen er mehr als 4.000 neue Arten entdeckte!

Haeckel beginnt, seiner Ankündigung entsprechend, mit dem Jahr 1866, in dem er seine „Generelle Morphologie der Organismen" publiziert habe. Er verweist auf die Zweiteilung in rein anatomische Aspekte der Strukturgeschichte einerseits und in die Entwicklungsgeschichte unter dem Gesichtspunkt der Evolution andererseits.

Dies habe auch zum Entwurf eines Stammbaums aller Lebewesen geführt, in dem er den Einzellern, den Pflanzen und Tieren einen gemeinsamen Ursprung gegeben habe.

Er geht an die Tafel, zeichnet den Stammbaum in stark vereinfachter Form, indem er lediglich die Abstammung der Tiere berücksichtigt und auch hier nur die Linie hin zu den Säugetieren.

Die Weiterentwicklung zu den höheren Strukturen sei für ihn nur erklärbar durch die Evolution, durch Entstehung neuer Arten als Folge von Variation und Selektion.

Darwin strahlt mit Huxley um die Wette.

Er müsse hier an die Untersuchungen zur vergleichenden Embryonalentwicklung Karl Ernst von Baers erinnern, die schon 1828 publiziert und von Darwin in seiner „Entstehung der Arten" als wichtiges Argument verwendet worden seien.

Für den Evolutionsgedanken sei es von absolut essentieller Bedeutung, dass Embryonen von Vögeln und Säugetieren ganz ähnliche Kiemenspalten anlegen würden wie Fischembryonen.

Diese Ergebnisse habe er bestätigen und ausbauen können bis hin zu den Embryonentafeln von 1874, in denen er frühe Entwicklungsstadien des Menschen mit denen von sieben anderen Wirbeltierarten verglichen habe.

Aus allem habe er nun den weitergehenden Schluss gezogen, dass offensichtlich während der Keimesentwicklung, der Ontogenese, in bestimmten Stadien Strukturmerkmale aus der Stammesgeschichte, der Phylogenese, auftauchen und wieder verschwinden würden, so Kiemenspalten, Kiemenbögen und ein niedliches Schwänzchen. Er verweise auf den oben vorgestellten Stammbaum mit der Abstammungsfolge Fische → Amphibien → Reptilien und der dann folgenden Verzweigung in Vögel (Bindeglied Archaeopteryx) und Säugetiere (Bindeglied Schnabeltier: noch eierlegend, aber schon milchabsondernd zur Ernährung der Jungen).

Somit komme er zu der als „Biogenetisches Grundgesetz" bekannten Formulierung: Die Keimesentwicklung sei eine kurzgeraffte Rekapitulation der Stammesgeschichte.

Dazu müsse er aber noch eine Richtigstellung abgeben. Er habe nie behaupten wollen, dass adulte Vorfahren rekapituliert würden, dass also der menschliche Embryo zeitweilig z.B. als Fisch im Fruchtwasser schwimme, wie es ihm von einigen Kritikern vorgehalten werde. Zum Beweis für die Richtigkeit des Biogenetischen Grundgesetzes genüge es, wie schon ausgeführt, dass im frühen Embryonalstadium kurzfristig durchlaufene Strukturmerkmale wie Kiemenspalten auf Stammesvorfahren hinwiesen.

Beifall, enthusiastisch, von Huxley sowieso, und selbst Darwin hält es nicht auf seinem Sitz.

Als wieder Ruhe einkehrt und Haeckel fortfahren will, unterbricht ihn Veritatikus.

Er vermisse noch die wichtige Erläuterung seiner Zeichnungen der menschlichen Embryonen und müsse freundlich daran erinnern, dass hier oben besondere Regeln im Hinblick auf die absolute, die ungeschönte Wahrheit zu beachten seien.

Haeckel versteht sofort, wird blass, schluckt einige Male, beendet die knisternde Stille mit Worten des Bedauerns.

Ja, er habe bei der Zeichnung der menschlichen Embryonen ein wenig geschwindelt. Die seien nun einmal nicht beliebig zu beschaffen gewesen, und so habe ihm damals nur ein einziges Exemplar zur Verfügung gestanden, von einer jungen Frau, die einem Mord zum Opfer gefallen sei.

Dieser Embryo habe eine nahezu völlige Übereinstimmung mit einem gleichaltrigen Hundeembryo gezeigt, sodass er auf eine Analogie auch der früheren und der reiferen Stadien geschlossen und die Zeichnungen der Entwicklungsstadien beim Hund als vom Menschen stammend ausgegeben habe.

Raunen, Staunen, Verwirrung.

Dies habe er deshalb geglaubt verantworten zu können, weil er in der Sache an sich bei der Wahrheit geblieben sei, im Prinzip hätte die Zeichnung nur des einen verfügbaren menschlichen Stadiums als Beweis für die Gültigkeit des Biogenetischen Grundgesetzes ausgereicht. Mithilfe der genannten Analogie sei es aber möglich geworden, die gesamte Frühentwicklung darzustellen. Man möge ihm seine Absicht, die Tafeln aus didaktischen Gründen zu komplettieren, bitte nicht als unverantwortliche Verfälschung der wirklichen Gegebenheiten anlasten. Wie sich nämlich etliche Jahre später gezeigt habe, als weitere menschliche Embryonen verfügbar gewesen seien, hätten seine Erstzeichnungen die anatomischen Einzelheiten völlig korrekt dargestellt.

Murmeln, Raunen, keine Wortmeldung. Selbst Petrus und Veritatikus enthalten sich eines Kommentars. Für manchen Zuhörer scheint die Sache erledigt, für andere bleibt ein Hauch des Unbehagens.

Schließlich, Unruhe und Zweifel sind immer noch spürbar, lenkt Haeckel geschickt ab und kommt auf den von ihm vorgeschlagenen Stammbaum zurück.

Die Weiterentwicklung seiner Ideen auf der Basis der ständig wachsenden naturwissenschaftlichen Erkenntnisse habe ihn dann zu der Überzeugung geführt, dass der Mensch als letztes Glied der evolutionären Entwicklungskette ebenso wie Schimpansen und andere heutige Menschenaffen gemeinsame Vorfahren unter den Ur-Primaten hätten.

Betrachte man die Wurzel des Stammbaums, so stelle er an den Anfang allen tierischen Lebens die Ur-Metazoa, die vermutlich ersten Mehrzeller in den Meeren, aus denen im Laufe von vielen Millionen Jahren als Folge des Zusammenwirkens von Variation und Selektion die höherentwickelten Vielzeller hervorgegangen seien. Diese als Gastraea-Theorie bezeichnete Vorstellung sei in der wissenschaftlichen Welt ganz überwiegend mit Zustimmung aufgenommen worden und habe später zu seiner „Systematischen Phylogenie" geführt.

Er wolle an dieser Stelle auf die Besonderheiten der Säugetiere hinweisen, denen er hohe Beweiskraft für die These einer gemeinsamen Wurzel aller heute lebenden Säuger beimesse: Erstens auf die (fast ausnahmslos) gültige Regel, dass sie allesamt sieben Halswirbel hätten, und zweitens auf die Tatsache, dass ihre roten Blutkörperchen kernlos seien, dadurch hochflexibel auch winzigste Blutgefäße passieren könnten und durch ihre vergrößerte Oberfläche einen optimalen Gasaustausch ermöglichen würden. Alle Vorfahren im Stammbaum, von den Fischen bis hin zu den Reptilien, auch alle Vögel, hätten in ihren Erythrozyten einen Zellkern.

Ungeteilter Applaus. Derart klar formulierte Aussagen werden überzeugender gewertet als schwer nachvollziehbare Gedankengänge. Genau damit aber fährt Haeckel fort:

Seine intensive Beschäftigung mit der Natur, ihrem Werden und Vergehen, habe ihn Tag und Nacht nicht losgelassen, seine Gedanken beflügelt, ihn davon überzeugt, dass allein die Naturgesetze von allgemeiner Gültigkeit seien. Geist und Materie seien untrennbar, seien eins. Dies führe zwangsläufig zum Monismus, zur monistischen Religiosität, von seinen Kritikern belächelt als „Haeckels Ersatzreligion". Für ihn sei sicher, dass über allen Vorgängen ein metaphysisches ordnendes Prinzip throne. Er verweise auf seine „Welträtsel" von 1899, eine Philippika auf den Monismus aller Freidenker und gegen kirchliche Dogmen.

Petrus runzelt die Stirn. Ziemlich keck für einen Menschen, so findet er nachvollziehbar, der hier oben die Gastfreundschaft des Himmlischen in Anspruch nimmt, sich offenbar wohlfühlt, auch als freidenkender Monist.

Den anderen Zuhörern gehen wohl ähnliche Gedanken durch die Köpfe. Es fällt schwer, Ordnung in all die Widersprüche zu bringen. Dort der honorige Gelehrte mit seinen respektablen wissenschaftlichen Leistungen, hier die eher respektlos herbeigeführte Konfrontation.

Beifall bleibt aus. Petrus bittet Haeckel für den nächsten Morgen zu einem Gespräch – privatissime.

Offenbar ist die Toleranz dort oben grenzenlos. Haeckel jedenfalls bleibt weiterhin Teilnehmer in der handverlesenen Evolutionsrunde.

Zytologen und Genetiker verkünden Neuigkeiten

Nach einer Reihe von etlichen Jahren, in denen der wissenschaftliche Fortschritt im kleinsten Kreis immer dann diskutiert wird, wenn der Nachwuchs Neues von dort unten mitbringt, schickt Petrus wieder einmal Caenuntius auf seine Runde und lädt zur Sitzung ein. Man schreibt inzwischen das Jahr 1927.

Petrus kommt nach wenigen einleitenden Worten auf die Rednerliste zu sprechen. Die heutigen Referenten seien zwar schon eine gute Weile hier oben beieinander, doch habe man sich auf den relativ späten Termin verständigt, um Diskussionsbeiträge von Neuankömmlingen mit einbeziehen zu können. Das Thema sei recht vielseitig, breit gestreut.

Dennoch seien, sozusagen als tragende Säulen, heute ausnahmsweise drei thematisch eng verknüpfte Vorträge vorgesehen: nämlich von Eduard Strasburger, Theodor Boveri und August Weismann.

Erleichterung liegt in der Luft. Das sei, so denkt manch einer, ja wohl stressfrei zu überstehen.

Nun tritt Strasburger vor, bedankt sich für die Einladung und beginnt zur Überraschung aller mit einer Laudatio auf die Optiker, auf die Erfinder des Mikroskops.

Die Quellen seien nicht immer zuverlässig, sodass er sich auf die gesicherten und wichtigsten Etappen beschränken wolle.

Da sei vor allem Robert Hooke. Mit dem in seiner heutigen Grundform 1665 gebauten Mikroskop habe er in einem Korkdünnschnitt wabenartige Strukturen gesehen, die er Zellen genannt habe, eine treffende Bezeichnung, die die Wissenschaft noch heute verwende.

Bereits 1668 habe dann E. Divini die geniale Idee gehabt, mehrere Linsen zu einem optischen System zu verbinden, ähnlich wie zuvor schon Christiaan Huygens mit seinem Doppellinsenmikroskop. Weiter Antoni van Leeuwenhoek, dessen Instrument mehr als 200-fach vergrößert habe, dann John

Dolland sowie Josef von Fraunhofer mit ihren überaus wichtigen, ja epochalen Beiträgen durch die Erfindung achromatischer Linsenkombinationen, dann schließlich das Immersionsobjektiv des Giovanni Battista Amici 1847. Endlich Ernst Abbe, der nach der Aufklärung des Strahlengangs die Vorausberechnung der günstigsten Linsenformen ermöglicht habe, wodurch eine hohe Auflösung, frei von Verzerrungen, erreicht worden sei. Dazu hätten die von Friedrich Otto Schott entwickelten neuen Glasqualitäten beigetragen.

Mit besonderem Stolz erfülle es ihn noch heute, dass Carl Zeiss, er selbst sei damals an der Universität Jena tätig gewesen, ihm 1872 das erste in Serie gefertigte Mikroskop geschenkt habe. Für diese großzügige Geste empfinde er immer wieder tiefen Dank.

Beifall, Respekt, Verständnis.

Bevor er nun auf seine eigenen Beobachtungen eingehe, wolle er sich, das Auditorium möge es ihm nachsehen, noch einen kurzen Schlenker zu einem naturwissenschaftlich-medizinischen Spezialgebiet erlauben, nämlich zur relativ jungen Bakteriologie.

Auch die Entdeckungen eines Robert Koch, der die Erreger von Milzbrand, Cholera und Tuberkulose identifiziert habe, seien ohne Hilfe des Mikroskops nicht möglich gewesen. Ebenso wenig hätte Louis Pasteur die Kokken als Eitererreger erkennen können. Und dass sich Milch durch kurzzeitiges Erhitzen, durch Pasteurisieren also, haltbarer machen lasse, wisse jedes Kind. Für den Erwachsenen allerdings seien Pasteurs Forschungen über die Natur der alkoholischen Gärung, über die Funktion bestimmter Hefepilze, sicher interessanter und von größerer praktischer Bedeutung. Was schließlich wäre Frankreich ohne die wunderbaren Roten aus Burgund oder dem Bordelais?

Heiterkeit, Dankbarkeit, aufkommende Durstgefühle.

Doch zurück zur Zelle, so Strasburger weiter. Beim Blick durch das Mikroskop habe er gesehen, dass bei der Teilung der

Pflanzenzelle besonders auffällige Veränderungen im Kern erfolgten. Die Kernkörperchen, die wegen ihrer guten Anfärbbarkeit auf Vorschlag von Wilhelm Waldeyer-Hartz seit 1888 Chromosomen genannt würden, seien bei der Einleitung einer Teilung immer dicker geworden. Dann habe er eine Verdopplung ihrer Zahl sehen können. Die Chromosomen seien anschließend, kurz vor der Durchschnürung der Mutterzelle in die beiden Töchter, je zur Hälfte auf diese verteilt worden: Jede habe die gleiche Anzahl gleich geformter Chromosomen erhalten. So sei, rein morphologisch betrachtet, die Identität mit der Mutterzelle erhalten geblieben.

Diese Vorgänge seien bei den verschiedensten Pflanzenarten immer in gleicher Weise abgelaufen. Die Zahl der Chromosomen, das habe ihn überrascht, sei aber keineswegs immer gleich, sondern von Art zu Art verschieden, innerhalb einer Art jedoch stets konstant.

Es erfülle ihn mit Freude, dass sein Kollege Boveri nahezu zeitgleich die artspezifische Konstanz der Chromosomenzahl ebenfalls festgestellt habe.

Er unterstreicht diesen Hinweis mit einer leichten Verbeugung in Richtung seines Kollegen.

Wieder Beifall.

Zum Schluss dürfe er sich noch den Hinweis erlauben, man möge es ihm bitte nachsehen, dass die Mikroskopie auch erste Erkenntnisse über die Leitungsbahnen im Pflanzengewebe ermöglicht habe. Die Frage nämlich, wie denn das Wasser von den Wurzeln bis in die Gipfel hoher Bäume gelange, dort oben die Blätter auch an heißen Sommertagen vor dem Vertrocknen bewahre, dieses Phänomen sei geklärt und in seinem 1894 begründeten „Lehrbuch der Botanik für Hochschulen" nachzulesen.

Unter anhaltendem Applaus nimmt Strasburger wieder Platz. Er freut sich riesig, schüttet Endorphine aus, empfindet die Anerkennung seiner Arbeiten als Geschenk.

Auf einen Wink von Petrus hin tritt nun Theodor Boveri vor.

Er lobt zunächst die wissenschaftlichen Leistungen seines „verehrten Herrn Vorredners", bedankt sich mit freundlichen Worten für dessen Hinweis auf seinen Beitrag zur Entdeckung der Chromosomenkonstanz.

Hier könne er nun nicht umhin, drei Forschern seine Reverenz zu erweisen, die sich um die Chemie der Chromosomen verdient gemacht hätten.

Da sei zunächst sein Kollege Walther Flemming zu nennen, der schon 1879 bei seinen Zelluntersuchungen der gut anfärbbaren Kernsubstanz den Namen Chromatin gegeben habe, woraus sich folgerichtig der Ausdruck Chromosom für die chromatinbeladene Kernstruktur ableite.

Boveri verbeugt sich hin zu dem eben Angesprochenen, Beifall kommt auf.

Sodann sei sein Schweizer Kollege Friedrich Miescher zu erwähnen, der die Zellkerne der weißen Blutkörperchen analysiert und nicht nur das erwartete Eiweiß, sondern vor allem eine neue Stoffgruppe vorgefunden habe, die er „Nuklein" genannt habe, die Substanz aus Kernen.

Wieder Beifall, freundliches Kopfnicken.

Schließlich nun sei Richard Altmann der Dritte im kernigen Bunde. Er habe das Nuklein genauer untersucht und 1889 nachweisen können, dass Flemmings Chromatin, Mieschers Nuklein, saure Eigenschaften aufweise. Deshalb habe er dafür den einzig möglichen Namen gewählt, der diese Substanz treffend charakterisiere: Nukleinsäure!

Applaus, Bravo-Rufe, lockere Freude.

Die nun folgenden Erkenntnisse, die er die Ehre habe zu referieren, seien von seinem amerikanischen Kollegen Walter S. Sutton, den er herzlich begrüße, und seiner Wenigkeit nahezu zeitgleich und völlig unabhängig voneinander beschrieben worden.

Langanhaltender Beifall, Jubel.

Sutton erhebt sich, freundlich lächelnd, und Boveri kommt zur Sache:

Wie schon ausgeführt worden sei, finde vor jeder Teilung normaler Körperzellen eine Verdopplung der Chromosomen statt, sodass jede Tochterzelle wieder den gleichen Bestand erhalte wie die Mutterzelle. Diese Art der Zellteilung nenne man auf Vorschlag von Walther Flemming Mitose.

Hier müsse er nun darauf hinweisen, dass die Chromosomen in Körperzellen zwar auf den ersten Blick von unterschiedlicher Länge und Gestalt zu sein schienen, dass sich aber bei näherem Hinsehen zu jedem Einzelchromosom ein Zwilling finden lasse, die Chromosomen also paarweise vorhanden seien. Man spreche von zwei Chromosomensätzen und nenne diese Zellen deshalb diploid.

Dies gelte aber nur für die normale Körperzelle. Untersuche man die Bildung von Keimzellen, so sei zu beobachten, dass zunächst eine Chromosomenverdopplung ohne eine anschließende Zellteilung erfolge, sich sodann die homologen Doppelchromosomen paarweise anordnen, sozusagen Tetraden bilden würden mit merkwürdigen Überkreuzungen.

Erst dann würde eine erste „Reifeteilung" eingeleitet, der sofort eine zweite folge. Dabei finde die auch von Strasburger bei normalen Zellen beobachtete Chromosomenverdopplung hier nicht mehr statt. Das habe zur Folge, dass jeder der so gebildeten vier Gameten nur den halben Chromosomenbestand wie die Urkeimzelle besitze. Das nenne man haploid, den Vorgang der Reduktion vom doppelten auf den einfachen Chromosomensatz Reduktionsteilung oder auch Meiosis. Diese geniale Erfindung der Natur sei in ihren Einzelschritten recht kompliziert, keineswegs so einfach wie eben beschrieben. Doch wolle er sein Auditorium damit heute nicht strapazieren, vielleicht später einmal in einem Privatissimum.

Dankbare Erleichterung, unüberhörbar.

Dann bittet er Memoritus und Caenuntius, die Tafel vorzuholen, ergreift ein Stück Kreide, zeichnet und erläutert: Der große Kreis symbolisiere eine diploide Urkeimzelle, der kleine darin den Kern. In diesem wiederum lässt er vier kleine Doppelstriche entstehen, in Länge und Form verschieden. Das also seien die beiden Chromosomensätze, hier mit je vier parallel angeordneten Chromosomen, insgesamt acht.

Daneben malt er jetzt zwei Gruppen mit je vier Chromosomen, einfache Striche: Dies seien die haploiden Gameten nach der Reduktionsteilung.

Zur Verdeutlichung zieht Boveri einen dicken Trennstrich zwischen diese beiden Chromosomengruppen, kreist jede für sich ein: Das möge als Beispiel dienen für eine Eizelle und eine Samenzelle, jede besitze in diesem Beispiel vier Chromosomen, sei also haploid.

Jetzt entsteht eine kurze Pause des Nachdenkens. Dann die Begründung: Er betrachte es als selbstverständlich, an dieser Stelle zunächst daran zu erinnern, dass kein Geringerer als Karl Ernst von Baer, dessen Beiträge zur Entwicklungsgeschichte und Evolution schon besprochen worden seien, als Erster ein menschliches Ei gesehen und schon 1827, vor immerhin einhundert Jahren, beschrieben habe.

Und zweitens sei ein stiller Beobachter in dieser Runde, Oskar Hertwig, mit dem anerkennenden Hinweis zu begrüßen, dass er mit seiner Publikation „Zur Kenntnis der Bildung, Befruchtung und Teilung des tierischen Eies" die Vereinigung der Keimzellen erstmals beschrieben habe. Ihm sei es zu danken, dass man hier mit größter Selbstverständlichkeit über den Befruchtungsvorgang sprechen könne …

Beifall, den der erst vor relativ kurzer Zeit dort oben Angekommene stehend entgegennimmt.

Boveri wendet sich wieder der Tafel zu.

Wenn nun also die Kerne von Ei- und Samenzelle aufeinander getroffen seien, habe damit das Produkt, das man Zygote nenne, wieder den doppelten Chromosomensatz, nämlich einen von der Mutter und einen vom Vater. Damit sei wieder eine diploide Zelle entstanden, die sich sofort anschließend zu teilen beginne.

Um es noch einmal andersherum zu verdeutlichen: Ohne die Halbierung der Chromosomenzahl vor der Vereinigung der Gameten würde sich der Chromosomenbestand mit jeder Befruchtung verdoppeln, das würde zu einem unvorstellbaren, letztlich letalen Gigantismus führen.

Er wischt den Trennstrich zwischen den beiden Chromosomengruppen ab: Der Befruchtungsvorgang habe die beiden einfachen Chromosomensätze, je einen von Vater und Mutter, wieder zusammengeführt, aus zwei haploiden Gameten sei eine diploide Zygote, die befruchtete Eizelle, entstanden.

Da im Falle der männlichen Keimzelle der Chromosomensatz frei von Zellplasma übertragen werde, lasse dies den Schluss zu, dass die Chromosomen die Träger der Vererbung seien, der Erbfaktoren, die Wachstum und Körperfunktionen steuern würden. Diese Erkenntnis begründe die Chromosomentheorie der Vererbung: Jedes einzelne Chromosom des haploiden Satzes sei von allen anderen verschieden, trage spezifische Erbfaktoren, die Gene.

Boveri macht eine Pause, lässt seinen Blick schweifen, findet schließlich den Gesuchten. Seine Miene hellt sich auf, er bittet Wilhelm Johannsen nach vorn, legt ihm eine Hand auf die Schulter und stellt den dänischen Botaniker dem verwunderten Publikum vor.

Dies sei der Mann, der im Jahre 1909 das Wort Gen für einen Erbfaktor eingeführt habe. Es sei abgeleitet worden von Genesis, der Schöpfung. Durch seine intensive Beschäftigung mit der Vererbungslehre nach der Wiederentdeckung der Mendel-Regeln habe er dann 1911 zwei neue Begriffe geprägt: „Genotyp" für jene Gene, die die Ausformung bestimmter Merkmale steuern, also für das Erscheinungsbild, den „Phänotyp", verantwortlich seien.

Sodann bittet Boveri William Bateson nach vorn, stellt ihn als einen weiteren Vererbungsfachmann vor. Ihm sei eine Reihe von Untersuchungen über bestimmte Vererbungsabläufe zu verdanken, mit denen er schon 1900 wichtige Erkenntnisse

Mendels bestätigt habe. Für diesen Zweig der Wissenschaft sei dann 1910 die Bezeichnung „Genetik" eingeführt worden. Im gleichen Jahr habe er das „Journal of Genetics" gegründet und bis zu seinem Wechsel nach hier oben vor wenigen Monaten redigiert.

Es sei ihm eine Freude, die beiden Neuankömmlinge als willkommene Bereicherung dieser Runde vorzustellen und zu begrüßen.

Unter dem Beifall der Teilnehmer kehren beide an ihre Plätze zurück.

Boveri greift seine Darlegungen über die Funktion der Chromosomen wieder auf, kommt noch einmal auf die Chromosomentheorie der Vererbung zu sprechen: Die Chromosomen seien als die materielle Basis der Vererbung anzusehen, ihre Gene also seien das Korrelat der Mendel-Faktoren.

Hier interveniert Walter Sutton.

Er lege Wert auf die Feststellung, dass seines Wissens die wichtigsten experimentellen Beweise für die Richtigkeit dieser Theorie von Boveri selbst erbracht worden seien. An dieser Stelle wolle er lediglich an dessen Versuche mit doppelt befruchteten Seeigeleiern erinnern, die zu folgenden Erkenntnissen geführt hätten:

Erstens: Eikern und Spermienkern seien in ihrem Bestand an genetischer Information äquivalent.

Zweitens: Nur der exakt haploide Spermienkern löse eine normale Entwicklung des Embryos aus. Seien mehr oder weniger Chromosomen als der einfache Satz in die Eizelle gelangt, so sei dies entweder letal oder es komme zu Missbildungen.

Drittens: Die Gene eines Chromosoms seien für die Steuerung bestimmter Entwicklungen verantwortlich und seien nicht durch Gene anderer Chromosomen ersetzbar.

Beifall bricht los, geradezu stürmisch, ungewohnt dort oben.

Petrus wird nachdenklich: Welch ein sympathischer, bescheidener junger Mann. Nach 39 Jahren Erdendasein schon hier oben. Wissenschaftlich hochkarätig, charakterlich integer, warmherzig, hilfsbereit. So als Chirurg in Frankreich bei den verwundeten Soldaten. Bis zu seinem frühen Tod 1916. Eine Tragödie. Eine von unzähligen …

Bevor Boveri an seinen Platz zurückgeht, fügt er noch eine Schlussbemerkung an.

Es sei vorstellbar, und er habe konkrete Hinweise dafür zusammentragen können, dass die Teilungen nicht immer so glatt verliefen, durch noch unbekannte Einflüsse gestört werden könnten, sodass sich atypische Chromosomenverhältnisse nach Zahl und Form ergäben. Dies könne nach seiner Einschätzung eine Ursache für die Entstehung von Tumoren sein.

Neben verhaltenem Beifall ist jetzt auch Staunen angesagt. Ob er da nicht anfange zu spekulieren?

Aber das sei nun einmal der Beginn jeder Kreativität, meint Boveri beiläufig, als er an seinen Platz zurückkehrt.

Petrus ist nicht entgangen, dass während des Boveri-Vortrags ein hochgewachsener, schlanker Zuhörer mit weißem Vollbart und hoher Stirn ungeduldig auf seinem Stuhl hin und her rutschte, immer wieder heftig Beifall nickend – jetzt hält es ihn nicht länger.

Nach kurzem Blickwechsel mit Petrus, der ihn der Runde vorstellt, beginnt August Weismann ohne Umschweife mit der Erörterung seiner Theorie der Keimbahn.

Wie sein geschätzter Kollege Boveri schon vorgetragen habe, könne es keinem Zweifel mehr unterliegen, dass die materiellen Träger der Vererbung in den Zellkernen lokalisiert seien, genauer gesagt, in den Chromosomen. Die Weitergabe elterlicher Merkmale an die Nachkommen erfolge über die Chromosomen in den Keimzellen, also über Ei und Spermium.

Er bedient sich der Zeichnung Boveris an der Tafel und erläutert noch einmal den Befruchtungsvorgang.

Und dies wiederhole sich mit jeder neuen Generation, die Chromosomen in den Keimzellen würden weitergegeben, sie allein würden die Kontinuität, die Erhaltung der Art, gewährleisten.

Diesen Weg habe er die Keimbahn genannt, diese Bahn sei der Transportweg der Erbanlagen von Generation zu Generation, auf diesem Wege würden die Baupläne für jeden neuen Organismus übermittelt.

Aus den Zellen der Keimbahn würden bei der Embryonalentwicklung Körperzellen abgespalten, die er als das Soma bezeichnet habe. Diese Zellen seien für das Aussehen und die Körperfunktionen verantwortlich.

Seine Überlegungen habe er durch Experimente untermauert. Wenn nämlich das Erbgut nur über die Keimbahn zur nächsten Generation gelangen könne, dann dürften nur Veränderungen an den Zellen der Keimbahn, an den Chromosomen, zu Änderungen von Merkmalen bei den Nachkommen führen. Darauf komme er noch zu sprechen.

Im Umkehrschluss heiße dies aber auch, dass Umformungen an den durch Somazellen ausgebildeten Körperorganen *nicht* vererbt werden könnten.

Um dies zu beweisen, habe er, so schwer es ihm auch gefallen sei, Mäusen die Schwänze abgeschnitten und dann gepaart, über immerhin neunzehn Generationen. Da nicht an der Keimbahn manipuliert worden sei, hätten alle Nachkommen die durch die Erbanlagen induzierten Schwänze gehabt. Das sei ei klares Resultat.

Wieder einmal enthusiastischer Beifall.

Das also ist es, denkt so mancher Zuhörer. Es ist klar geworden, dass die einzige konstante materielle Basis bei der Fortpflanzung die Chromosomen der Keimzellen sind, und das über eine unendliche Zahl von Generationen.

Hier müsse er nun die Theorie seines verehrten Vordenkers Lamarck ansprechen, fährt Weismann fort. Eine Vererbung erworbener Eigenschaften sei nicht möglich, solange diese Merkmale durch Somazellen gebildet würden. Und das sei, bis zum Beweis des Gegenteils, nach dem zuvor Gesagten ausnahmslos der Fall.

Er wolle aber auch an dieser Stelle das große Verdienst Lamarcks noch einmal betonen. Seine These von der Wandelbarkeit der Lebewesen habe den Deszendenzgedanken geboren, in der Folge dann seine Weiterentwicklung erst ermöglicht.

Bei der naheliegenden Suche nach den Ursachen des Artenwandels habe Lamarck die Weitergabe erlernter Fähigkeiten, der durch vermehrten Gebrauch gestärkten Organe angenommen, die, logisch nachvollziehbar, auch von seinem späteren Mitstreiter Darwin nicht ausgeschlossen, ja teils akzeptiert worden sei. Diese Begründung stand der Selektionstheorie nicht im Wege.

Die von der Vermutung einer Vererbung erworbener Eigenschaften kompromisslos befreite Theorie Darwins wolle auch er, dem Vorschlag seines geschätzten Kollegen George John Romanes aus dem Jahre 1894 folgend, als Neodarwinismus bezeichnen.

Hier sei er sich auch mit seinem Freund Alfred R. Wallace – er deutet in dessen Richtung – vollkommen einig. Auch er habe jegliche Einbeziehung einer Vererbung erworbener Merkmale in das Evolutionsgeschehen schon immer kategorisch abgelehnt.

Um es ganz deutlich herauszustellen: Mit Neodarwinismus sei die Weiterentwicklung der Selektionstheorie durch Einbeziehung von Zytologie und Genetik gemeint, frei von lamarckistischen Verzerrungen. Diese Abgrenzung diene der Klarheit.

Es werde also postuliert, dass die blinde natürliche Auslese allein entscheidend sein müsse. Die Evolution habe nur und ausschließlich durch Änderungen im Erbgut der Keimzellen erfolgen können.

Beifälliges Gemurmel, uneinheitlich. Nicht jeder scheint überzeugt.

Weismann fährt unbeeindruckt fort, hat seine Trumpfkarte noch nicht ausgespielt.

Der experimentelle Nachweis des eben Gesagten sei bereits erfolgt. Man brauche lediglich die Ergebnisse der Mendel-Kreuzungen im Licht der neuen Kenntnisse über die Rolle der Chromosomen zu betrachten.

Leichte Seufzer sind unüberhörbar. Schon wieder dieser Stress mit Mendel!

Weismann verspricht eine Vereinfachung bis zum gerade noch Erlaubten, bittet um Verständnis, wendet sich noch einmal der Tafel zu.

Er zeichnet eine Reihe von Doppelstrichen jeweils unterschiedlicher Länge.

Das seien die beiden Chromosomensätze einer normalen Zelle, ein Satz stamme vom Vater, der andere von der Mutter. Damit habe auch jedes Einzelchromosom einen Doppelgänger.

Weismann malt in zwei parallel liegende Striche jeweils einen Punkt: Damit wolle er die auf den Chromosomen liegenden Erbfaktoren symbolisieren, die Gene, je eines von Vater und Mutter. Dieses Genpaar, auch Allele genannt, gehöre zum Genotyp der Zelle, steuere die Ausprägung eines Merkmals, den Phänotyp (anerkennender Blick zu Johannsen), beispielsweise die Blütenfarbe der Wunderblume.

Wenn beide Gene die rote oder beide die weiße Farbe induzierten, so nenne man dieses Merkmal reinerbig oder homozygot. Es lasse sich in den Folgegenerationen bei Selbstkreuzung nicht aufspalten, alle Nachkommen der Rotblüher blieben rot, die der Weißblüher blieben weiß.

Anders sei es bei den rosarot blühenden Wunderblumen. Sie seien im Genotyp mischerbig oder heterozygot, eines der beiden Gene rufe die rote, das andere die weiße Farbe mit gleicher Kraft der Ausprägung hervor, der Erbgang sei also intermediär.

Ein Merkmal sei immer dann in seinem Genotyp als mischerbig zu erkennen, wenn es bei Selbstkreuzung in den Folgegenerationen zu einer Aufspaltung komme, in diesem Beispiel also auch zu rot oder weiß blühenden Pflanzen, wie von Mendel gezeigt worden sei.

Daraus folge nun eine für das Evolutionsgeschehen eminent wichtige Erkenntnis, abzuleiten aus den Mendel-Versuchen mit den in zwei Merkmalen verschiedenen Erbsen, den Kreuzungen der Pflanzen mit grün-runzeligen Samen mit denen, die gelbe, glatte Erbsen hervorbrachten.

Die Kindergeneration habe ausnahmslos Pflanzen mit grünen, glatten Erbsen aufgewiesen. Das beweise den dominanten Erbgang für grün und glatt, die Merkmale gelb und runzelig würden demnach rezessiv vererbt.

Unruhe, Scharren, Seufzen.

Von den verschiedenen Samen der Enkelgeneration seien nun zwei von herausragender Bedeutung: Eine Linie der grün-glatten und die gelb-runzeligen Samen hätten sich als reinerbig und damit als neue Sorten erwiesen, da sie sich in den Folgegenerationen nicht mehr aufspalten ließen.

Das heiße für die Evolution, dass schon allein durch die freie Kombinierbarkeit der auf verschiedenen Chromosomen liegenden Gene neue Varianten gemäß Dritter Mendel-Regel entstehen, sich aus dem Genpool „herausmendeln" könnten, wie es auch von de Vries bei den von ihm als „Mutationen", einer epochalen Wortschöpfung, bezeichneten Nachtkerzen-Varianten beobachtet worden sei.

Diese Ergebnisse, er müsse das in seiner Begeisterung noch einmal unterstreichen, seien ein historischer Beitrag der Zytologie zum Verständnis und zur Bestätigung des Postulats, dass die für die Evolution als essentiell eingestuften Abänderungen von Merkmalen immer von der Keimbahn ausgingen, immer in den Zellen der Keimbahn ihren Anfang nähmen.

Langanhaltender Beifall, ehrlich, von großer Freude getragen. Und von Erleichterung über das Ende der recht anspruchsvollen Vorträge.

Diese Konferenz habe einen gewaltigen Fortschritt gebracht, sagt sich nicht nur Petrus beim Hinausgehen.

Und das Licht war gut

Die Fülle neuer Erkenntnisse steigerte sich exponentiell. Wieder wählte Petrus einen Abschnitt von fünfundvierzig Jahren, die Zeit von 1927 bis 1972. Anlass für die Caesur zu diesem Zeitpunkt gab ihm die Ankunft von Louis Leakey, der als Paläoanthropologe über seine Aufsehen erregenden Ausgrabungen in Afrika berichten konnte.

Da sich zuvor schon die Wiederentdecker der Mendelschen Vererbungsregeln Carl Erich Correns, Hugo de Vries und Erich Tschermak bei Petrus eingefunden hatten, konnte der Bogen der Vortragsthemen von der Genetik mit ihren theoretischen und experimentellen Ansätzen bis zu den neuen Funden frühmenschlicher Skelette gespannt werden.

Nachdem Oswald Avery 1944 sowie Alfred D. Hershey (Nobelpreis 1969) und Martha Chase 1952 der Nachweis gelang, dass das genetische Material der Chromosomen nicht aus Proteinen, sondern aus Desoxyribo-Nuklein-Säure (DNS) besteht, rückte diese von Hermann Staudinger (Nobelpreis 1953) schon 1926 als polymer erkannte Substanz in den Mittelpunkt der Forschung: Wie können die aus nur vier verschiedenen Nukleotidbausteinen zusammengesetzten Makromoleküle die genetische Information für tausende von Genen verschlüsseln?

Dieses wundersam anmutende Rätsel wurde 1953 mit der Nachbildung eines Modells der DNS-Doppelhelix, einer Doppelschraube aus Phosphorsäure, dem Zucker Desoxyribose und den vier Nukleinbasen Adenin, Thymin, Guanin und Cytosin, durch Francis Crick, James D. Watson und Maurice Wilkins gelöst und 1962 mit der Verleihung des Nobelpreises gewürdigt.

Für die Identifizierung der Doppelhelix als Strukturkonzept wurden zahlreiche Berechnungen über die Atomabstän-

de, von Ergebnissen der Röntgenspektroskopie und der Quantenmechanik herangezogen. Ohne diese Grundlagen, deren Erforschung mit Namen wie Max von Laue (Nobelpreis 1914), Sir Lawrence Bragg (Nobelpreis 1915) und William Astbury verbunden sind, hätte die DNS ihre Geheimnisse wohl noch sehr viel länger gehütet.

Erst nach der zweifelhaften Beschaffung von Daten der Röntgen-Struktur-Analyse, die von Rosalind Franklin ermittelt worden waren, gelang Watson und Crick der entscheidende Durchbruch. Rosalind Franklin starb wenige Jahre später.

Auch auf die sinnvollen Abläufe bei der Embryonalentwicklung fiel erhellendes Licht, auf die Frage nämlich, wie es im jungen Gewebeverband aus lauter erbgleichen Zellen zu einer Differenzierung z.B. in Muskel-, Knochen-, Nerven- und Sinneszellen kommen kann.

Die auf diesem Sektor erzielten Fortschritte sind in erster Linie Hans Spemann (Nobelpreis 1935) und seiner Doktorandin Hilde Mangold (1898 – 1924) sowie auch Wilhelm Roux und Hans Driesch zu verdanken. Über grundlegende frühere Beiträge z.B. von Theodor Boveri wurde bereits berichtet.

Weitere wichtige Entdeckungen fielen in diese Epoche: Thomas Hunt Morgan (Nobelpreis 1933) und seine Schüler beschrieben die lineare Anordnung der Gene auf den Chromosomen, auf denen sie aufgereiht seien „wie Perlen auf einer Schnur".

Die Morgan-Arbeitsgruppe interpretierte außerdem die mikroskopisch schon länger beobachtete Überkreuzung von Chromosomen bei der Paarung in der ersten Phase der Reduktionsteilung als das morphologische Substrat eines Chromosomenstückaustausches zwischen den homologen, also väterlichen und mütterlichen Chromosomen. Auch dadurch können z.B. rezessive Gene eines Allels neu kombiniert werden und die Ausprägung eines zuvor überdeckten

Merkmals ermöglichen: Ein essentieller Beitrag zu Variation und Artbildung!

Dem Morgan-Schüler Hermann Josef Muller (Nobelpreis 1946) gelang es, durch Röntgenbestrahlung von Eiern und Larven der Taufliege Drosophila Gen-Mutationen zu erzeugen – ein für die Evolutionstheorie möglicherweise wichtiges Ergebnis.

Die Ausführungen der Genetiker über die Entstehung von Mutationen ließen den pfiffigen Bischof Wilberforce aufhorchen. Er begann eine geistig hochkarätige Diskussion über die Frage, wie denn eigentlich „Spontan-Mutationen" ausgelöst würden. Ob da nicht der Allmächtige am Werke sei? Dann jedenfalls könne die Diskussion nicht länger über „Evolution oder Schöpfung" geführt werden! Eine gottgelenkte Mutation mit dem Effekt der Bildung einer neuen Art müsse folgerichtig unter dem Thema „Evolution durch Schöpfung" die Entwicklungsgeschichte alles Lebendigen in einem neuen Licht – dem „guten Licht" – erscheinen lassen!

Doch zurück zu Petrus. Er beriet sich mit seinen Assistenten, um das Wichtigste an Fortschritten zu bündeln und in eine sinnvolle Abfolge zu bringen, was nicht unbedingt ein chronologisches Vorgehen bedeutete. So entschlossen sie sich, zunächst die Ergebnisse von Laborexperimenten vortragen zu lassen, zumal sie in großem Umfang vorlagen. Mit den Berichten über Fossilienfunde von Vor- und Frühmenschen wollten sie diese Sitzungsperiode dann abschließen.

Hier allerdings durfte das Auditorium sich auf nahezu unglaubliche Überraschungen einstellen, die durch das Eingreifen von Veritatikus, jenem Genie, das schon kleinste Flunkereien durchschauen konnte, für ungläubiges Staunen sorgen sollten.

Hans Spemann und der Organisator-Effekt

An allem Anfang des höherentwickelten tierischen Lebens steht das Ergebnis des Befruchtungsvorgangs, die aus der Addition von Eizelle und Spermienkern hervorgegangene Zygote.

Sie beginnt sofort mit der ersten Teilung. Aus zwei Zellen werden, zunächst in geometrischer Reihe, vier, acht, sechzehn Zellen. Sie alle sind erbgleich, haben jeweils einen identischen Genbestand. Und doch verändern sie sich im Laufe des weiteren Embryonalwachstums unterschiedlich, indem sie sich differenzieren, sich zu völlig verschiedenen Geweben wie Knochen-, Muskel- oder Nervenzellen entwickeln. Die Frage „warum?" ist klar: Kein vielzelliger Organismus kann aus Zellen ausschließlich gleicher Funktion bestehen. Das „Wie? Wodurch?" hingegen stellt zunächst die Embryologen, später eher die Molekularbiologen vor große Aufgaben.

Dieses Problem hat schon Etienne Geoffroy Saint Hilaire, als Verfechter der Deszendenztheorie bereits erwähnt, in seinem Werk „Das Gesetz des Gleichgewichts" aus dem Jahre 1822 bearbeitet: Zwischen den Teilen des Körpers bestünden konkurrierende Wechselwirkungen. Nur dadurch sei der Erfolg einer Selektion möglich, auf die kein einzelnes Organ isoliert ansprechen könne. Die Körperteile seien nicht selbständig, sondern befänden sich in ständiger Interaktion untereinander.

Das beginne schon in der Embryonalentwicklung. Komme es dabei zu (beeinflussbaren) Störungen der Balance zwischen den wachsenden Zellverbänden, so seien Missbildungen die Folge: Die Teratologie hat das Licht der Welt erblickt!

Den Anfang im Labor hat die experimentelle Embryologie zweifellos im Jahre 1892 genommen, als Hans Adolf Driesch Seeigelembryonen im Vier-Zellen-Stadium teilte: Aus jeder Zelle entwickelte sich ein intakter Seeigel. Die vier erbgleichen Individuen waren damit die ersten geklonten Tiere.

Seeigeleier waren auch die bevorzugten Versuchsobjekte von Theodor Boveri, mit denen er, wie schon besprochen, seine Erkenntnisse zur Chromosomentheorie der Vererbung begründete. Später, etwa 1910, fand er heraus, dass diese Eier eine Polarität besitzen, dass das Zytoplasma am oberen Pol qualitativ anders auf das Embryonalwachstum einwirkt als der untere Pol, womit zugleich die Existenz von Zytoplasmafaktoren bewiesen war: Nur eine Längsteilung des Zwei-Zellen-Stadiums ergab zwei vollständige Seeigel, eine Querteilung jedoch nicht!

Die Entfaltung der Genwirkung unterliegt also Einflüssen des Zytoplasmas und ist insoweit nicht autonom. Dieser Befund legt die Vermutung nahe, dass Zytoplasmafaktoren darüber entscheiden, welche Gene in welchen Zellen des wachsenden Embryos aktiviert werden.

Doch zurück zu Hans Driesch. Er verlagerte später den Schwerpunkt seines Interesses von der Zoologie zur Philosophie, zum antimaterialistischen Neovitalismus: Er sah den Ablauf der Steuerung bei der Embryonalentwicklung in einer Ganzheitskausalität, vermutete in jeder einzelnen Zelle die für Wachstum und Differenzierung erforderliche Information.

Damit befand er sich im Gegensatz zu der Theorie von Wilhelm Roux, der in einer Zelle nur den Teil an Information sehen wollte, der die spezielle Entwicklung im Gewebeverband leitet. Jedes Stadium werde vom vorhergehenden ausgelöst und gelenkt, werde mechanisch bestimmt. Es gebe keinen übergeordneten Plan, wie ihn der Teleologe Driesch postuliere.

Roux nannte diese Steuerung des Keimwachstums „Entwicklungsmechanik": Die Differenzierung der Zellen werde im Laufe der Embryonalentwicklung von den vorangegangenen Zellgenerationen bestimmt.

Doch jetzt endlich zu Hans Spemann, dem es 1902 gelang, die Seeigel-Experimente seines Kollegen Driesch an Embryonen des Wassermolchs zu wiederholen: Mithilfe eines feinen Haares seines Töchterchens – das Zeitalter superdünner Nylonfäden war noch in weiter Ferne – trennte er die beiden aus einer Zygote des Molchs entstandenen Tochterzellen. Aus ihnen wuchsen zwei völlig intakte, erbgleiche Zwillinge heran – Produkte des ersten erfolgreichen Wirbeltierklonens im Labor.

Spemann forschte in den Folgejahren konsequent weiter an Molchembryonen. Die fruchtbarste Periode seines Schaffens begann 1919 mit dem Wechsel von Berlin auf eine Professur im schönen Freiburg. Doch darüber, so Petrus, möge er selbst berichten.

Hans Spemann tritt vor, bedankt sich und gibt dem Verlauf dieser Konferenz eine überraschende Wendung.

Er bitte um das wohlwollende Verständnis, wenn er seine viel zu früh abberufene Kollegin Hilde Mangold gern wieder an seiner Seite sehen würde und ihr den Vortritt einräume, sie mit dem Bericht über ihre gemeinsamen Experimente beginnen lasse.

Petrus nickt Zustimmung, das Auditorium ist gerührt und applaudiert stehend.

Hilde Mangold hatte 1920, noch als Hilde Pröscholdt, bei Spemann eine Doktorarbeit begonnen, die sie 1923 mit der Promotion zur Dr. phil. abschloss. Sie starb im Alter von 26 Jahren an den Folgen eines tragischen Unfalls.

Jetzt also hat Spemann in stiller Freude seinen Arm um ihre Schulter gelegt, beide danken mit angedeuteter Verbeugung für den herzlichen Empfang.

Professor Spemann habe ihr, so nun Hilde Mangold, die Aufgabe zugedacht, an sehr jungen Molchembryonen Transplantationsversuche durchzuführen. Das dafür eingesetzte frühe Entwicklungsstadium, Blastula genannt, bestehe zwar nur aus einer Hohlkugel mit einer Haut aus lediglich einer Zellschicht, lasse aber durch eine Vitalfärbung schon verschiedene Bezirke unterschiedlicher Zellqualitäten erkennen. Die Orientierung an einer Blastula werde dadurch ermöglicht, dass sich schon früh die Stelle der späteren Einstülpung zur becherförmigen Gastrula, dem nächsten Entwicklungsstadium mit dann doppelter Zellschicht, erkennen lasse. Diese kleine Einkerbung werde als Urmund bezeichnet.

Durch den Austausch von Gewebestückchen verschiedener Lokalisation habe sich ihr Chef eine Antwort auf die Frage erhofft, ob die Information über die weitere Ausgestaltung der Transplantate von diesen mitgebracht oder von der neuen Umgebung bestimmt würde, ob sich die Implantate also herkunftsgemäß oder ortsgemäß entwickeln würden.

Glücklicherweise hätten zwei Molcharten zur Verfügung gestanden, eine dunkel pigmentierte und eine sehr helle. Somit sei es leicht möglich gewesen, die weitere Entwicklung der Transplantate zu verfolgen. Sie wolle sich kurz fassen und sich auf das Wesentliche konzentrieren:

Tausche man Gewebestückchen aus den dem Urmund gegenüberliegenden Bereichen der Blastulakugel aus, so seien die Differenzierungen ortsgemäß erfolgt, obwohl im Spenderorganismus andere Gewebearten entstanden wären.

Entnehme man jedoch einen Zellverband aus der oberen Urmundzone und implantiere ihn einer anderen Blastula in die dem Urmund gegenüberliegende Kugelseite, so geschehe etwas völlig Unerwartetes: Es entwickle sich unter Einbeziehung größerer Teile des benachbarten Wirtsgewebes eine sekundäre Embryonalanlage bis hin zu einer Doppelbildung, einem siamesischen Zwilling ähnlich.

Diese Differenzierungen seien durch das Implantat induziert, organisiert worden. Der Bereich der oberen Urmundlippe organisiere also die Ausbildung der Körperteile und habe daher den Namen Organisator erhalten.

Beifall, nicht enden wollend.

Hier sieht sich Spemann zu dem Hinweis veranlasst, dass diese kniffeligen Manipulationen an den winzigen Objekten, die nur unter dem Mikroskop hätten erfolgen können, allein mithilfe der geschickten Hände seiner Doktorandin zum Erfolg führen konnten. Er selbst habe sich dafür sicher nicht geeignet.

Wieder Beifall, Respekt für beide.

Er wolle bitte noch hinzufügen dürfen, dass die Versuche eine weitere Erkenntnis erbracht hätten. Dazu müsse er vorab erläutern, dass erst durch zahllose Transplantationen klar geworden sei, zu welchen späteren Gewebearten sich die einzelnen Blastulabereiche normalerweise entwickeln würden. Man habe also ihre prospektive Bedeutung entziffert. Gleichzeitig habe sich erwiesen, dass diese Prädetermination für den ganz überwiegenden Teil der Zellen nicht obligat sei. Sie könnten sich vielmehr bei der Implantation in Fremdbereiche ortsgerecht entwickeln, flexibel reagieren, wie schon dargelegt worden sei. Man könne sie also auch als omnipotent bezeichnen, mit anderen Worten: Die prospektive Potenz dieser Zellen sei größer als ihre prospektive Bedeutung.

Dies alles aber gelte nur für das ganz frühe Entwicklungsstadium. Schon die Zellen der späten Gastrula, die durch Einstülpung der Blastula als doppelschichtige, becherartige Entwicklungsstufe folge, hätten ihre Omnipotenz verloren, seien nunmehr fest determiniert und würden sich als Implantate nur noch herkunftsgemäß entwickeln.

Für die jungen Zellen aber, das müsse er hier nochmals konstatieren, und zwar nicht zuletzt wegen der erheblichen Bedeutung beispielsweise für Reparaturmechanismen, gelte der Satz, dass die prospektive Potenz größer sei als die prospektive Bedeutung!

Unter dem stürmischen Beifall der Zuhörer gehen beide an ihre Plätze zurück.

Petrus ist hochzufrieden. Eine anspruchsvolle, aber doch allgemein verständlich vorgetragene Materie.

Und er wird nachdenklich, macht sich die Tragik bewusst, die diese Forscher auseinandergerissen, noch weitere bedeutende Erkenntnisse vielleicht verhindert hat. Gewiss, die gemeinsame Publikation konnte Hilde Mangold 1924 noch miterleben, die dadurch begründete Verleihung des Nobelpreises an Hans Spemann 1935 aber nicht mehr. Auch diese Anerkennung wäre sicherlich beiden gemeinsam zuteil geworden.

Morgan, Muller und die Mutationen

Wer kennt sie nicht, die kleine Obstfliege Drosophila, stets präsent, wenn beschädigte Früchte freien Zugang zu ihren Säften ermöglichen?

Thomas Hunt Morgan gefielen an diesem drei Millimeter langen Insekt drei Fakten: erstens der kurze Entwicklungszyklus von nur zwölf Tagen vom Ei bis zur geschlüpften neuen Generation, zweitens die überschaubare Zahl von äußeren Merkmalen wie Färbungen oder Art und Anordnung von Borsten, und drittens der geringe Bestand von nur vier Chromosomen pro Zelle.

Morgans Entscheidung, genetische Untersuchungen an diesem Objekt durchzuführen, erwies sich für die Wissenschaft als ebenso fruchtbar wie die Fruchtfliege selbst.

Schon die ersten Erfolge ließen die Experten aufhorchen. In Morgans Labor an der Columbia Universität in New York nahm die Zahl der Schüler zu, die Forschergruppe erregte die Aufmerksamkeit der wissenschaftlichen Welt.

Dies zur Einführung vorausgeschickt, eröffnet Petrus eine neue Genetik-Konferenz.

Morgan, mit knapp 80 Jahren noch recht agil, gut aussehend mit gepflegtem, kurz geschorenem Kinn- und Backenbart, beginnt seinen Vortrag mit der Chromosomentheorie der Vererbung, weist auf Sutton und Boveri hin, auf die schon damals favorisierte These, dass die Erbfaktoren auf den Chromosomen liegen müssten.

Das habe ihn nun zu der naheliegenden Frage veranlasst, wie denn wohl die Gene angeordnet seien, als diskrete Körperchen in kleinen, vielleicht kugel- oder scheibenförmigen Ansammlungen?

Die schon seit langem bekannten Überkreuzungen von Chromosomen direkt vor der Reduktionsteilung hätten dann weitergeholfen, wie später noch ausführlich besprochen werde.

Nach der Beobachtung tausender Obstfliegen sei beim Vergleich der genauen Merkmaldaten deutlich geworden, dass es immer wieder Abweichungen von der Ausgangsgeneration gegeben habe. Diese vererbbaren Änderungen habe man Mutationen genannt, die von ihnen betroffenen Individuen Mutanten.

Er wolle die in langen Jahren, ab 1928 übrigens unter idealen Bedingungen am Institut für Technologie in Californien, gesammelten Ergebnisse hier in Form von Schlussfolgerungen zusammenfassen.

Erstens: Die einzelnen Gene seien auf den Chromosomen aufgereiht wie Perlen auf einer Schnur.

Zweitens: Die in der Prophase der Reduktionsteilung nahezu regelmäßig auftretenden Überkreuzungen zwischen den gepaarten Chromosomen, auch Chiasmen genannt, würden anzeigen, dass zwischen den beteiligten Chromatidfäden ein Stückaustausch stattfinde.

Drittens: Dieser Austausch von Genen zwischen väterlichen und mütterlichen Chromosomen könne zur Ausprägung zuvor unterdrückter Merkmale führen und damit zu Varianten bis hin zu neuen Arten, für die Evolution höchst bedeutsam.

Viertens: Je weiter die Chiasmen vom Chromosomenende entfernt seien, umso höher sei die Austauschhäufigkeit von Genen. Das habe, wie noch gezeigt werden solle, die Aufstellung von Genkarten ermöglicht, wenn auch in mühevoller Kleinarbeit.

Hier unterbricht ein regelrechtes Beifallgewitter den Vortrag. Morgan lächelt, winkt ab, fährt fort:

Fünftens: Die dritte Mendel-Regel über die freie Kombinierbarkeit von Erbfaktoren müsse auf die Fälle beschränkt werden, in denen die neu zu kombinierenden Gene auf verschiedenen Chromosomen lokalisiert, also frei beweglich seien.

Sechstens: Dies sei durch die Tatsache begründet, dass es Genkopplungen gebe, also Faktoren und damit Merkmale, die in der Regel gemeinsam auftreten würden.

Siebtens: Davon gebe es seltene Ausnahmen, nämlich dann, wenn ein Chromosomenbruch mit Translokation (Transposition) des meist winzigen Bruchstücks auf ein anderes Chromosom stattfinde, sodass eine Entkopplung die Folge sei.

Achtens: Eine Genkopplung habe bei einer auf dem X-Chromosom lokalisierten Mutation besonders eindrucksvoll nachgewiesen werden können als Beispiel für eine geschlechtsgebundene Vererbung, hier der Augenfarbe.

Wieder Beifall, enthusiastisch. Mancher Zuhörer mag gedacht haben, dass das Nobelpreiskomitee 1933 einen wirklich genialen Kopf auserkoren habe.

Der eine oder andere Experte überlegt vielleicht noch etwas anderes, das didaktische Vorgehen betreffend: Ob denn eigentlich schon erwähnt worden sei, dass zwei X-Chromosomen pro Zelle Weiblichkeit bedeuten würden, die X+Y-Kombination dagegen dem männlichen Organismus eigen sei?

Morgan weist nun darauf hin, dass an all diesen Erkenntnissen, wie könne es auch anders sein, die gesamte Forschergruppe seines Labors mitgewirkt habe. Er wolle es nicht versäumen, auch an dieser Stelle seinen ganz herzlichen Dank zu sagen in der Hoffnung, dass den noch aktiven Kollegen dort unten die Ohren klingen mögen!

Unvermeidlicher Beifall.

Stellvertretend für alle wolle er hier zunächst Alfred H. Sturtevant nennen, der sich in besonderem Maße bei der Aufstellung der Genkarten verdient gemacht habe. Die dabei angewandte anspruchsvolle Technik sei hochkompliziert, er hoffe, Sturtevant könne sie in allgemein verständlicher Form erläutern.

Sturtevant tritt vor. Etwas verlegen zupft er sein rechtes Ohrläppchen. Klare Übersprunghandlung angesichts der nicht einfachen Aufgabe, die Genkartentechnik den Fast-Laien nahezubringen. Da habe Morgan ihn aber ganz schön überrumpelt, sagt er sich murrend.

Zunächst wendet er sich zur Tafel und zieht zwei parallele Striche, in die er in unregelmäßigen Abständen Punkte einzeichnet. Er benennt sie oben mit den Großbuchstaben A bis F, unten, jeweils gegenüber, mit den entsprechenden Kleinbuchstaben. Das seien Genpaare, Allele, zum Beispiel Aa, Bb und so fort.

Nun malt er wieder zwei Linien, diesmal nur zu zwei Dritteln parallel, dann wechseln die Bahnen durch Überkreuzung, die beiden letzten Drittel sind jetzt vertauscht. Das Kreuz wird weggewischt, es ergeben sich wieder zwei parallele Linien ABCDef und abcdEF: der berühmte Chromosomenstückaustausch!

Das Phänomen der Kopplung zweier Merkmale könne man nun zur Erkennung des Abstandes der zugehörigen Gene einsetzen. Je häufiger ein Gen, das normalerweise als mit anderen gekoppelt identifiziert worden sei, nach vorausgegangenem Stückaustausch mit dem Effekt der Entkoppelung plötzlich in einer anderen Genkombination auftrete, umso weiter sei es jetzt von seinen früheren Nachbarn entfernt. Auf diese Weise würden sich die relativen Abstände zur Anfertigung von Genkarten einsetzen lassen.

Als Beispiel wolle er die oben genannte Buchstabenfolge verwenden. Da A und F weiter voneinander entfernt seien als A und B, sei einzusehen, dass die Wahrscheinlichkeit eines Chromosomenbruchs zwischen A und F mit dem Ergebnis

A...f deutlich größer sein müsse als eine Überkreuzung zwischen A und B mit dem Resultat Ab..., die tatsächlich äußerst selten zu beobachten sei.

Staunen, Kopfschütteln, fragende Blicke. Wer hat alledem folgen können? Eine leise Ahnung von den unendlichen Mühen solcher Enträtselung scheint umzugehen. Erst zögerlich, dann doch zunehmend und anerkennend wird applaudiert.

Das allerdings, so Sturtevant weiter, sei noch nicht alles. Entscheidende Informationen hätten die Riesenchromosomen geliefert, die bei etlichen Fliegen- und Mückenarten in den Speicheldrüsen anzutreffen seien. Darüber aber möge sein Kollege Bridges referieren, ein Spezialist auf diesem Sektor.

Calvin B. Bridges wendet sich nach seiner Verbeugung vor dem Publikum der Tafel zu und malt ein breites Band mit schwankendem Durchmesser, einer langen Wurst mit Hügeln und Tälern ähnlich. Durch Querstriche lässt er ein unregelmäßiges Bandenmuster entstehen.

Dieses Riesenchromosom aus einer Drosophila-Speicheldrüse, stark vereinfacht gezeichnet, bestehe aus Nukleoproteinen, der Kombination von DNS und Proteinen, hier Histone genannt. Die angefärbten Banden kennzeichneten die Lage der Gene, von denen etliche im Hinblick auf ihre Funktion hätten identifiziert und den Genkarten zugeordnet werden können.

Diese Erkenntnisse habe man durch zahlreiche Kreuzungsversuche in Verbindung mit der Analyse von Veränderungen im Bandenmuster erreichen können. Als besonders günstig habe sich dabei der Befund erwiesen, dass sich ein aktiviertes Gen, zum Beispiel in einer Larve direkt vor der Verpuppung, durch Bildung eines „Puffs", einer einem Wattebausch ähnlichen Aufblähung, zu erkennen gegeben habe: Der das Gen tragende Abschnitt des Chromosoms sei zur Entfaltung seiner Funktion entspiralisiert und dadurch gestreckt worden. So sei es möglich gewesen, auch absolute Genabstände zu messen.

Beifall, wie nicht anders zu erwarten. Die Zuhörer sind tief beeindruckt. Hier also lassen sich Gene sichtbar machen.

Warum? Weil die Natur sich bei den Riesenchromosomen eine Kuriosität leistet.

Diese Chromosomen sind deshalb so gigantisch, weil den vielfachen Verdopplungen keine Zellteilung folgt, ein als Endomitose bezeichneter Vorgang, der zur Polyploidie führt, zur Existenz vieler Chromosomensätze pro Zelle. Wachstum findet folglich nur durch Zellvergrößerung statt. Entscheidend ist nun hier eine weitere Besonderheit: Die etwa tausend Chromosomen bleiben gebündelt aneinander kleben und bilden so die Riesenchromosomen!

Als nächsten Redner bittet Petrus Hermann J. Muller um seinen Beitrag, einen weiteren Morganschüler, 1946 ausgezeichnet mit dem Nobelpreis.

Muller betont eingangs, wie sehr ihn schon immer die Fähigkeit des Organismus zur Veränderung von Merkmalen bis hin zur Bildung neuer Arten interessiert habe.

Damit entstehe zwangsläufig die Frage nach der Stabilität der Gene, denn es sei denkbar, dass nicht nur Chromosomen durch den gerade eben nochmals beleuchteten Stückaustausch beim Crossing-over mutieren würden, sondern auch die Gene selbst.

Er habe deshalb chemische und physikalische Agenzien auf sie einwirken lassen, also toxische Substanzen, Hitze und Strahlung.

Die Überraschung sei unvorstellbar gewesen, als sich gezeigt habe, dass Röntgenstrahlen in den Larven von Drosophila eine ganze Palette von Wirkungen zur Folge gehabt hätten. Die meisten seien tödlich gewesen, hätten entweder sofort oder nach einer Häutung oder der Verpuppung zum Entwicklungsstillstand geführt. An den Riesenchromosomen dieser Individuen habe man auffällige Veränderungen erkennen können, vor allem Brüche und Bruchstückverluste, die erwartungsgemäß nicht mit dem Leben zu vereinbaren gewesen seien.

In seltenen Fällen aber seien missgebildete Obstfliegen geschlüpft mit den unterschiedlichsten morphologischen Abweichungen. Diese Mutanten seien zwar lebensfähig, aber fast ausschließlich infertil gewesen. Nur in Einzelfällen von vielen tausend hätte die Strahlung zu Mutationen geführt, die das Gen verändert, aber seine Aktivierungsfähigkeit erhalten hätten, sichtbar an dem abgewandelten Merkmal, dessen Ausprägung durch das getroffene Gen gesteuert werde. Als Beispiel wolle er die Bildung eines vierten Beinpaares am Kopf nennen, das anstelle der Antennen gewachsen sei.

Genmutationen, auch als Punktmutationen bezeichnet, seien also in den allermeisten Fällen entweder letal für das Individuum oder ohne sichtbare Auswirkung, wenn nur eines der Gene eines Allelpaares ausfalle und seine Funktion vom unbeschädigten allelen Gen kompensiert werden könne.

Sichtbare Genmutanten aber seien in allen von ihm beobachteten Fällen gegenüber den normalen Wildformen benachteiligt, weniger tauglich gewesen.

Unter dem Aspekt der Evolution sei den Genmutationen daher eine nur begrenzte Bedeutung beizumessen im Gegensatz zu den Folgen der Neukombination von Genen nach Chromosomen-Stückaustausch, wie zuvor mehrfach berichtet.

Auch auf die neue Konstellation von Genen gemäß Dritter Mendel-Regel, auf das Zusammenwirken zuvor getrennter Erbfaktoren mit der dann möglichen Varianten- oder Artbildung, man denke an die neuen Erbsensorten, wolle er im Hinblick auf ihren Beitrag zur Evolution ergänzend hinweisen.

Dabei falle ihm noch ein wichtiger Punkt zu dieser letztgenannten Erkenntnis ein. Die Einführung des Begriffs „Mutation" für die Entstehung abgewandelter Merkmale sei nämlich Hugo de Vries zu verdanken, einem der Wiederentdecker der Mendel-Regeln. Eine an seiner Zucht der gelben Nachtkerzen in seinem Garten beobachtete Variante sei allerdings analog entstanden wie Mendels neue Erbsensorten, also ohne Veränderung der Erbfaktoren, sondern allein durch deren Neukombination. Diese Ursache sei damals nicht erkennbar gewesen, was aber nicht das Verdienst schmälere, eine zutreffende Beobachtung treffend benannt zu haben.

Aufbrausender Applaus, wohl auch motiviert durch das von manchem Teilnehmer schon früher herbeigesehnte Ende dieser wieder einmal recht stressigen Konferenz.

Evolution durch Schöpfung? Schöpfung durch Evolution?

Nach der letzten Konferenz haben Petrus und Bischof Wilberforce noch lange miteinander gesprochen. Es kam dann zu der Vereinbarung, schon eine Woche später erneut zu einer kurzen, aber dennoch wichtig erscheinenden Diskussion einzuladen.

Die Erwartungen der Zuhörer sind geteilt. Nur ein Redner? Und dazu noch Bischof Wilberforce, „Soapy Sam", wie er da unten karikiert worden war?

Der beginnt ohne Umschweife über Mutationen zu reden, erinnert an die nun schon mehrmals in den Blickpunkt gerückten Chiasmen, an die „merkwürdigen Überkreuzungen" der Chromosomen.

Um sicherzugehen, dass er, der Kirchenmann, die komplizierten Vorgänge richtig verstanden habe, wolle er sie mit eigenen Worten, zur Kontrolle sozusagen, noch einmal zusammenfassen. Wenn der eine oder andere dies als ein willkommenes Repetitorium ansehen sollte, würde er sich freuen.

Sehr geschickt, denken sich viele Teilnehmer, kleine Brötchen zu backen, um Sympathien zu gewinnen, die Position zu festigen.

In der Tat sammelt Seine Exzellenz mit seiner exzellent gestrafften Schilderung des Chromosomenverhaltens sicherlich Pluspunkte:

In der Vorphase der Reifeteilungen, die zur Reduktion auf den haploiden Chromosomensatz nötig seien, komme es zu einer Verdopplung der aneinanderliegenden homologen Chromosomen, die sich dann aber nicht trennen, sondern als Viererstränge beieinander bleiben würden. Wenn er das alles richtig sehe, lägen sich nun zwei identische Chromosomen von der Mutter und zwei vom Vater gegenüber.

Und nun geschehe das Erstaunliche, der Grund für die heutige Einladung: In der Mehrzahl der Fälle würden sich jeweils zwei der Chromosomenfäden, ein mütterlicher und ein väterlicher, überkreuzen, brechen und nach Austausch der Bruchstücke wieder verheilen. So könnten die Allele der Genpaare von Mutter und Vater ihre angestammten Plätze wechseln. Diese Neukombination sei von den Herren Experten als Ursache für die Veränderung bestehender bis hin zum Auftauchen neuer Merkmale bezeichnet worden, eine für die Wandlung der Arten und damit für die von ihnen vertretene Evolutionstheorie unerlässliche Prämisse.

Ob er das alles richtig wiedergegeben habe? Keine Einwände, keine Bedenken?

Dann komme er jetzt zur Kernfrage: Wer oder was veranlasst die Chromosomen zu den Überkreuzungen? Wer oder was sucht die günstigste Position dieser Chiasmen mit dem Ziel einer möglichst effektiven, also für das Individuum positiven Merkmaländerung aus?

Da die Forschung nicht in der Lage sei, eine objektiv nachprüfbare Erklärung zu liefern, sei es doch naheliegend, hier das Wirken des Allmächtigen zu erkennen! Evolution durch Schöpfung, nicht umgekehrt, wie immer wieder behauptet werde!

Jetzt springt Pierre Teilhard de Chardin auf, ungefragt sprudelt es aus ihm heraus, er vertrete seit langem, und damit stehe er nicht allein, die feste Überzeugung, dass alles Leben sich in einer von Gott bewirkten kreativen Bewegung befinde, die noch fortdauere, ihr Ziel noch nicht erreicht habe. Die Schöpfung sei nicht als abgeschlossen zu betrachten, sondern sie werde bis ans Ende aller Zeit weitergehen mit heute noch unvorstellbaren Ergebnissen.

Die diskutierten Chromosomenmutationen würden seine Überlegungen ohne Zweifel stützen, wobei der Zeitfaktor nicht übersehen werden dürfe. Denn um Organveränderungen herbeizuführen, müssten viele Mutationen zu einem Konzert der Harmonien zusammenfinden. Das sei ein weiter Weg.

Und schon sitzt er wieder. Sein Wort hinterlässt erheblichen Eindruck, zumal bekannt ist, dass Chardin als promovierter Naturwissenschaftler, als Geologe und Paläontologe, als Mitentdecker der Sinanthropus-Funde bei Peking 1929 vom Prinzip der Kausalität überzeugt sein muss und dies auch in seine Philosophie einbeziehen dürfte.

Nun kann sich „Darwins Bulldogge", Thomas Henry Huxley, nicht länger zurückhalten – für jeden Kenner keine Überraschung. Er bittet höflich ums Wort.

Als notorischer Kontrahent des Bischofs weist er freundlich lächelnd darauf hin, dass selbst hier oben niemand, auch nicht ein überaus wortgewandter Vertreter der hohen Geistlichkeit, mit solchen Interpretationen einen Anspruch auf den Stein des Weisen erheben könne. Niemand aus dem Kreise der bisherigen Referenten habe behauptet oder auch nur angedeutet, dass die Chiasmen stets „günstig positioniert, auf das Ziel einer positiven Variation ausgerichtet" seien. Es sei zwar unbestreitbar, dass der evolutive Fortschritt nur mit der Verbesserung der Ausgangsformen im Sinne einer Vorteil bringenden Adaptation zu begründen sei, doch müsse dem hier diskutierten Geschehen auch die Möglichkeit genetischer Fehlkombinationen eingeräumt werden. Das Spektrum reiche von nützlich über neutral bis schädlich.

Jeder Übertreibung müsse er sein Verständnis versagen. Immerhin sei zu konzedieren, dass die Ursache des Chromosomenstückaustauschs als ungelöstes Rätsel bestehen bleiben müsse, solange die Biologie mit ihren naturwissenschaftlichen Methoden keine erklärende Kausalanalyse vorlegen könne. Es sei daher ein selbstverständliches Gebot der Toleranz, jedem Einzelnen freizustellen, hier entweder das schöpferische Wirken Gottes zu sehen oder eine zufallsbedingte Laune der Natur. Für die letztere Interpretation spreche die Tatsache, dass auch Untaugliches entstehe – es sei denn, man konzediere dem Schöpfer Freude am Experiment, gespannte Erwartung, was herauskomme aus seinen „Kreuzungsversuchen". In jedem Falle habe sich Neugeschaffenes im egoistischen Kampf ums Dasein zu bewähren, sich der Selektion zu unterwerfen im Sinne einer positiven Auslese. Dann allerdings bedeute das Ergebnis des Austauschphänomens einen Fortschritt und könne durchaus als ein von Seiner Exzellenz favorisierter Schöpfungsakt gelten.

Der Erklärungsversuch bleibe somit eine Sache des Glaubens. Natürlich sei es richtig, dass das Ende einer objektivierbaren Kausalkette auch das Ende des Wissens markiere. Er wolle gern akzeptieren, dass dies gleichzeitig den Anfang des Glaubens bedeute. Aber eben nichts weiter und wirklich nicht mehr als den Beginn des Glaubens, den auch ein Bischof nicht so dicht an das Wissen heranrücken könne, dass der Eindruck suggeriert würde, die Grenze sei fließend, Wissen schwappe ins Reich des Glaubens hinüber. Eher sei es denkbar, dass die Wissenschaft sich einer Beantwortung der Frage zu nähern vermöge, wie Glaube entstehe. Dennoch sei es nicht nur ein Wortspiel, wenn er sage: Wer glaube, müsse wissen, dass er glaube!

Schweigen, Nachdenklichkeit.

Petrus hat seinen Zeigefinger an die Nasenspitze gelegt, schaut ins Leere, ist mit seinen Gedanken offenbar in weiter Ferne.

In die respektvolle Stille hinein räuspert er sich schließlich, ergreift das Wort: Er wolle heute eine Ausnahme machen, nicht mehr nur als Organisator, sondern als Diskutierender eingreifen, seine Ansicht zu diesem vielleicht unnötig kontrovers gesehenen Themen darlegen.

Es sei nach seinem Dafürhalten keineswegs zwingend, dem Eindruck zu folgen, dass sich Schöpfung und Evolution gegenseitig ausschlössen. Vielmehr könne an die Stelle eines Entweder-oder durchaus ein Sowohl-als-auch treten. Dies wolle er nach allem, was auch er inzwischen hinzugelernt habe, gern erläutern.

Offenbar scheine doch festzustehen, dass beim Crossingover von Chromosomen auf mikroskopischer, ja molekularer Ebene Neues geschaffen werde, also Schöpfung stattfinde. Diese Vorgänge seien in ihren letzten Ursachen noch nicht erforscht, einer naturwissenschaftlichen Analyse verschlossen. Daher spreche nichts gegen die von Bischof Wilberforce vorgetragene These, hier das Wirken des Schöpfers zu sehen.

Da es nun bei der Bildung dieser Chromosomenmutanten keine Richtung gebe, Brüche und Wiederverheilungen nicht gezielt erfolgten, entstehe Brauchbares ebenso wie Unbrauchbares, wie Thomas Huxley glaubhaft versichert habe.

Erst an diesen Neuschöpfungen könne nun die Selektion ansetzen, die Evolution sich entfalten: Die tauglichere, besser an veränderte Bedingungen angepasste Variante der Ursprungsform bewähre sich im Überlebenskampf, hier also entstehe erst eine auf das Positive zielende Richtung. Im Gegensatz dazu gehe das weniger tauglich Neue unter: Kommen und Gehen, Schöpfung und Tod seien schon von Anbeginn an untrennbar miteinander verbunden. Schöpfung ohne Evolution sei demnach ebenso undenkbar wie Evolution ohne Schöpfung. Beide seien nach seiner Überzeugung wechselseitig voneinander abhängig!

Mit großer Erleichterung wird applaudiert – lang anhaltend, respektvoll, dankbar. Mit dieser These, das spürt ein jeder, ist der Brückenschlag möglich zwischen Theologie und Naturwissenschaft. Bravo, Petrus!

Übrigens ging die hier angesprochene Schwierigkeit, die Entstehung von Varianten zu erklären, als „Darwins Dilemma" in die Geschichte ein. Bis in die Gegenwart wird dieses Problem kontrovers diskutiert, trotz aller Fortschritte auf dem Gebiet der Genetik ist uns die letzte beweisbare Ursache verborgen geblieben, die zu einer Neukombination der Gene nach Chromosomenstückaustausch führt. Denn die vorangehenden Überkreuzungen erfolgen bei der Keimzellenbildung, betreffen also die noch ungeborenen Generationen. In dieser Phase des Vor-Lebens ist die Kenntnis und damit eine Berücksichtigung der späteren Umweltbedingungen durch eine gezielt angepasste genetische Ausstattung nicht vorstellbar, geschweige denn beweisbar. Selbst die Epigenetik geht so weit nicht.

Auch der Versuch, mithilfe eines Konstrukts, für das der Begriff der „erleichterten Variation" geschaffen wurde, die infolge einer Aktivierung hochkonservierter Gene in neuer, sinnvoll adaptierter Kombination die Entstehung nützlicher Varianten zu erklären, auch dieser untaugliche Versuch kann nur als spekulatives Gedankenspiel, als reine Hypothese mit dem Ziel, Aufsehen zu erregen, diskutiert werden. Darwins Dilemma bleibt ungelöst – wie lange noch? Es hat sich zum heutigen Dilemma der Molekularbiologen gewandelt.

Gene bestehen aus DNS

Bis zur Mitte des vorigen Jahrhunderts wurde über die chemische Natur der Gene viel diskutiert, aber nur wenig erforscht.

Obwohl es gelungen war, die Nukleinsäure als essentielle Chromosomensubstanz zu analysieren, man erinnere sich an Flemming, Miescher und Altmann, war die Neigung groß, den ebenfalls stets vorhandenen Strukturproteinen die Funktion der Genmatrix zuzuschreiben. Damit nämlich schien die enorme Vielfalt auch ihrer Wirkungen am ehesten erklärbar zu sein, zumal ihre Bausteine, die zwanzig verschiedenen Aminosäuren, eine Unzahl von Kombinationen ermöglichten.

Es bedeutete daher eine riesige Überraschung, als dem kanadischen Arzt Oswald Avery 1944 der Nachweis gelang, dass die Desoxyribonukleinsäure (DNS) das materielle Substrat der Erbfaktoren darstellt – ein überaus wichtiger Meilenstein auf dem Weg zur molekularen Genetik!

Seine genial einfachen, aber unumstößlich überzeugenden Versuche führte er am Rockefeller-Institut für Medizinische Forschung in New York durch. War die Versuchsanordnung dem Nobelpreiskomitee zu simpel für einen Preis? Oder spielten unsachliche Motive ihre unrühmliche Rolle? Es bleibt jedenfalls ebenso unverständlich wie beklagenswert, dass diese bahnbrechende Entdeckung nicht die Würdigung erhielt, die ihr zustand.

Vor diesem Hintergrund darf man sich wundern, dass 25 Jahre später den Phagenforschern Alfred D. Hershey, Salvador E. Luria und Max Delbrück, über die noch zu sprechen sein wird, für die Bestätigung der Avery-Ergebnisse der Nobelpreis zuerkannt wurde (1969). Diese Forschergruppe konnte den Nachweis führen, dass die für Bakterien tödlichen Viren lediglich ihre DNS in die Bakterien injizieren und damit die Phagenreplikation auslösen: Der Virusbauplan, verschlüsselt in der DNS, dient als Matrize für dessen Vervielfältigung, für die Virus-DNS-Synthese mit vom Wirt gelieferten Bausteinen, bis das Bakterium zerfällt und hunderte neu gebildeter Phagen freisetzt.

Hershey hat die Erkenntnisse nicht allein, sondern mit Martha Chase zusammen erarbeitet. Sie waren ein Team. Beiden gebührt der Ruhm ihrer Entdeckung in gleicher Weise. Dies wird auch dadurch unterstrichen, dass die entscheidende Versuchsanordnung als Hershey-Chase-Experiment in die DNS-Geschichte eingegangen ist. Warum wurde Martha Chase vom Nobelpreis ausgeschlossen? Muss hier ein Indiz für einen unfairen Kampf um die Bewertung ihres wissenschaftlichen Anteils gesehen werden?

Schon 1944, im gleichen Jahr der Avery-Versuche, hatte Gerhard Schramm in Tübingen gleiche Ergebnisse mit dem

Tabakmosaikvirus (TMV) erhalten. Er konnte zeigen, dass dessen gesamte genetische Information in der Nukleinsäure, hier der Ribonukleinsäure (RNS), gespeichert ist und es zur Infektion einer neuen Tabakpflanze genügt, nur diese RNS zu übertragen. Für deren Reinigung hat Schramm übrigens ein spezielles Verfahren, die Phenolextraktion, entwickelt, das in der Folgezeit breite Anwendung fand. Seine Erkenntnisse, so ist zu vermuten, gingen wohl in den Nachkriegswirren unter. Oder wurden diese epochalen Resultate bewusst ignoriert? Die internationale Ächtung als nachvollziehbare Folge des Krieges verschonte möglicherweise auch nicht jene deutschen Wissenschaftler, die sich mit absolut friedlichen Themen beschäftigt hatten.

Doch zurück zu Oswald Avery. Er wird von Petrus vorgestellt mit dem Hinweis, dass er als einziger Redner vorgesehen sei in dieser sicherlich kurzen, aber außerordentlich bedeutsamen Sitzung.

Noch unter dem Beifall der ob dieser Ankündigung erleichterten Zuhörerschaft beginnt Avery, an der Tafel zu zeichnen.

Es entstehen zwei Ansammlungen verschieden gestalteter Doppelpunkte. Das sollen, so Avery, Pneumokokken sein, Diplokokken deshalb, weil sie unter dem Mikroskop zwei an ihrer Schmalseite verbundenen Brötchen ähneln würden.

Diese Bakterien enthielten keinen Kern, wohl aber als Kernäquivalent bezeichnete Plasmastrukturen, die aus DNS bestünden.

Den Unterschied zwischen den beiden Gruppen verdeutlicht er nun dadurch, dass er um die Diplokokken nur einer Gruppe einen ovalen Kreis zieht. Damit solle eine Schleimkapsel symbolisiert werden, die den anderen fehle.

Nun sei es keine besondere Schwierigkeit, die DNS aus den Bakterien herauszulösen. Zusätzlich habe er deren Proteine isoliert und beide Extrakte aus den Schleimträgern, jeweils getrennt einmal DNS und einmal Proteine, mit Pneumokokken ohne Kapsel bebrütet. Es sei aus anderen Experimenten bekannt gewesen, dass die Bakterienwand auch relativ große Moleküle einschleusen könne.

Und siehe da: In der mit DNS aus Kapsel-Pneumokokken inkubierten Suspension mit Bakterien ohne Kapsel seien zahlreiche Schleimkapselkokken aufgetreten. Damit sei der Nachweis erbracht worden, dass die genetisch determinierte Fähigkeit zur Kapselbildung mit der DNS übertragen worden sei, die inkorporierte DNS also das materielle Substrat für jenes Gen darstelle, das die Bildung der Schleimkapsel steuere.

Jubel, Trubel, Heiterkeit. Das war nicht nur genial, sondern auch für jeden verständlich – bravo, Avery!

Der aber räumt jeden Rest von denkbarer Skepsis – Zweifler gibt es überall und immer wieder, oft von Neidgefühlen gelenkt – durch folgende Ergänzungen aus:

Erstens sei die extrahierte Proteinlösung ohne jede Wirkung geblieben, und zweitens habe er in weiteren Ansätzen mit DNS ebenfalls dann keine Transformation der Pneumokokken von nackt nach kapseltragend auslösen können, wenn er den DNS-Extrakt zuvor der zerstörenden Wirkung des nukleolytischen Enzyms Desoxyribonuklease ausgesetzt habe.

Wieder Beifall. So einfach also kann bahnbrechende Erkenntnis errungen werden – man muss allerdings zunächst einmal auf diese glänzend erdachte Versuchsanordnung kommen: Am Anfang einer großen Tat steht immer die Idee!

Von der Röntgenstrukturanalyse zur DNS-Doppelhelix

Als Wilhelm Conrad Röntgen 1895 die nach ihm benannte Strahlung entdeckte und in den Folgejahren umfassend erforschte, war ihre Bedeutung für die theoretische Physik ebenso wenig vorhersehbar wie für die praktische Anwendung vor allem in der Medizin.

Röntgen erhielt 1901 den ersten Nobelpreis für Physik. Schon 1914 folgte ihm Max von Laue mit dieser Auszeichnung, nachdem er den wissenschaftlichen Disput um die Natur der Röntgenstrahlung mit einem eleganten Versuch entschieden hatte.

Es ging um die Frage, ob diese Strahlung Wellencharakter habe oder aus Korpuskeln bestehe. Max von Laue, der 1909 von Berlin nach München an das von Arnold Sommerfeld geleitete, neu geschaffene Institut für Theoretische Physik gekommen war, hatte die geniale Idee, die in Kristallen vermuteten Atomgitter für Beugungsversuche mit Röntgenstrahlen einzusetzen.

Nach langen Diskussionen im Kollegenkreis, in dem Skepsis und Ablehnung vorherrschten, gewann von Laue schließlich die damaligen Doktoranden Walther Friedrich und Paul Knipping für seine Überlegungen.

Beide gemeinsam tüftelten eine Versuchsanordnung aus, die nach etlichen Fehlschlägen ein zuvor nie gesehenes Muster auf die Fotoplatte zauberte: Um den zentralen Strahl, der durch einen Kupfersulfatkristall gelenkt worden war, hatte sich ein Kranz abgebeugter Spektren dargestellt.

Dieses erste Laue-Diagramm sollte für erhebliches Aufsehen sorgen. Es bewies einerseits die Wellennatur der Strahlung und lieferte andererseits den Schlüssel zur Erforschung der Kristallstrukturen verschiedenster Substanzen.

Im Freiburger Labor Hermann Staudingers, des „Vaters der makromolekularen Chemie" (Nobelpreis 1953), wurden 1926 röntgenspektroskopische Untersuchungen auch an der DNS durchgeführt. Sie standen in kausalem Zusammenhang mit dem Polymer-Konzept Staudingers für die DNS, für das er wegen der breiten Ablehnung vor allem seitens der Physiker, die die Existenz von Polymeren damals noch für „physikalisch unplausibel" hielten, nach Beweisen suchte.

Wenige Jahre später wurde die Röntgenstrukturanalyse von William Astbury zur Erforschung von fibrillären Proteinen eingesetzt. An der Universität von Leeds beschäftigte er sich mit der molekularen Struktur von Fibrillen des Keratins und Kollagens, für die er nach den Resultaten seiner Versuche die Spiralform postulierte, die er Alpha-Helix nannte.

Dann gelang seinem Labor 1938 ein überaus aussagefähiges röntgenspektroskopisches Bild der DNS. Dieser wichtige Befund ging zunächst jedoch in den Turbulenzen des Kriegsausbruchs unter, erwies sich aber später für Francis Crick und James D. Watson und ihre Überlegungen zur DNS-Struktur als nützliche Hilfe.

Wieder vergingen etliche Jahre bis zur Publikation der Forschungsergebnisse von Linus Pauling (Nobelpreis Chemie 1954 und Friedensnobelpreis 1962), der mithilfe der Röntgenstrahlinterferenzen die Alpha-Helix als Prinzip der Sekundärstruktur langer Polypeptidketten und großer Proteinmoleküle erkannte.

In den folgenden Jahren konnten dann Max Perutz, der im Cavendish-Labor in Cambridge von Sir Lawrence Bragg, einem Mitbegründer der Kristallografie (Nobelpreis 1915), fachkundig beraten wurde, und John Kendrew die dreidimensionalen Strukturen von Hämoglobin und Myoglobin, der Farbstoffe der roten Blutkörperchen und der Muskulzellen, aufklären (gemeinsamer Nobelpreis 1962).

Die mithilfe der Röntgenstrukturanalysen an Proteinen erzielten Erkenntnisse ließen die mit der DNS befassten Forscher nicht ruhen. Auch Linus Pauling in Pasadena versuchte, die Geheimnisse ihrer Struktur zu lüften. Man darf davon ausgehen, dass diese Nachricht selbst dann, wenn es sich um ein Gerücht gehandelt hätte, die Anstrengungen von Francis Crick und James D. Watson in Cambridge beflügelt hätten. Denn im Gegensatz zu sportlichen Leistungen, die mit Gold-, Silber- und Bronzemedaillen gewürdigt werden, gibt es für den wissenschaftlichen Sieg nur *einen* Platz, Priorität genannt. Er allein eröffnet die Chance auf den Preis Nummer eins aus Stockholm, womit erklärt, aber nicht entschuldigt sei, dass pathologisch gesteigerter Ehrgeiz jede Moral, jede Streitkultur bedenkenlos ignoriert.

Petrus entschließt sich, Rosalind Franklin über die Entdeckung der Doppelhelix berichten zu lassen. Sie hatte bis zu ihrem viel zu frühen Tod 1959 als Mitarbeiterin von Maurice Wilkins intensiven wissenschaftlichen Kontakt mit Crick und Watson gepflegt, würde den Gang der Dinge mit der gebotenen Objektivität schildern können. Es komme hinzu, so Petrus verschmitzt lächelnd zu sich selbst, dass die beiden Laureaten sich dort unten noch fleißig der Forschung widmen sollten – das Thema aber sei reif für die Diskussion und dürfe nicht warten, bis einer der Hauptakteure die Ruhmestat und ihre schillernde Vorgeschichte persönlich vorstellen könne.

Als Rosalind Franklin, im blühenden Alter von 37 Jahren schon dort oben angekommen, hübsches Gesicht mit ausdrucksvollen Augen unter schwarzem Haar, sich auf den Weg zum Rednerpult begibt, erhebt sich das Auditorium – eine noch nie erlebte Geste nicht nur der Höflichkeit einer Frau gegenüber.

Rosy, wie sie von ihren Kollegen genannt wurde, bedankt sich freundlich und beginnt ihr Referat mit der Zeit ihres Wechsels an das King's College in London zu John Randall. Damit habe sie die Erwartung verbunden, auf dem Gebiet der Kristallografie viel hinzulernen zu können. Randall habe ihr die Aufgabe zugewiesen, mit Fasern der DNS zu arbeiten, ohne allerdings ihr Gebiet klar vom Forschungsauftrag abzugrenzen, mit dem Maurice Wilkens befasst gewesen sei. Das habe leider immer wieder zu Missverständnissen und Irritationen geführt.

Den Fortschritt gefördert hätten auch die Kontakte zu einem der Väter der Röntgenstrukturanalyse, zu Sir Lawrence

Bragg (Nobelpreis 1915), der damals das Cavendish-Labor in Cambridge geleitet habe.

Anlässlich eines Besuchs habe sie dort im Herbst 1951 den amerikanischen Stipendiaten Jim, mit vollem Namen James Dewey Watson, kennengelernt, der sich zusammen mit Francis Crick für großmolekulare Biomolekülen interessiert habe.

Im Gegensatz zu den Proteinexperten Max Perutz und John Kendrew, die zeitgleich bei Sir Lawrence forschten, sei Jim davon überzeugt gewesen, dass die DNS das für die Wissenschaft aussichtsreichste Molekül darstelle.

In dieser Einschätzung seien sie dann alle durch die Entdeckung von Maurice Wilkins bestärkt worden, der aus Röntgenbeugungsaufnahmen der DNS den bis dahin noch offenen Beweis erbracht habe, dass es sich um eine kristallisierbare Substanz handele. Dadurch sei der Eifer Cricks und insbesondere Watsons unglaublich gesteigert worden.

In diese Zeit sei die Publikation von Linus Pauling über die Alpha-Helix in Proteinen gefallen. Wie dann bei einem Fünf-Uhr-Tee herausgekommen sei, habe der geniale Pauling, der zuvor schon durch seine Arbeiten über die Natur der chemischen Bindung wissenschaftlichen Ruhm erlangt habe, vor allem bei Jim die panische Furcht ausgelöst, Linus könne sich jetzt der DNS zuwenden und ihnen zuvorkommen.

Mit Blick auf Paulings Forschungsstrategie hätten ihre Kollegen beschlossen, ebenfalls mit Molekülmodellen zu arbeiten, um auf diesem recht anschaulichen Weg der DNS-Struktur näherzukommen. Dieses Basteln sei von ihr aber nicht akzeptiert und eher als eine wissenschaftlich unseriöse Spielerei eingestuft worden.

Aus dieser Kontroverse habe sich im Laufe der Zeit ein gewisses Konkurrenzdenken entwickelt, durch das sie selbst weitgehend isoliert worden sei. Es sei hinzugekommen, dass sie für die Unterstützung, die Maurice den beiden Modellbauern weiterhin gewährt habe, kein Verständnis habe aufbringen können. So sei in ihr der Entschluss gereift, ihre persönlich erarbeiteten Ergebnisse selbst zu publizieren und vorläufig keine Details mehr preiszugeben.

Als dann Jim Watson versucht habe, Daten aus ihr herauszulocken und augenzwinkernd ihre Zustimmung zu der Wahrscheinlichkeit einer Spiralstruktur der DNS zu provozieren, habe sie heftig widersprochen, obgleich auch sie die Helix für wahrscheinlich gehalten habe. Dies hätten die Herren Kollegen selbst aber daran erkennen können, dass sie ihre Überzeugung geäußert habe, das Zucker-Phosphat-Rückgrat der Kette liege außen, die Basen aber lägen innen. Daraus sei der logische Schluss möglich gewesen, dass sie eine röhrenförmige Spirale nicht ausschließen könne, denn bei einem linear gestreckten Molekül gebe es natürlich keinen Innenraum!

Dann habe Ende 1952 Linus Pauling erneut für Furore gesorgt, indem von ihm als DNS-Struktur eine dreikettige Spiralform vorgeschlagen worden sei.

Jim sei völlig aus dem Häuschen geraten, habe befürchtet, „sein" Nobelpreis würde nach Californien davonschwimmen. Aber man dürfe die positiven Aspekte dieser Situation nicht übersehen. Wenn es im kommerziellen Bereich heiße, Konkurrenz belebe das Geschäft, so habe man hier miterleben können, wie der Wettlauf um die Priorität eine Art Raketenantrieb gezündet habe.

Sie wolle zum Kernpunkt kommen: Als wichtige Komponente für des Rätsels Lösung habe sich, neben den Röntgenergebnissen, ein von Erwin Chargaff beschriebenes Phänomen erwiesen: Er habe herausgefunden, dass in jeder DNS, unabhängig von ihrer Ursprungszelle, die an der Nukleotidbildung beteiligten Basen Adenin (A) und Thymin (T) einerseits, Guanin (G) und Cytosin (C) andererseits, im festen Verhältnis 1:1 vorkommen, immer gelte A = T und G = C.

Dieser Befund sei zunächst nicht erklärbar gewesen. Erst die sehr hilfreichen Diskussionen mit dem Amerikaner Jerry Donohue, der als theoretischer Chemiker und Experte für die Berechnung von Atomabständen ein Stipendium in Cambridge absolviert habe, hätten Jim auf den Gedanken gebracht, dass hier ein Indiz für eine Basenpaarung A mit T und G mit C zu sehen sein könne. Die Freude über diese Möglichkeit sei noch durch die Erkenntnis in unermessliche Höhen emporgejubelt worden, dass nun Paulings Dreierkette aus der Diskussion falle, weil dafür eher 2:1-Relationen der Basen erforderlich seien.

In Tag- und Nachtschichten, Rosy lächelt anerkennend, belächelt wohl auch die panische Hektik, hätten Watson und Crick im Wettlauf um den großen Preis an ihrem Modell gebastelt.

In dieser Situation seien die neuesten Röntgendaten natürlich von essentiellem Nutzen gewesen. Es habe sie, um es milde auszudrücken, außerordentlich enttäuscht, dass wichtige Ergebnisse ohne ihr Wissen in das Cavendish-Labor gelangt seien. Später habe sie durch Zufall erfahren, dass Maurice Wilkins und sein Assistent Herbert Wilson die von ihr und ihrem Doktoranden Raymond Gosling erarbeiteten Daten der Röntgenspektografie heimlich kopiert hätten. Als besonders verwerflich betrachte sie die Tatsache, dass Maurice ihre als Schlüsselexperiment einzustufende Beugungsaufnahme der DNS, aus der die Helixform ablesbar gewesen sei, Watson zur Kenntnis gebracht habe.* Bei dieser moralisch höchst fragwürdigen Aktion sei wohl eine menschliche Schwäche von Maurice im Spiel gewesen, denn sie habe sich zu jener Zeit oft und heftig mit ihm gestritten. Offensichtlich habe es in den recht konservativen Wissenschaftskreisen am guten Willen zur Anerkennung weiblicher Forschungsleistungen gefehlt. Als sie später Jim gefragt habe, warum er nicht das Fairplay an die oberste Stelle kollegialer Arbeit setzen

---

* In seinem Buch „Die Doppelhelix" (19. Auflage 2005, Seite 154) beschreibt Watson diese Situation wie folgt:

„In dem Augenblick, als ich das Bild sah, klappte mir der Unterkiefer herunter, und mein Puls flatterte. Das Schema war unvergleichlich viel einfacher als alle, die man bisher erhalten hatte. Darüber hinaus konnte das schwarze Kreuz von Reflexen … nur von einer Helixstruktur herrühren."

konnte und mit seinem Auskunftsbegehren direkt zu ihr gekommen sei, habe er nur mit einem breiten Lächeln geantwortet. Da habe sie sich im Stillen gefragt, ob bei James D. Watson das D. vielleicht als Kürzel für Detektiv stehe, was seine erfolgreiche, wenn auch zweifelhafte Spionagetätigkeit erklären würde.

Murmeln, Kopfschütteln. Ehrgeiz ja, aber Fanatismus?

Ende März 1953 sei es dann endlich so weit gewesen, es habe alles gepasst: Die Doppelspirale mit den beiden innen liegenden komplementären Polynukleotidketten, in denen sich immer A und T sowie G und C gegenübergelegen hätten, sodass sie durch Wasserstoffbrückenbindungen relativ locker zusammengehalten werden konnten, habe in vollem Einklang gestanden sowohl mit ihren Röntgenmessdaten als auch mit den stereochemischen Gesetzen, den Berechnungen der Atomabstände durch Jerry Donohue.

Das habe natürlich auch sie mit Freude erfüllt, die aber wenig später getrübt worden sei: Watson und Crick hätten in ihrer Publikation über die Doppelhelix lediglich im Nebensatz erwähnt, dass sie durch die Kenntnis nicht publizierter Ergebnisse der von ihr und auch von Wilkins durchgeführten Experimente „angeregt" („stimulated") worden seien. Da hätten sich die beiden an der Wahrheit vorbeigemogelt, denn es sei objektiv belegt gewesen, dass ihre Röntgendaten zusammen mit den akribischen Rechenkünsten von Jerry Donohue die Basis für die Strukturaufklärung geliefert hätten. Da sie aber kurz zuvor die Diagnose über ihre unheilbare Erkrankung erfahren habe, sei sie doppelt niedergeschlagen und zu einem Kampf um ihren Anteil zu schwach gewesen.

Ein gewaltiger Beifall, stehend dargebracht, honoriert die Darlegungen und den wichtigen Beitrag Rosalind Franklins zur tiefen Einsicht in das Wesen des Lebens, wie es später heißen sollte.

Damit ist vor allem die Enträtselung des Phänomens der identischen Genverdopplung bei der Zellteilung gemeint, die den beiden Genetikern Matthew Stanley Meselson und Franklin Stahl zu verdanken ist. In einer genialen Versuchsanordnung markierten sie Bakterien-DNS mit verschiedenen Isotopen des Stickstoffs, sodass die DNS-Generationen unterscheidbar wurden. Diese Experimente führten 1958 zu folgender Erkenntnis: Nach dem Strecken der Spirale trennen sich die nur durch Wasserstoffbrückenbindungen zusammengehaltenen beiden DNS-Ketten, öffnen sich wie ein Reißverschluss. Jeder Strang fungiert jetzt als Matrize für die Synthese einer komplementären neuen Kette, die also zur einen Hälfte aus dem alten Strang besteht, zur anderen aus dem daran neu synthetisierten. Durch diese als semikonservative Replikation („halbbewahrende Verdopplung") bezeichneten Synthesen sind zwei exakte Kopien der Ausgangs-Doppelhelix entstanden. Damit ist das Wunder der über tausende von Generationen bewahrten Unsterblichkeit der Gene geklärt!

Francis Crick, James D. Watson und Maurice Wilkins, dieser vielleicht gleichzeitig stellvertretend für seine damalige Kollegin Rosalind Franklin, erhalten 1962 den Nobelpreis für Medizin und Physiologie. Es darf als trauriger Beweis für fehlende Objektivität und Fairness gewertet werden, dass weder Francis Crick noch James Watson den essentiellen Beitrag der erst vier Jahre zuvor verstorbenen Rosalind Franklin in ihren Nobelpreisreden erwähnt haben, mit keinem Sterbenswörtchen. Lediglich in der Erstpublikation durch Watson und Crick vom April 1953 wird zunächst Jerry Donohue für seine Berechnungen der zwischenatomaren Abstände gedankt, dann folgt das Eingeständnis, wie oben schon von Rosy erwähnt, dass sie durch die Kenntnis noch nicht veröffentlichter experimenteller Ergebnisse von Rosalind Franklin und Maurice Wilkins „angeregt" worden seien. Rosy Franklin und ihr Doktorand Gosling wiederum bedanken sich in ihrer Publikation gleichen Datums für interessante Diskussionen bei etlichen ihrer Kollegen. Darunter wird auch Francis Crick genannt, nicht aber James D. Watson!!!

Crick, Watson und Wilkins durften die große Ehrung übrigens gleichzeitig mit den Chemie-Preisträgern Max Perutz und John Kendrew (Aufklärung der komplizierten Strukturen des Hämoglobins und des Myoglobins) entgegennehmen – ein großer Tag für London und Cambridge.

Warum diese Auszeichnung für die drei „Väter" der DNS-Doppelhelix neun Jahre auf sich warten ließ, bleibt wieder einmal das Geheimnis des Preiskomitees.

Dies ist umso bemerkenswerter, als zwei weitere DNS-Forscher, die die Erkenntnisse über die Doppelhelix ausbauten, schon 1959 den begehrten Preis erhielten: Severo Ochoa und Arthur Kornberg.

Sie klärten den Mechanismus der DNS- und RNS-Synthesen mithilfe der von ihnen isolierten Polymerase-Enzyme auf und erforschten die Rolle beider Nukleinsäuren bei der Proteinsynthese, die in der Kausalfolge DNS → RNS → Protein abläuft.

Unabhängig von Marshall W. Nirenberg und Heinrich J. Matthaei legten Ochoa und Kornberg, wie jene ebenfalls 1961, die Basis für die spätere Entzifferung des genetischen Codes der Nukleinsäuren. Über diese überaus wichtigen Experimente wird noch genauer im Abschnitt „Der genetische Code" berichtet werden.

Robert Broom und die Australopithecinen

Nach den von vielen Zuhörern als reichlich anstrengend empfundenen Ausführungen über die Doppelhelix beschlossen Petrus und seine beiden Assistenten Memoritus und Veritatikus, für die nächsten Konferenzen Themen aus den mehr praxisbezogenen Bereichen zu favorisieren.

Als Erster sollte der aus Schottland stammende Arzt Robert Broom referieren, eine schillernde Figur unter den Paläontologen, der seinen Beruf immer nur dann ausgeübt hatte, wenn er wieder einmal Geld für seine Reisen benötigte.

Nach einem mehrjährigen Aufenthalt in Australien kam er nach Südafrika, wo er an der Universität Stellenbosch viele Jahre arbeitete, nebenbei aber emsig seinem paläontologischen Hobby nachging. Seine stets überzeugend vorgetragene Befürwortung der Evolutionstheorie, die an der erzkonservativen Universität neben der Schöpfungsgeschichte keinen Platz fand, führte 1910 zu seiner Entlassung.

Im Karoo-Gebiet praktizierte Broom dann als Arzt, widmete sich aber verstärkt der Paläontologie und erntete für seine Forschungsergebnisse über Reptilien und Säugetiere so viel Anerkennung, dass die Königliche Gesellschaft ihn 1920 zu ihrem Mitglied ernannte.

Einen Meilenstein setzte 1924 der Fund eines fossilen Kinderschädels durch Steinbrucharbeiter im südafrikanischen Taung, der vom Anatomen Raymond Dart auf ein Alter von etwa einer Million Jahre geschätzt wurde. Später konnte aufgrund von Untersuchungen der Begleitfauna das Alter sogar auf 2,4 Millionen Jahre datiert werden.

Diese Sensation veranlasste Robert Broom zu einem Besuch beim Johannesburger Anatomieprofessor. Doch darüber, so Petrus nach dieser Einführung, möge der Experte nun bitte persönlich berichten.

Broom wird mit Vorschussbeifall bedacht, als er leicht federnden Schrittes nach vorn geht. Er macht mit seinen 85 Erdenjahren trotz des schütteren, schneeweißen Haupthaares immer noch einen recht rüstigen Eindruck.

Ja, das Kind von Taung habe auf ihn eine unvorstellbare Faszination ausgeübt. Bei der Untersuchung zusammen mit Professor Dart sei auch ihm sofort aufgefallen, dass das Hinterhauptsloch für den Eintritt des Rückenmarks an der Schädelunterseite gelegen habe und nicht, wie es bei den Menschenaffen der Fall sei, schräg nach rückwärts gezeigt habe. Das sei ein klares Indiz für eine stets aufrechte Körperhaltung, für das Gehen und Stehen auf den Beinen. Auch seien die

Eckzähne nicht mehr affenähnlich groß gewesen, sie hätten die Schneidezähne kaum überragt.

Das Gehirnvolumen allerdings sei noch mit dem der Schimpansen vergleichbar, sei als nur wenig größer vermessen worden. Doch habe es durch einen versteinerten Ausguss eine Kopie der Hirnoberfläche mitgeliefert, eine absolute Rarität. Dadurch sei es möglich geworden, einen deutlichen Unterschied von Lage und Form der Gehirnwindungen im Vergleich zu den Schimpansen zu erkennen.

Beifälliges Kopfnicken. Die Zuhörer spüren die Bedeutung dieser Befunde für die Evolution des Menschen.

Professor Dart habe nach langen Überlegungen „seinem Kind" den Namen Australopithecus africanus gegeben, es also als einen afrikanischen Südaffen bezeichnet. Darüber hätten sie beide lange diskutiert. Sie seien sich einig gewesen, dass es weitere Funde dieser Spezies geben werde, denn das Kind sei ja wohl kaum allein gewesen. Mit dem festen Vorsatz einer gezielten Suche habe er sich voller Tatendrang von seinem Gesprächspartner verabschiedet.

Und tatsächlich! Nach jahrelangem Bemühen habe er endlich im Jahre 1936 in einer Höhle bei Sterkfontein den recht gut erhaltenen Schädel eines erwachsenen Australopithecus ausgegraben, zwei Jahre später einen weiteren bei Komdraai. Der Vergleich beider Funde habe zu seiner Überraschung deutliche Unterschiede erkennen lassen: Dem grazileren Typ aus Sterkfontein habe er daraufhin den robusteren aus Komdraai gegenüberstellen können. Dessen überaus kräftiges Gebiss sei als Anzeichen einer Spezialisierung auf harte Pflanzennahrung gedeutet worden. Damit könne auch die offenbar zu einem dicken Muskelpaket angewachsene Kaumuskulatur erklärt werden, denn es habe sich ein Knochenkamm in der Schädelmitte ausgebildet, damit diese Muskeln einen hinreichend festen Halt finden konnten. Diese als Sagittalkamm bezeichnete Schädelspitze sei als Markenzeichen der robusten Australopithecinen anzusehen.

Im Gegensatz dazu fehle den grazilen Typen dieses Merkmal. Daraus sei der Schluss erlaubt, dass die Vertreter des Australopithecus africanus weiche Pflanzen bevorzugt hätten, beispielsweise Früchte, Beeren, Samen, junge Triebe und Pilze, daneben aber sicher auch tierische Nahrung wie kleine Reptilien und Säuger, Vögel, Eier, Fische und Insekten. Ferner sei nicht auszuschließen, dass Reste von Beutetieren der Löwen und Leoparden verwertet worden seien.

Es sei für ihn eine große Freude gewesen, dass in der Folgezeit weitere Australopithecinen in Sterkfontein und Swartkrans gefunden worden seien, ebenso in Makapansgat, wo James Kitching mit Erfolg gegraben habe. Mit all diesen Funden sei die Existenz der beiden Typen vor etwa 3 bis 2 Millionen Jahren bestätigt worden. Sie hätten dazu beigetragen, dass die Interpretation Darts, hier liege eine Zwischenform zwischen den rezenten Menschaffen und den Menschen vor, von den vorurteilsfreien Paläoanthropologen akzeptiert worden sei. Leider habe die wissenschaftliche „Oberschicht" Englands nicht dazu gehört. Sie habe die Analyse Darts empört zurückgewiesen.

Jetzt meldet sich, heftig gestikulierend, Sir Arthur Smith Woodward und bittet ums Wort.

Petrus nickt Zustimmung, Robert Broom zuckt mit den Schultern und wundert sich, Sir Arthur räuspert sich, schaut siegessicher in die Runde.

Die Veröffentlichung über den Kinderschädel, so nun Sir Arthur, sei von den ehrenwerten Mitgliedern der Königlich-Geologischen Gesellschaft geprüft worden, und zwar auch von Darts akademischen Lehrern Sir Grafton Elliot Smith und Sir Arthur Keith. Sie alle seien übereinstimmend zu dem Urteil gelangt, dass die Interpretation des Fundes von Taung, bei allem Respekt vor dem Wissenschaftler Dart, unausgereift, ja lächerlich sei. Es sei sehr viel naheliegender, das Fossil als Verwandten von Gorillas und Schimpansen einzuordnen, es keinesfalls in die Nähe des Menschen zu rücken. Und dann auch noch Afrika! Dieser Kontinent habe doch nichts weiter zu bieten als Horden unterentwickelter Wilder!

Nein, die Experten seien sich einig, dass mit der Entdeckung des Schädels von Piltdown das Bindeglied, das missing link zwischen den Vormenschen und den heutigen Menschen gefunden worden sei, dass also die Wiege der Menschheit in England gestanden habe, dass nur dort ...

Hier unterbricht ihn Veritatikus. Er respektiere natürlich die Tatsache, dass Sir Arthur nach seiner Ankunft hier oben, das sei ja schon 1944 gewesen, von den Ereignissen dort unten in Sachen Piltdown keine Kunde mehr vernommen habe. Das sei auch gut so und diene der Pflege des himmlischen Friedens, stelle andererseits den Grund für die Einrichtung dieser Konferenzen dar, die über Neues informieren sollen, allerdings nicht dogmatisch. Es habe sich als nützlich und auch als ausgleichend erwiesen, Entdeckungen von allen Seiten zu beleuchten, um sie dadurch möglichst ins rechte Licht zu rücken. Genau deshalb aber wolle er ihm empfehlen, sich weiterer Ausführungen zu enthalten und die nächstfolgende Sitzung abzuwarten. Sie solle dem Piltdown-Thema gewidmet werden. Ein verschmitztes Lächeln begleitet seine Worte.

Sir Arthur staunt, scheint ebenso unsicher wie indigniert zu sein, setzt sich kopfschüttelnd, brummelt Unverständliches.

Mit einer einladenden Handbewegung in Richtung Robert Broom bittet Petrus ihn, sein Referat fortzusetzen.

Es sei eigentlich alles Wichtige gesagt, doch könne er nicht umhin, sich über die Uneinsichtigkeit Sir Arthurs zu wundern. Er habe doch dargelegt, dass es weitere Funde von Australopithecinen gegeben habe, für die sämtlich aufgrund der Lage des Hinterhauptlochs der aufrechte Gang auf zwei Beinen bewiesen worden sei. Schon allein dadurch sei die Einordnung in die Reihe der Affen unumstößlich widerlegt und die These Raymond Darts bestätigt worden. Er wolle hier oben keinen Streit vom Zaume brechen, doch sei er diese Richtigstellung seinem Freund schuldig, wofür er um Verständnis bitte.

Das Auditorium hat verstanden, der Beifall scheint herzliche Zustimmung zu signalisieren, den Broom freundlich lächelnd und offensichtlich recht zufrieden entgegennimmt.

Die Piltdown-Affäre

Der Konferenzsaal ist gut besucht. Die erst kürzlich hinzugekommenen Teilnehmer werden herzlich begrüßt, treffen den einen oder anderen Kollegen wieder. Es herrscht eine freundlich-gelöste Stimmung.

Nach einigen einleitenden Worten bittet Petrus Charles Dawson nach vorn, der unverzüglich zu reden beginnt und jenen Tag als Sternstunde für die Paläontologie preist, an dem Kiesgrubenarbeiter aus Piltdown ihm Knochenteile eines menschlichen Schädels gebracht hätten.

Wohl niemand hier oben kann die Situation mit größerer Empathie nachvollziehen als Johann Carl Fuhlrott. Begann die Geschichte im Neandertal doch fast genauso!

Dawson weiter: Er habe zunächst eigene Grabungen durchgeführt, die zusätzliche Knochenfragmente ans Licht gebracht hätten, dann aber den damaligen Kustos am Britischen Naturhistorischen Museum in London, Sir Arthur Smith Woodward – er lächelt ihm zu –, konsultiert und mit ihm gemeinsam die Fundstelle mehrmals genau untersucht. Sie hätten noch etliche Schädelteile, die linke Unterkieferhälfte sowie einige Zähne, darunter solche von Flusspferd und Elefant, ausgegraben.

Er halte es aber für geboten, das Einverständnis Petrus' vorausgesetzt, nunmehr jenen Forscher berichten zu lassen, dem die faszinierende Schädelrekonstruktion aus den einzelnen Fragmenten gelungen sei: Sir Arthur Smith Woodward!

Nach kurzem Blickwechsel mit Petrus, der nickend zustimmt, schreitet Sir Arthur nach vorn und bittet Memoritus und Veritatikus, die Tafel vorzuholen.

Er beginnt zu zeichnen. Es entsteht die Seitenansicht eines modern anmutenden Hirnschädels mit hoher Stirn und ausgeprägtem Hinterkopf, was auf ein relativ großes Hirnvolumen schließen lässt.

Der Gesichtsbereich hingegen erinnert mit den vorspringenden Ober- und Unterkiefern und einem fliehenden Kinn eher an einen affenartigen Vormenschen.

Sir Arthur erläutert seine Rekonstruktion und rückt, nicht ohne einen gewissen Stolz, die Bedeutung für die Menschheitsgeschichte, insbesondere für England, in den Vordergrund.

Dieser Piltdown-Schädel passe am besten in den Evolutionsweg vom affenartigen Geschöpf hin zum modernen Menschen, stelle sozusagen das „missing link", das Bindeglied zwischen beiden dar und beweise, dass für die Menschwerdung die Vergrößerung des Gehirns der alles entscheidende Entwicklungsschritt gewesen und die Umwandlung des Gesichtsschädels erst später erfolgt sei.

Damit aber müsse man England als die Wiege der Menschheit einstufen, denn der Piltdown-Schädel sei wegen seiner klaren Beziehung zu noch affenähnlichen Vorgängern als das älteste Zeugnis eines Urmenschen anzusehen.

Die großen Verdienste Charles Dawsons seien durch die Namengebung „Eoanthropus dawsoni" – also Dawsons Urmensch – sowie durch die Enthüllung eines Denkmals gewürdigt worden. Dessen Inschrift laute:

„Hier im alten Flusskies fand Mr. Charles Dawson, Fellow of the Society of Antiquaries London, FSA, und Fellow of the Geological Society, FGS, 1912 – 1913 den fossilen Schädel des Piltdown-Menschen. Die Entdeckung wurde von Herrn Charles Dawson und Sir Arthur Smith Woodward im Quarterly Journal of the Geological Society 1913 – 1915 beschrieben."

Zögerlicher Beifall, schnell abflauend.

Während Sir Arthur an seinen Platz zurückgeht, bitten Memoritus und Veritatikus Petrus an die Seite und flüstern ihm etwas offenbar Bedeutendes ins Ohr. Jedenfalls wird dessen Miene ernst. Er schaut in die Runde und fragt, ob auch Martin Alster Campbell Hinton anwesend sei.

Der meldet sich mit zögerlich erhobener Hand, steht langsam auf mit zunehmender Blässe.

Er möge doch bitte vortreten und über seine Aufgaben, seine Tätigkeit am Naturhistorischen Museum London berichten.

Der hochgewachsene, auffallend schlanke Hinton, hagere Gesichtszüge, verhärmte Physiognomie, noch immer dunkel gelocktes, volles Haar, begibt sich unsicheren Schrittes zum Rednerpult.

Noch als er tief Luft holt zu seinen ersten Worten, wird er von Veritatikus darauf hingewiesen, dass hier oben nur die reine Wahrheit gesprochen werden dürfe. Das sei zwar allen Teilnehmern bekannt, doch sehe er einen wichtigen Grund zu dieser Ermahnung. Er bitte ihn deshalb sehr herzlich, im Hinblick auf bedenkliche Passagen in seinem Dossier, das er gemeinsam mit Memoritus von jedem Neuankömmling anfertige, so objektiv wie möglich zu referieren.

Hintons Gesichtsfarbe wechselt nach rot, leicht violetter Unterton. Mit einer von schneller Atmung immer wieder unterbrochenen Wortfolge beginnt er zu sprechen.

Er sei 1910 als Lehrling in die Sektion Biologie aufgenommen worden. Sein großes Interesse habe von jeher den fossilen Nagetieren gegolten. Für seine Anstellung am Museum sei es sicher von Nutzen gewesen, dass er schon im Alter von 16 Jahren eine Arbeit über den Einfluss von Eisen- und Mangansalzen auf die Oberflächenveränderung fossiler Knochen, insbesondere im Hinblick auf Verfärbungen, veröffentlicht habe.

Dann sei er im Laufe der Jahre nach dem Assistentenstatus und stellvertretenden Kustos als Zwischenstationen schließlich zum Abteilungsleiter für Zoologie ernannt worden.

Das sei kurzgefasst sein beruflicher Werdegang. Hinton wendet sich vom Pult ab und schickt sich an, wieder an seinen Platz zurückzukehren.

So gehe das aber nicht, interveniert Veritatikus. Diese Sitzung gelte der Piltdown-Affäre, er möge seine Rolle in dieser Sache freimütig schildern. Dies hier oben sei keine Gerichtsverhandlung, es gäbe keinen Kläger, sondern allein an der Wissenschaft interessierte Zuhörer.

Hinton, jetzt wieder leichenblass, bittet um einen Stuhl, das Stehen falle ihm schwer. Nur sitzend könne er alle seine Energie auf die Gedächtnisarbeit konzentrieren.

Seine Worte werden immer wieder von ungläubigen Fragen aus dem Publikum unterbrochen. Die Ausführungen sollen deshalb zusammengefasst wiedergegeben werden.

Folgendes kommt ans gute Licht:

Er habe von Anbeginn einen Platz in der Paläontologie angestrebt. Doch der Chef dieser Abteilung, Sir Arthur Smith Woodward, habe einen Wechsel von der Biologie in die Paläontologie immer wieder zu verhindern gewusst, aus welchen Gründen, sei bis heute unklar, sachliche jedenfalls habe er nie erkennen können.

So sei in ihm der Plan gereift, Sir Arthur einen Streich zu spielen.

Da er zu den Archiven des Museums freien Zugang gehabt habe, sei es für ihn kein Problem gewesen, die dafür erforderlichen Fossilien zu besorgen: den Hirnschädel eines mittelalterlichen Menschen, den er in Teile zerlegt habe, und die neuzeitliche Hälfte eines Orang-Utan-Unterkiefers. Da sie nicht zum Schädel passte, habe er das Kiefergelenk herausgebrochen. Um Schädel und Unterkiefer gleich alt aussehen zu lassen, sei es ratsam gewesen, die Knochen nach Chromsäurebehandlung zum Aufrauen der Oberflächen mit Eisensalzen braun zu färben. Die Backenzähne habe er zuvor herausgelöst, um ihre Form, besonders die der Wurzeln, durch vorsichtiges Feilen den menschlichen Zähnen anzupassen. Er habe auch zwei alte Molaren eines Menschen einsetzen können.

Ferner habe er auf Reste einer fossilen Begleitfauna achten müssen, um die Datierung des Schädels durch den Bezug auf wirklich alte Leitfossilien in die Irre zu führen: Im Archiv sei er auf Zähne eines Flusspferdes aus Malta und eines Elefanten aus Tunesien gestoßen, sämtlich aus dem Pleistozän, etwa 800.000 Jahre alt.

Alles zusammen habe er, nachdem er sich mit einer halben Flasche Whisky den nötigen Mut angetrunken habe, bei Mondenschein in der Kiesgrube vergraben, gut gestreut natürlich. Ihm sei nämlich bekannt gewesen, dass man dort Kies für einen Straßenbau entnehme, sodass das Auffinden nur eine Frage der Zeit sein würde.

Weiter habe er in seinen Plan die Tatsache einbezogen, dass Mr. Dawson als Sammler von Antiquitäten, insbesondere von Ausgrabungen, in der ganzen Gegend bekannt gewesen sei. Zur Beurteilung habe er die ihm angebotenen Objekte regelmäßig Sir Arthur vorgelegt.

Alle seine Überlegungen hätten sich in der Praxis als zutreffend erwiesen. Doch sei der letzte Teil des Possenspiels aus dem Ruder gelaufen.

Er sei fest davon überzeugt gewesen, dass Sir Arthur ohne Schwierigkeiten erkennen würde, dass Schädel und Unterkiefer unmöglich von ein und demselben Individuum stammen konnten.

Aber die ehrenwerten Kollegen aus der Geologischen Gesellschaft, er denke an die Herren Arthur Keith, William Plane Pycraft, Edwin Ray Lancester, Frank Orwell Barlow, Arthur Swayne Underwood und Grafton Elliot Smith, hätten die Rekonstruktion bejubelt. Ihre ungezügelte Fantasie sei mit ihnen durchgegangen und wohl auch durch den Umstand beflügelt worden, dass für den Fortschritt der Wissenschaft dieses hochwillkommene „missing link" gefehlt habe. Dadurch sei aus seinem Streich bitterer Ernst geworden.

Er sehe mit großer Unruhe, die ihn auch nachts auf seinem Lager hin und her werfe, ihm den Schlaf raube, ja mit Ängsten sehe er dem Tage entgegen, an dem man in seiner geheim gehaltenen Hinterlassenschaft im Museum, die er vor seinem Abschied vom Erdendasein nicht mehr habe beseitigen können, wenn man also die Truhe mit den übrigen zurechtgefeilten Zähnen und Knochenteilen finden würde, an denen er Form und Färbung geübt habe. Spätestens dann würde ein Aufschrei die wissenschaftliche Welt erschüttern. Es sei entsetzlich.

An Mr. Dawson und Sir Arthur, die sich das Geständnis blass, zusammengesunken und immer wieder kopfschüttelnd anhören, richtet Hinton schließlich Worte des Bedauerns und der Entschuldigung. Er versichert nochmals, dass er einzig und allein, dass er nicht mehr als einen Streich im Sinne gehabt habe, wenngleich aus nicht gerade edlen Motiven. Heute sehe er ein, dass Rachegelüste miserable Ratgeber seien. Er sei völlig zerknirscht.

Hinton geht langsam, gebeugten Hauptes, jeden Blick zum Auditorium vermeidend, an seinen Platz zurück.

Es herrscht absolute Stille, zu interpretieren als Symptom lähmenden Entsetzens.

Ein Fälscher! Wie der wohl den Einlass hier oben erreicht habe, mag manch einer denken.

Petrus findet als Erster zur Realität zurück und bittet Hinton zu einem Vier-Augen-Gespräch am nächsten Morgen – für den Armen bedeutet diese Einladung sicherlich eine weitere schlaflose Nacht.

Als Petrus sich anschickt, die Sitzung zu schließen, erblickt er noch eine Wortmeldung. Ob das zu allem Überfluss wirklich noch sein müsse?

Nur ein kurzer Hinweis, so Oswald Avery. Er habe kurz vor seiner Abberufung von dort unten gelesen, dass ein englischer Chemiker, ein gewisser Kenneth P. Oakley, eine von ihm entwickelte Methode zur Knochendatierung auf die Piltdown-Funde angewandt habe. Das Verfahren beruhe auf der Analyse des Fluorgehaltes und habe für den Unterkiefer ein geringes, für die Schädelfragmente ein höheres Alter von etwa 500 Jahren ergeben. Nur die „Grabbeigaben", die Zähne von Flusspferd und Elefant, seien als wirklich alt analysiert worden.

Nicht nur Petrus nimmt diese Mitteilung gelassen hin. Die Fassungslosigkeit im Saale ist kaum zu steigern ...

Hans Reck, Louis Leakey und das erste Olduvai-Skelett

Dem Abschluss der dritten Konferenzperiode wird 1972 durch die Berichte und Diskussionen prominenter Teilnehmer ein besonderer Akzent verliehen. Den Auslöser, so Petrus, stelle die Ankunft von Louis Leakey dar, dem Vater einer ganzen Forscherdynastie.

Er bitte zunächst Professor Hans Reck, die Vorgeschichte zu beschreiben.

Neugierige Blicke begleiten den wenig bekannten Geologen und Paläontologen vom Berliner Museum für Naturkunde, als er zum Rednerpult geht. Er wirkt unsicher, schüchtern. Doch dieser Eindruck täuscht.

Jetzt überrascht er zunächst einmal mit der Bitte, man möge auf der Rednerliste den Entdecker der Olduvai-Schlucht vorziehen, denn mit ihm habe ja alles begonnen.

Mit einladender Handbewegung signalisiert Petrus sein Einverständnis. Wilhelm Kattwinkel tritt vor.

Nun, es sei wohl als historische Wahrheit anzusehen, dass er als erster Nichtafrikaner diese Schlucht betreten, sie aufgrund der zahllosen, offen herumliegenden Tierfossilien als vielversprechend für die Paläontologen erkannt habe.

Allerdings, so fährt er schmunzelnd fort, müsse er der Legende entgegentreten, er sei als Schmetterlingssammler unterwegs gewesen, habe bei der Jagd nach einem besonders hübschen Falter plötzlich den Boden unter den Füßen verloren und sei in eine Schlucht gestürzt, in eben jenen Olduvaigraben. In seinem Bericht über die Entdeckung des Zinjanthropus boisei genannten Vormenschen habe Louis Leakey die Story noch dadurch dramatisiert, dass er anfügte, der gefährliche Sturz habe ihn beinahe das Leben gekostet! Das sei nun wirklich schlecht recherchiert gewesen. Die Erfahrung lehre doch, dass ein falsch dargestellter Sachverhalt sich nicht dadurch zur Wahrheit veredeln lasse, dass er von verschiedenen Autoren immer wieder aufgegriffen und wiederholt werde.

Schmunzeln, wohlwollende Heiterkeit.

Wahr sei einzig und allein, dass er sich in seiner Eigenschaft als Professor für Neurologie an der Universität München um die an der Schlafkrankheit leidenden Eingeborenen habe kümmern wollen. Bei dieser durch die Tse-Tse-Fliege Glossina übertragenen Infektion würden sich im Spätstadium lebensbedrohliche Auswirkungen auf das Zentralnervensystem einstellen, deren Symptomatik nur lückenhaft bekannt gewesen sei. Allein in Afrika sei es möglich gewesen, die verschiedenen Krankheitsstadien direkt zu vergleichen und das Ansprechen der Patienten auf die Therapie stadienabhängig zu beobachten. Das vor allem sei der Anlass seiner Expedition gewesen.

Nur zufällig sei er auf die Schlucht aufmerksam geworden. Als er sich darin umgesehen habe, seien ihm die zahlreichen Tierfossilien aufgefallen. Heute wisse man, dass dieser Grabenbruch zu einer Zeit entstanden sei, in der es dort noch einen See gab. Dadurch sei eine reiche Flora und Fauna begünstigt worden, die das heutige Fossilienvorkommen auch von Fischen, Muscheln und Krokodilen erkläre.

Übrigens habe er sich bei den eingeborenen Massai nach dem Namen der Schlucht erkundigt und erfahren, dass sie Oldupai heiße nach dem dort gehäuften Vorkommen der in ihrer Sprache so genannten Sansevieria, einer Sisalpflanze. Aus deren dicken, bis zu eineinhalb Metern langen Blättern würden sich Fasern gewinnen lassen zur Herstellung von Seilen, Körben und der Lendenschurze. Den Namen habe er aber, wohl wegen der eigentümlichen Aussprache „Oldu-pa-í" nicht richtig verstanden und die Schlucht daher in leichter Abwandlung Olduvai genannt.

Kattwinkel bedankt sich fürs Zuhören, freut sich über den Beifall.

Nun aber ist Hans Reck an der Reihe. Er knüpft direkt an Kattwinkels Hinweis auf die Fossilien an und berichtet über die Untersuchung der von ihm nach Berlin gesandten Funde. Zur großen Überraschung seien Knochen des dreizehigen Urahns der heutigen Pferde dabei gewesen, der als Hipparion vor etlichen Millionen Jahren gelebt habe!

In den wissenschaftlichen Kreisen Berlins sei der Bericht über die Fossilien zum Topthema geworden, habe zu Vorschlägen über weitere Untersuchungen geführt. Durch die Vermittlung Kattwinkels sei auch das Interesse des Münchner Geologisch-Paläontologischen Instituts geweckt worden, das mit seinem Museum die gemeinsame Finanzierung und Aufteilung der Funde vereinbart habe. Zusätzliche Spenden der Preußischen Akademie der Wissenschaften und der Gesellschaft Naturforschender Freunde zu Berlin hätten dann 1913 den Start der Expedition ermöglicht. Nach der langen Seereise habe der Landweg über Nairobi und Arusha am Kilimandscharo direkt zur Olduvai-Schlucht in der damaligen Kolonie Deutsch-Ostafrika geführt.

Er habe den Auftrag gehabt, den geologischen Querschnitt Ostafrikas vom Indischen Ozean bis zum Victoriasee aufzunehmen. Als erfreuliche Sonderaufgabe seien Kartografie und Stratigrafie der Olduvai-Schlucht hinzugekommen.

Dieser Grabenbruch, der sich südlich bis nach Malawi erstrecke, sei durch tektonische Verwerfungen entstanden, die noch heute weiterwirkten: Die Ränder der Schlucht würden sich immer noch jährlich um einige Zentimeter mehr voneinander entfernen. Die damalige Druckentlastung der tieferen Erdschichten habe zu starken vulkanischen Aktivitäten geführt. Er wolle nur auf den gewaltigen Ngorongorokrater mit seinem Durchmesser von 20 Kilometern hinweisen.

Die Schlucht ziehe sich mit einer Länge von fast 40 Kilometern, in Nord-Süd-Richtung verlaufend, am Rande der Serengetisteppe durch Ostafrika, so durch das heutige Kenia und durch Tansania. An verschiedenen Stellen hätten sich steile Abhänge von bis zu 100 Metern Tiefe gebildet. Besonders hier seien die verschiedenen geologischen Schichten deutlich voneinander abzugrenzen gewesen. Auf einer basalen Lavabank, die durch die ersten Vulkanausbrüche unmittelbar nach der Grabenbildung abgelagert worden sei, habe er aufsteigend die Schichten I bis V beschreiben können. Es erfülle ihn, dieser Hinweis möge ihm gestattet sein, mit einer gewissen Genugtuung, dass spätere Untersucher diese Stratigrafie bestätigt und seine Einteilung der Horizonte bis heute beibehalten hätten.

Beifall, zögerlich. Man wartet auf den Knackpunkt.

Der aber kommt nun unverzüglich. Seine eingeborenen Helfer hätten ihn eines Abends mit der Nachricht überrascht, ein menschliches Skelett gefunden zu haben. Menschlich? Er habe diese Einschätzung angezweifelt. Zumindest das sei menschlich gewesen.

Nach einer fast schlaflosen Nacht sei er dann schon vor Sonnenaufgang aufgebrochen. Am Fundort habe er es immer noch nicht fassen können: Nachdem sie die hellen Stufen und Bänke des ältesten Profils, der Schicht I, emporgestiegen waren, hätten sie Horizont II erreicht, dunkler als I, weicher, erdiger und daher durch die Erosion teilweise abgetragen, nicht mehr so steil. Und dann habe er seinen Augen nicht getraut: Tatsächlich, ein Menschenskelett! Das überdeckende Erdreich sei am Vortag zwar nur unvollständig abgeräumt worden, doch sei bei ihm mit diesem Anblick jeder Zweifel vollständig ausgeräumt worden.

Ihm sei sofort klar gewesen, dass diese Entdeckung für die Menschheitsgeschichte eine nachhaltige Bedeutung erlangen würde, zumal er diese Schicht II aufgrund der darin an anderen Stellen angetroffenen Leitfossilien ins Diluvium, heute Pleistozän genannt, datieren müsse, dass diesem Horizont in seinem oberen Bereich, in dem das Skelett gelegen habe, also ein Alter von etwas mehr als einer Million Jahre zukomme!

Der Fund sei sodann mit größter Sorgfalt von den Ober- und Seitenschichten befreit und mit Rotlehm in Gummilösung dick einbalsamiert worden. Nach der Erhärtung dieser Mixtur habe man das Skelett heben und auch die Unterseite präparieren können. Durch harzgetränkte Bandagen stabilisiert, habe es anschließend, ohne Schaden zu nehmen, ins Basislager nach Umbulu gebracht werden und weiter die Reise zur Küste und übers Meer antreten können. Nur den Schädel habe er nicht aus der Hand gegeben, der sei in seinem persönlichen Gepäck nach Berlin gekommen.

Im März 1914 habe er den behutsam freipräparierten Schädel den Fachgelehrten vorgestellt. Es hätten 36 Diskussionsredner das Wort ergriffen, aber keine Einigkeit erzielt. Das gleiche Alter von Fund und Fundschicht sei angezweifelt worden, der Schädel sei zu hochentwickelt, zeige Merkmale eines Homo sapiens. Das Bild eines Neandertalerschädels habe wie ein Damoklesschwert über den Teilnehmern gehangen und sei vor den geistigen Augen mit seinem Fossil verglichen worden. Da dürfe niemanden die Quintessenz verwundern.

Raunen, Staunen, Brummeln, Murmeln. Warum denn Rumpf und Gliedmaßen nicht präsentiert worden seien?

Richtig, so Reck weiter, jene Kisten seien mit Verzögerung angekommen, auch dauere das sorgfältige Präparieren seine Zeit. Doch im Mai habe er die zweite Sitzung einberufen können. Das komplette Skelett sowie eine lange Reihe fossiler Tierknochen, aus der Umgebung geborgen, seien ausgebreitet gewesen. Das habe einen tiefen Eindruck nicht verfehlt. Keinerlei Zweifel an der diluvialen Tierwelt, größtenteils zuvor noch nie gesehen, seien laut geworden.

Das Skelett hingegen habe erneut die Ansichten aufeinanderprallen lassen. Als wichtigstes Argument sei wieder der hochentwickelte Schädel genannt worden, sodann der mit einem hohen Alter nur schwerlich in Einklang zu bringende gute Erhaltungszustand des vollständigen Knochengerüsts, seine zusammengekauerte Seitenlage mit den vor das Gesicht geschlagenen Händen – vielleicht doch Indizien für ein jüngeres Begräbnis?

Bei diesem Problem, eigentlich als Kernfrage anzusehen, der Frage also, ob steinalt oder weniger, seien die Meinungen auf- und niedergegangen wie die Tag- und Nachttemperaturen in der Wüste, hätten die Beurteilungen geschwankt wie die Gräser der Serengeti im Steppenwind.

In den folgenden Monaten seien nicht weniger als drei Expeditionen ausgezogen, um an Ort und Stelle in der Olduvai-Schlucht die Fundsituation nachzuprüfen. Aber keine habe ihr Ziel erreicht. Der Ausbruch des Ersten Weltkrieges habe alle zur Umkehr gezwungen, und vom Chaos der Ereignisse sei eine lange Pause diktiert worden.

Erst ein Jahrzehnt nach Kriegsende sei das Thema wieder aktualisiert worden, nämlich durch das Interesse seitens Louis Leakey, den er freundlich begrüßen dürfe.

Louis Seymour Bazett Leakey ist schon während des Reck-Vortrags durch seine Unruhe, seinen offenkundigen Übereifer aufgefallen. Jetzt erhebt er sich, um der Bitte Petrus' um seinen Beitrag zu folgen.

Ja, er habe Anfang 1928 Professor Reck in Berlin besucht. Dort habe er den Olduvai-Fund begutachten können. Die Ähnlichkeit mit dem von ihm im September 1926 auf dem Gelände der Farm Elmenteita in Kenia ausgegrabenen Schädel sei so offensichtlich gewesen, dass er das Recksche Skelett ebenfalls einem frühen Homo sapiens zugeordnet habe. Aus den in der Fundschicht bei der Farm Elmenteita geborgenen Steinwerkzeugen schließe er auf ein Alter von vielleicht 10.000 Jahren.

Dann sei ihm der Gedanke gekommen, die Fundstelle in der Olduvai-Schlucht gemeinsam mit Hans Reck zu untersuchen. Das sei auf freudige Zustimmung gestoßen, und sie beide hätten in den nächsten Tagen eine detaillierte Planung erarbeitet.

Allerdings sei es nicht ganz leicht gewesen, Geldgeber für die Expedition zu finden, das habe gedauert. Doch dann habe er die finanzielle Seite endlich absichern können, sei im Sommer 1931 vorausgereist, um vor Ort alles zu regeln und habe mit Hans Reck das Zusammentreffen in Nairobi für September vereinbart.

Hier wolle er nun nachtragen, dass er zur Zeit der Entdeckung der Schlucht zwar erst acht Jahre alt gewesen sei, aber schon damals alle Steine, die irgendwie anders als üblich aussahen, eingesammelt habe. Da er als Sohn eines britischen Missionar-Ehepaares in Britisch-Ostafrika, dem heutigen Kenia, geboren worden sei, habe er mit Steinen sozusagen von Kindesbeinen an spielen können, habe nach Formen gruppiert und später erkannt, dass darunter von Vormenschen hergestellte Werkzeuge waren, einfache Abschläge von Geröllsteinen zumeist, aber mit scharfer Kante.

Ob er zu den gefundenen Steinartefakten noch Näheres sagen könne?

Alle Köpfe fahren herum. Wer war das? Petrus klärt die Situation: Er halte die Frage von Jacques Boucher de Perthes für recht interessant. Den älteren Teilnehmern sei er ja schon durch seinen Vortrag über die Werkzeugkulturen vom Acheuléen bis zum Aurignacien bekannt.

In aller gebotenen Kürze, so Leakey nun, wolle er den Stand der Erkenntnisse wie folgt skizzieren: Die primitiv gespaltenen Geröllsteine aus der tiefsten Kulturschicht I, als einfache Chopper oder Hackmesser bezeichnet, würden nur *eine* einigermaßen scharfe Kante aufweisen, seien mit Halbkugeln vergleichbar, die wohl zum Schaben und Aufbrechen von Knochen und zum Zerkleinern harter Pflanzennahrung benutzt worden seien. Damit habe vor etwa 2,5 Millionen Jahren die hier „Olduvan-Industrie" genannte Werkzeugherstellung ihren Anfang genommen, ausgeführt von Vertretern der Australopithecinen und wohl auch von Homo habilis.

Die Fertigkeiten hätten sich dann sehr langsam, zunächst nur im Verlauf von mehreren hunderttausend Jahren, verbessert, hätten zu feiner ausgearbeiteten Anfängen von Faustkeilen geführt, anfangs noch mit unregelmäßigen „Zickzack"-

Schneiden. Erst später habe man es verstanden, einigermaßen glatt verlaufende Klingen zu erzeugen.

Wieder Boucher de Perthes: Ob diese zeitliche Folge zwingend sei? Schließlich sei in jüngster Zeit von den Messerfabrikanten die eben „Zickzack" genannte Schneide als vorteilhafte Neuerung angepriesen worden, man könne also durchaus sagen, das Schneiden mit Wellenschliff sei schneidiger ...

Dankbare Heiterkeit. Jede Auflockerung wird begrüßt, ist hochwillkommen.

Leakey fährt lächelnd fort: Sodann sei die Entwicklung der handwerklichen Fertigkeiten im Horizont II aus dem oberen Pleistozän, entsprechend der Zeit vor 1,8 bis 1,5 Millionen Jahren, deutlich geworden, einer Zeit, in der sich das beginnende Acheuléen stellenweise bereits mit der Olduvankultur überschnitten habe: An die Stelle von Lavageröll sei als Werkstoff Quarzit getreten, ein sehr hartes Gestein, aus dem spitze Faustkeile mit fein ausgestalteten, symmetrischen Rändern gefertigt worden seien, daneben Schaber mit bogenförmiger sowie Faustmeißel mit gerader Schneide. Diese Werkzeuge seien charakteristisch für die altsteinzeitliche Endphase bis vor etwa 1,5 Millionen Jahren. Wie später noch zu berichten sein werde, habe sein Sohn Jonathan den Hersteller dieser Steingeräte, einen Frühmenschen, 1960 in der Olduvai-Schlucht ausgegraben. Man habe ihn dieser Fertigkeiten wegen Homo habilis, den „geschickten", genannt.

Wenn dieser steinreiche Exkurs dem verehrten Publikum ausreiche – kein Widerspruch, nur das nicht, denkt mancher mit bangem Blick hinüber zu Boucher de Perthes –, würde er jetzt gern über die Expedition mit Hans Reck berichten.

Diese Reise in die Olduvai-Schlucht habe dem vorrangigen Ziel gedient, den Skelettfundort genau zu untersuchen. Außer ihm und Hans Reck habe noch der Paläontologe Arthur T. Hopwood vom Britischen Museum London teilgenommen sowie Dr. Teale, Direktor der Geologischen Landesanstalt Tanganjikas.

Um es kurz zu machen: Nach äußerst gründlichen, ja peniblen Inspektionen der Fundstelle, die jeder für sich unternommen habe, seien alle zu der Überzeugung gelangt, dass das Skelett in die Schicht II gehöre, dass diese und die jüngeren Schichten darüber völlig intakt seien und die ungestörten Horizonte somit eine Begräbnissituation absolut ausschließen würden.

Beifall, endlich klare Worte!

Doch leider lässt das gefürchtete Wörtchen „aber" nicht lange auf sich warten. Leakey kratzt sich, jetzt deutlich verlegen, hinter dem Ohr, atmet mehrmals tief durch, bevor er verunsichert fortfährt:

Es sei in späteren Diskussionen, wie schon seinerzeit in Berlin, der gute Erhaltungszustand des Skeletts und die markanten Schädelmerkmale wie vor allem die fehlenden Überaugenwülste, die hohe Stirn und das positive Kinn in den Vordergrund gerückt worden, die auf einen Homo sapiens hingewiesen hätten. Hinzugekommen sei die Tatsache, dass die Eingeborenen in der Epoche des Aurignacien, wie durch die begleitenden Steinwerkzeuge habe datiert werden können, ihre Toten in dieser „Embryonalhaltung", der kauernden Seitenlage, beerdigt hätten. So habe man sich allen Ergebnissen der stratigrafischen Analyse zum Trotz schließlich auf eine analoge Situation geeinigt und gehe jetzt von einer etwa 30.000 Jahre alten Bestattung aus.

Hier nun greift Charles Darwin ein.

Er sei befremdet über einen solchen Sinneswandel allein aufgrund von Indizien. Wenn es weiterhin zutreffe, dass Schicht II als ungestört zu betrachten sei, wie es die subtile Untersuchung durch immerhin vier Experten ergeben hätte, so habe diese Beurteilung das höhere Gewicht. Denn es sei unzulässig, Tatsachen zu ignorieren, dadurch zu „Nicht-Tatsachen" zu verdrehen, nur weil die logischen Folgerungen aus der Anerkennung dieser Tatsachen zu etwas nicht Erklärbarem führen würden. Zulässig allein sei es, so entstandene Rätsel so lange bestehen zu lassen, bis neue Erkenntnisse ihre Lösung ermöglichen würden. Nur dann blieben Tatsachen das, was sie seien, was sie kompromisslos bleiben müssten, nämlich unumstößliche Wahrheiten. Dies sei immer noch sein Credo, wie es sich in allen seinen Publikationen widerspiegle.

Großer Applaus. Ja, der Alte hat recht. Was nicht sicher ist, muss als unbewiesen eingestuft werden.

Auch Hans Reck spendet respektvoll Beifall, fängt den Ball auf: Genau das sei immer auch seine Maxime bei der wissenschaftlichen Arbeit gewesen, und er habe nur zögerlich, nicht wirklich überzeugt, seinen Namen mit unter die spätere „Publikation der Kehrtwende" gesetzt. Ausschlaggebend aber seien neue Fakten gewesen: Man habe durch Vergleich von Bodenproben aus den Schichten III und IV mit der Skelettmatrix, also dem anhaftenden Erdmaterial, den Schluss ziehen müssen, dass das Skelett mit diesen jüngeren Schichten Kontakt gehabt habe. Bei Nachuntersuchungen in der weiteren Umgebung des Fundortes habe sich gezeigt, dass tektonische Prozesse den Horizont II im Bereich des Skeletts bis nahe an die Oberfläche gehoben hätten, erkennbar an den mit großer Unregelmäßigkeit verlaufenden Materialschichtungen. Die Schichten III und IV seien dadurch seitlich abgedrängt worden, sodass Schicht II nur noch von relativ dünnen Resten dieser jüngeren Horizonte überzogen worden sei. Darüber habe sich später der Horizont V aus Staubtuff und dem oberflächlichen Steppenkalk der Serengeti abgelagert. Demnach sei nicht das Skelett in die Schicht II „eingedrungen", wie zunächst vermutet worden sei, sondern umgekehrt sei dieser Horizont der aktive Partner gewesen, indem er bei seiner Aufwärtsbewegung das Skelett sozusagen „eingefangen" habe. Seine gemeinsam mit Leakey und anderen durchgeführte Untersuchung habe diese Verhältnisse nicht erkennen können, weil sie sich unmittelbar auf die Fundstelle konzentriert hätten.

Ungläubiges Staunen, Achselzucken. Manchem Zuhörer klingt das reichlich konstruiert, hat zu sehr den Anschein einer Verlegenheitslösung.

Ein weiterer Grund für sein Umdenken, so Reck weiter, seien die Untersuchungsergebnisse der beiden Münchner Anthropologen Professor Theodor Mollison und seines Mitarbeiters Wilhelm Gieseler gewesen, die das Alter in ihren sehr sorgfältigen Untersuchungen von 1929 als zeitgleich mit dem Magdalénien, also auf etwa 15.000 Jahre, aber eben nicht wesentlich älter, datiert hätten. Diese Publikationen seien ihm leider erst nach der Rückkehr von seiner zweiten Reise bekannt geworden, etwa 1932.

Heute aber könne er dieses Thema mit dem Hinweis auf Kenneth P. Oakley beenden, der hier oben durch seine Fluoridanalyse von 1953, die zur Entlarvung der Piltdown-Fälschung beigetragen habe, bestens bekannt sei. Er habe das Skelett vom Radiokarbon-Labor der Universität Californiens in Los Angeles untersuchen lassen. Dort sei es gelungen, aus Kollagenresten der Knochen das Alter auf 17.000 Jahre zu bestimmen. Damit sei, er sage das mit großer Erleichterung, eine wirklich plausible Übereinstimmung mit den anatomischen Merkmalen eines Homo sapiens hergestellt worden, das Rätsel also gelöst.

Erneut unterbricht Boucher de Perthes mit der Frage, was das eben erwähnte Radiocarbon-Labor genau geleistet habe. Datierungen seien nun einmal seine Leidenschaft, fügt er entschuldigend hinzu.

Hans Reck wiegt den Kopf, räuspert sich. Da werde ein noch ziemlich neues Forschungsgebiet angesprochen, von dem auch er erst hier oben in Gesprächen mit jüngeren Experten Näheres erfahren habe. Das Prinzip wolle er kurz schildern.

Nach seiner Kenntnis habe ein gewisser Willard Frank Libby diese radiochemische Methode zur Datierung von organischem Material um 1950 entwickelt und sei dafür 1960 mit dem Nobelpreis geehrt worden. Es gehe um folgende Fakten: In der hohen Atmosphäre würden durch die kosmische Ultrastrahlung Stickstoff-Atome umgewandelt in das Kohlenstoff-Isotop C-14, das sich dann auch im atmosphärischen Kohlendioxid wiederfinde, wenn auch in einem sehr geringen, aber doch ziemlich konstanten Prozentsatz. Dieses C-14-Kohlendioxid werde nun genauso wie das normale CO_2 bei der Photosynthese der Pflanzen in Zucker und Zellulose eingebaut, gelange über die Nahrungskette auch in tierische Organismen.

Nach deren Ableben könnten nun keine weiteren Isotope mehr aufgenommen werden, die im Gewebe befindlichen würden nach und nach zerfallen. Aus dieser Abnahme als Funktion der Zeit lasse sich auf den Todeszeitpunkt zurückrechnen. Dabei lege man die Halbwertszeit von 5.730 Jahren zugrunde, das sei die Zeitspanne, in der der C-14-Gehalt auf die Hälfte des ursprünglichen Anteils am Gesamt-Kohlenstoff gefallen sei.

Diese Methode könne also bei organischen Resten wie Holzkohle oder Knochen eingesetzt werden. Allerdings sei der C-14-Anteil nach der zehnfachen Halbwertszeit so minimal, dass hier die Grenze des Verfahrens liege. Es könne also nur bei Substanzen bis zu einem Alter von etwa 60.000 Jahren angewendet werden. Das zuvor diskutierte Olduvai-Skelett habe demnach zuverlässig datiert werden können.

Schweigende Pause. Die Zuhörer scheinen recht beeindruckt zu sein. Oder überfordert?

Doch zum Nachdenken bleibt keine Zeit. Hans Reck wendet sich mit gerunzelter Stirn an Louis Leakey. Er habe ihn von Anbeginn als einen Freund gesehen und sei deshalb in besonderem Maße enttäuscht angesichts der Erkenntnis, dass Leakey in seiner stark beachteten Publikation von 1960 über den „Frühesten Menschen der Welt", in der er die Entdeckung des Zinjanthropus boisei, des „Nussknackermenschen", durch seine Frau Mary 1959 schildere, das erste Olduvaiskelett von 1913 nicht erwähne. Zwar könne man lesen, dass die Schlucht 1911 von Wilhelm Kattwinkel entdeckt worden sei und sein „old friend" Hans Reck Expeditionen dorthin geleitet und dass er, Leakey, an der zweiten teilgenommen habe, über das Skelett jedoch enthalte der immerhin 16 Seiten lange Bericht kein Sterbenswörtchen. Es sei doch wohl unbestreitbar, dass vor allem durch diesen spektakulären Fund die Aufmerksamkeit der Paläontologen auf die Olduvai-Schlucht gelenkt worden und mit dem Skelett und den schon von Kattwinkel geborgenen Fossilien die Hoffnung auf weitere archäologische Schätze geweckt worden sei. Er könne das Verschweigen so wichtiger Wahrheiten nicht nachvollziehen. Es entstehe leider der Argwohn, dass Louis Leakey die Schlucht als Fundgrube von Zeugen der Menschheitsgeschichte allein für sich und seine Familie habe in Besitz nehmen, sie habe usurpieren wollen. Die weitere Geschichte der Entdeckungen bestärke ihn in seiner Einschätzung. Aber es gelte doch wohl immer noch die selbstverständliche Regel, dass man Forschungsgebiete nicht pachten könne. Er jedenfalls halte dies für unangreifbar, obwohl er mit Bedauern den einen oder anderen Fall einer Umgehung dieses Prinzips habe beobachten müssen.

Alle Blicke richten sich auf Leakey. Was er dazu erwidern wolle?

Es bleibe ihm nur die Versicherung, dass er in seiner Begeisterung über den Fund des Zinjanthropus das erste Skelett schlicht außer Acht gelassen, ja vergessen habe. Heute sehe er ein, dass er einen bedauerlichen Fehler gemacht habe, eigentlich sogar zwei, denn wer einen Fehler begehe und ihn nicht korrigiere, begehe einen zweiten! Er müsse sich dafür aus tiefstem Herzen entschuldigen und bitte seinen „old friend", diese Entschuldigung anzunehmen. Er verstehe Hans Recks Enttäuschung, der ein Fairplay verdient gehabt hätte. Dabei verbeugt er sich in dessen Richtung.

Hans Reck geht auf ihn zu, legt beide Hände auf seine Schultern, schaut ihm in die Augen. Und ganz leise, nur Louis Leakey kann ihn verstehen, flüstert er ihm zu, er möge doch sein Gesicht zur Sonne wenden, auf dass er die Schatten hinter sich fallen lasse ...

Früheste Kunstwerke: Statuetten und Höhlenmalerei

Die Konferenz zu diesem Thema ist immer wieder verschoben worden, immer wieder entschied sich Petrus für die Besprechung von Fortschritten mit größerer Aktualität, über die von Neuankömmlingen berichtet wurde.

Nun aber soll Versäumtes nachgeholt werden. Schon seit 1961 weilt der Abbé Henri Breuil dort oben in der Mitte der Paläontologen und Prähistoriker, wartet auf sein Startsignal. Jetzt ist es da.

Das Auditorium erhofft sich von diesem Vortrag detaillierte Ausführungen über die Erforschung der erstaunlichen Wandmalereien in eiszeitlichen Höhlen. Aber Breuil beginnt mit der Zeit der Steinbearbeitung, mit der Altsteinzeit.

Er habe genügend Gelegenheit gehabt, mit seinen Kollegen Jacques Boucher de Perthes, Édouard Lartet und Gabriel de Mortillet zu diskutieren, habe zum damaligen Referat über Faustkeile einiges an Neuem nachzutragen. Schließlich hätten die inzwischen vergangenen Jahrzehnte manche Erkenntnis ans Licht gebracht – hilfreich auch für seine persönliche Beurteilung dieses Fachgebietes. Der diesbezügliche Fortschritt habe auch ihn davon überzeugt, wenn auch spät, dass allein die gestaltende Menschenhand als Schöpferin der Steinartefakte zu betrachten sei, obwohl er zunächst an die Spaltung von Feuersteinen durch extremen Erddruck geglaubt habe. Doch das Studium der im Laufe der Zeit zusammengetragenen Objekte habe ihn schließlich bewogen, von seiner Eolithen-Theorie abzurücken. Sie sei ein Irrtum gewesen.

Raunen, wiegende Köpfe. Man erinnert sich: Der Abbé galt in diesem Punkte lange Zeit als Sturkopf. Dass er nunmehr freimütig sein Umdenken gesteht, wird ihm positiv angerechnet. Er hätte seine überholte Theorie auch einfach übergehen können.

Breuil beginnt nun mit einem Hinweis auf die von Louis Leakey in der Olduvai-Schlucht gefundenen Geröllwerkzeuge, die durch primitive Bearbeitung, durch Abtrennung kleiner Kanten zu den als Chopper oder Pebble Tools bezeichneten einseitig scharfen Schabern umgestaltet worden seien. Diese Geräte bezeichne man nach ihrem ersten Fundort als Olduvan-Kultur oder auch Olduvan-Industrie. Sie hätten dort im ältesten Horizont gelegen, seien demnach nicht ganz 2 Millionen Jahre alt. Sehr ähnliche Schaber dieser Art mit einem Alter von immerhin 2,6 Millionen Jahren habe man 1968 in Äthiopien geborgen, sie folgerichtig dem Olduvan zugeordnet. Das Erstaunliche, das kaum Nachvollziehbare sehe er nun in der Tatsache, dass diese Urform der Steinwerkzeuge über eine ganze Million, er betone, eine lange Million von Jahren, überhaupt nicht weiterentwickelt worden sei. Wenn man als deren Erfinder vor allem Vertreter der Gattungen Australopithecus und Paranthropus ansehe, die derartige Geröllschaber in der Zeit zwischen 2,5 und 2 Millionen Jahren benutzten, so sei diese Tradition fortgesetzt worden von Homo habilis und Homo ergaster bis hin zur Wendemarke vor 1,5 Millionen Jahren.

Mit der Entwicklung des Homo ergaster zum Homo erectus, verbunden mit einer deutlichen Zunahme des Gehirnvolumens, habe die Acheuléen-Epoche ihren Anfang genommen, wieder benannt nach dem ersten Fundort ihrer Produkte, dem Dorf Saint-Acheul bei Amiens. Diese Technik habe zweiseitige Faustkeile, bifazial genannt, mit zunehmend feinerer Bearbeitung hervorgebracht sowie reichlich Abschläge, die als Schaber benutzt worden seien. Während der langen Epoche von 1,5 Millionen Jahren bis vor 200.000 Jahren habe es deutliche Fortschritte in der Ausgestaltung der Werkzeuge gegeben. Lanzettförmige Faustkeile mit geradlinigen Seitenkanten sowie feinste Spitzen und Bohrer wolle er als wichtige Beispiele nennen.

Die älteste Phase der europäischen Faustkeilkultur sei übrigens anfangs als das Abbevilléen bezeichnet worden. Diesen Namen verwende man heute nicht mehr, da dieser Zeitabschnitt vom Acheuléen miterfasst werde.

Breuil wendet sich zur Tafel. Er wolle seine Zuhörer nicht mit einem Zahlengewitter aus der Fassung bringen und schlage daher vor, die Steingeräte-Epochen tabellarisch darzustellen. Da die zeitliche Zuordnung der gleich zu besprechenden Kleinkunst und der Höhlenmalerei vorrangig durch Bezug auf die Werkzeuggestaltung habe erfolgen müssen, sei die folgende Einteilung der Altsteinzeit von didaktischem Nutzen. Und schon schreibt er:

<u>Altpaläolithikum:</u>
Olduvan 2,5 bis 1,5 Millionen Jahre (Geröllschaber)
Acheuléen 1,5 bis 0,2 Millionen Jahre (Faustkeile)
<u>Mittelpaläolithikum:</u>
Moustérien 200.000 bis 40.000 Jahre (fein gearbeitete Abschläge, Levallois-Technik, daneben noch Faustkeile, besonders schlank gearbeitet)
<u>Jungpaläolithikum:</u>
(in ihrer Perfektion fortschreitende Klingentechnologie, zunehmend dünnere und schärfere Schneiden, zweiseitig als Pfeilspitzen) mit folgenden Abschnitten:
Aurignacien 40.000 bis 28.000 Jahre vor uns
Gravettien 28.000 bis 22.000 Jahre
Solutréen 22.000 bis 18.000 Jahre
Magdalénien 18.000 bis 12.000 Jahre

An diese letzte altsteinzeitliche Epoche habe sich dann das Neolithikum, die Jungsteinzeit, mit ihrer neolithischen Revolution, der Sesshaftigkeit mit Ackerbau und Viehzucht, angeschlossen, bis vor 8.000 Jahren mit der ersten Kupferschmelze in Anatolien das Metallzeitalter eingeläutet worden sei.

Vor dem Hintergrund aller dieser Epochen wolle er nun die geistig-kulturelle Evolution ins gute Licht rücken, Leistungen, die erst vom modernen Homo sapiens vollbracht worden seien, in Europa also vor weniger als 35.000 Jahren. Durch die neu entstandenen und zunehmend gefestigten sozialen Strukturen, das Miteinander und Füreinander in Gruppen mit einer Aufteilung der verschiedenen Arbeiten seien diese Aufgaben nicht nur effektiver erledigt worden, sondern es hätten sich Spezialisten herauskristallisieren können. Talente hätten sich auf ihre individuellen Neigungen und Fähigkeiten konzentrieren, sich mit Dingen beschäftigen können, die zum Überleben nicht zwingend erforderlich gewesen seien, schönen Dingen eben.

Die Archäologie habe von den so entstandenen Kleinkunstwerken sicherlich erst einen kleinen Teil geborgen. Was noch auf seine Entdeckung warte, wisse niemand.

Als Ordnungsprinzip wolle er das Alter der jeweiligen Funde beibehalten.

Einen Augenblick, bitte, wirft Édouard Lartet ein. Nach dem bisher Gesagten sei doch wohl die Frage zu diskutieren, ob man nicht auch den fein gearbeiteten Steinwerkzeugen ein künstlerisches Attribut zubilligen müsse, obwohl sie „nur" zum Zwecke des täglichen Gebrauchs gefertigt worden seien.

Das sei in der Tat ein interessanter Aspekt, meint der Abbé. Zwar müsse nicht jede zweckgerichtete handwerkliche Fertigkeit ein Kunstwerk hervorbringen, Beispiele für Versager gebe es schließlich genügend, doch sei es sicher richtig, in Sonderfällen eine solche glückliche Fügung zu sehen. Dabei denke er an die ästhetisch schönen Faustkeile des ausgehenden Acheuléen, die so fein gearbeitet worden seien, dass die Bedeutung ihrer Form über die der reinen Funktion hinausgehe. Und weiter müsse man hier die überaus sorgfältig, ja perfekt gearbeiteten Holzspeere von Schöningen einbeziehen, die vor immerhin 400.000 Jahren von geschickten Vertretern der thüringischen Landsmannschaft des Homo heidelbergensis gefertigt worden seien. Dies gelte ebenso für die zeitgleich entstandenen Ziergravuren auf Knochen, die man in Bilzingsleben entdeckt habe.

Wenn also der Zweck, der Grund für das Erschaffen eines Gegenstands in die Betrachtung einbezogen werde, so seien letztlich alle Kleinkunstwerke, die er jetzt vorstellen wolle, keineswegs zweckfrei.

So eröffneten die ältesten Stücke interessante Einblicke in die Glaubenswelt der Menschen des Jungpaläolithikums, ließen auf ihre Ängste ebenso schließen wie auf Ehrfurcht und Vertrauen in die Wirksamkeit von Geisterbeschwörungen. Dabei hätten das Jagdglück sowie Sexualität und Fruchtbarkeit eine vorrangige Rolle gespielt.

Die frühesten Zeugnisse von der überragenden Bedeutung, die der Fortpflanzung zugemessen worden sei, bestünden aus 33.000 Jahre alten Ritzzeichnungen von Vulva-Symbolen, so in Felswänden der Dordogne, oder aus Venusstatuetten wie die der berühmten Venus von Willendorf, nur 10 Zentimeter groß, aus Kalkstein geschnitten, mit riesigen Brüsten und gebärfreudigem Becken. Hinweisen wolle er hier auf weitere Venusdarstellungen, Figuren, die aus gebranntem Ton geknetet, aus Marmor gemeißelt oder aus Elfenbein geschnitzt worden seien wie die wunderschöne Venus aus Brassempouy, deren Gesicht der Künstler fein herausmodelliert habe. Auch das auf der schwäbischen Alb geborgene ästhetisch ansprechende kleine Mammut aus Elfenbein sowie eine ähnliche, mit Ritzornamenten verzierte Mammutfigur aus Vogelherd, beide mit 30.000 Jahren wohl die ältesten Funde dieser Art, gehörten hierher. Die übrigen seien mit bis zu 23.000 Jahren etwas jünger einzustufen. Obwohl in den verschiedensten Regionen entstanden, würden viele dieser Produkte geistiger Aktivitäten belegen, dass die Sexualität neben der Jagd ein überaus wichtiges Thema gewesen sei. Daran habe sich wohl bis heute weltweit nichts geändert, eher verlagert zur Jagd auf Sexualität.

Untauglicher Versuch unter den Zuhörern, wehmütiges Erinnern durch verlegenes Schmunzeln zu überspielen.

Abbé Breuil mimt den Unbefangenen, beeilt sich mit einer Ablenkung, die ihm aber gründlich misslingt: Auch die auf der schwäbischen Alb gefundene steinerne Phallusnachbildung sei hier noch zu erwähnen, stolze 20 Zentimeter lang, 28.000 Jahre alt.

Jetzt endlich zur Jagd. Gravierungen und Zeichnungen von Wisent, Hirsch, Steinbock, Mammut und anderen schwierig zu erlegenden Beutetieren habe man auf Knochen und an Höhlenwänden entdeckt, Indizien dafür, dass der Gedanke an die lebenserhaltende, aber auch lebensgefährliche Beschaffung hochwertiger Nahrung diese Menschen nicht losgelassen habe.

Damit sei er nun bei seiner großen Leidenschaft angelangt, bei der Faszination, die für ihn von der Höhlenmalerei ausgehe. Für ihn habe das alles im Jahre 1901 begonnen, als er zusammen mit Freunden in den Höhlen im Tal der Dordogne, er nenne nur Font de Gaume und Les Combarelles, Wandmalereien entdeckt habe, offensichtlich geschaffen von den Cro-Magnon-Menschen, den nach ihrem Fundort so benannten damaligen Bewohnern dieser Region. Die Kunde sei rasch verbreitet worden, bis nach Spanien gelangt und habe 1902 zu einer Einladung nach Altamira geführt. Die dort schon 1879 entdeckten Höhlenbilder, die bevorzugt mehrfarbig ausgemalte Wisente dargestellt hätten, seien aber bis dato völlig falsch interpretiert worden. Erst die frappierende Ähnlichkeit mit den Wand- und Deckengemälden der Dordogne-Höhlen habe zu ihrer richtigen Einordnung geführt. Er selbst habe darüber in vergleichenden Betrachtungen mehrere Studien publiziert. Alle diese Kunstwerke seien vor 17.000 bis 12.000 Jahren entstanden, also dem Magdalénien zuzuschreiben.

Und dann schließlich der ganz große Paukenschlag. Spielende Jungen hätten 1940 zufällig einen Zugang zur Höhle von Lascaux gefunden, seien hineingekrochen und hätten ihn über das Gesehene benachrichtigt. So sei er in die glückliche Lage versetzt worden, als erster Prähistoriker die Kunstwerke untersuchen, beschreiben und abzeichnen zu dürfen und ihnen Namen zu geben. Allen damals jagdbaren Tieren sei ein unsterbliches Denkmal gesetzt worden, entweder mehrfarbig ausgemalt, als Silhouetten oder in reinen Umrisszeichnungen, die natürlich ein besonderes Geschick erfordert hätten, da Korrekturen nur schwerlich möglich gewesen wären. Mit der Darstellung galoppierender Pferde oder eines schnaubend angreifenden Wisents hätten die Künstler vor 14.000 Jahren den Tieren offenbar Leben einhauchen wollen, seien einer Vision tatsächlicher Bewegung gefolgt.

In den langen Jahren, in denen er sich intensiv mit den Höhlenbildern beschäftigt habe, sei seine Überzeugung gereift und gefestigt worden, dass sie als Ausdruck eines mit geheimen Mächten verbundenen Jagdzaubers zu interpretieren seien, kultischen Zeremonien gedient hätten. Dies sei auch deshalb naheliegend, weil das Jagdglück von existentieller Bedeutung gewesen sei, die Jagd voller tödlicher Risiken für den Jäger.

Damit wolle er dieses Thema, obwohl aus seiner Sicht schier unerschöpflich, hier abschließen, er stehe aber gern für spezielle Fragen zur Verfügung, auch nach der Sitzung.

Doch halt, fast habe er den frühen Schmuck vergessen. So habe man im Vorderen Orient perforierte Muscheln mit einem Alter von immerhin 100.000 Jahren gefunden, sie seien wahrscheinlich zu Halsketten aufgefädelt gewesen, ebenso wie die in der Blombos-Höhle Südafrikas geborgenen 41 durchbohrten Schneckenhäuser. Von diesen kleinen, lediglich erbsengroßen, perlenähnlichen Schalen seien nur Exemplare gleicher Größe verwendet worden. Ihr Alter habe man auf 75.000 Jahre bestimmt. Die Ketten der Cro-Magnon-Menschen hingegen seien aus Elfenbein oder bunten Steinen, rund geschliffen zu Perlen, gefertigt worden, die sie auch als Armreifen getragen hätten.

Für rituelle Zeremonien seien die Körper mit Mineralfarben aus Ocker, Eisenoxiden und Manganerde, wie sie in den Höhlen überliefert seien, angemalt worden. Klänge der aus Schwanenknochen hergestellten Flöten hätten derartigen Kulthandlungen den besonderen Zauber, vielleicht bis zur Ekstase, verliehen. Doch alle Melodien seien längst vertönt, könnten nur vermutet, nur in der Fantasie des Einzelnen wiederbelebt werden …

Der Abbé wirkt nachdenklich, ist zweifellos erschöpft. Der wohlverdiente Beifall aber muntert ihn auf, dankbares Lächeln. Vom angebotenen Zweiergespräch für Spezielles macht niemand Gebrauch. Es reicht wieder einmal.

Mit dem Licht kam die Erleuchtung

Dieser Abschnitt endet im Jahre 2009 mit den Erkenntnissen der jüngsten Epoche. Dreihundert Jahre früher, 1707, hat der Keim des Evolutionsgedankens mit der Geburt zweier Forscher das Licht der Welt erblickt: George Louis Buffon formulierte mit seiner Absage an alles Starre in der belebten Natur als Erster eine Entwicklungstheorie, Carl von Linné stellte Menschen und Affen als „Primaten", als die am höchsten entwickelten Lebewesen, nebeneinander an die Spitze seiner Systematik.

Der weite Bogen spannt sich bis in die Gegenwart. Immer wieder wird die inzwischen als Tatsache anerkannte Evolution durch neue Entdeckungen gefestigt und bestätigt. Insbesondere die molekulare Genetik hat mit ihren Beiträgen die Fachwelt in Staunen versetzt.

Schon 1935 werden mit der berühmten „Drei-Männer-Arbeit" von Nikolai Timoféeff-Ressowsky, Karl Günter Zimmer und Max Delbrück „Über die Natur der Genmutation und der Genstruktur" die Pionierleistungen von Thomas H. Morgan und Hermann J. Muller fortgesetzt. Dieser markante Meilenstein wird als der Beginn der Molekularbiologie angesehen.

Dann Joshua Lederberg, der die Neukombination von Genen bei der Bakterienkonjugation nachweisen konnte sowie den als Transduktion bezeichneten Gentransfer zwischen Bakterien, bei dem Phagen als Vehikel fungieren.

Joshua Lederberg teilte sich den Nobelpreis 1958 mit Edward L. Tatum und George W. Beadle. Ihre Untersuchungen an Pilzen ließen den Schluss zu, dass für die Synthese eines einzelnen Proteins, meist eines Enzyms, jeweils nur ein einziges Gen codiert: Die „Ein-Gen-Ein-Enzym-Hypothese" beleuchtet wichtige molekulare Kausalzusammenhänge.

Auch Severo Ochoa und Arthur Kornberg (Nobelpreis 1959) haben mit der Isolierung jener hochspeziellen Enzyme, die die Synthese der Nukleinsäuren katalysieren (RNS- und DNS-Polymerasen), Einblicke in die Wirkungsweise der Gene ermöglicht.

Mithilfe der RNS-Polymerase gelang Heinrich Matthaei 1961 die Proteinsynthese im Reagenzglas. Dieses „bedeutendste Experiment des 20. Jahrhunderts", das die Basis für die Entzifferung des genetischen Codes schuf, führte er allein im Labor von Marshall Nirenberg durch, der dafür 1968 den Nobelpreis allein erhielt, ohne Matthaei einzubeziehen – eine von etlichen nicht nachvollziehbaren Entscheidungen des Stockholmer Komitees.

Für die Enträtselung der bei der Proteinsynthese wirksamen Steuerungsmechanismen durch An- oder Abschalten der Aktivitäten von Promotoren und Repressoren sowie die Klärung der komplizierten Informationsübermittlung durch die messenger-RNS von der Kern-DNS zum Ort der Proteinsynthese an den zytoplasmatischen Ribosomen erhalten Jacques Monod, François Jacob und André Lwoff 1965 den Nobelpreis.

Schließlich diese hohe Auszeichnung 1969 für Max Delbrück, Alfred Hershey und Salvador Luria. Ihre genialen Experimente mit Bakteriophagen bringen Licht in die genetischen Strukturen und die Abläufe bei der Replikation nicht nur dieser Viren.

Alle diese Fortschritte haben es ermöglicht, in mühevoller Kleinarbeit die molekulare Genstruktur aufzuklären, die Art und Zahl der Nukleotidbasen eines Gens sowie deren Reihenfolge zu bestimmen. Durch die Sequenzanalyse der DNS-Basen aller 23 Chromosomen des haploiden Zellbestands konnte das gesamte menschliche Genom entziffert werden. Die Vergleiche unter den Menschen selbst führten zu den Ursachen von Erbkrankheiten, zu den dafür verantwortlichen Defekten bestimmter Gene.

Auch der Verwandtschaftsgrad mit Tieren ließ sich jetzt unabhängig von anatomischen Vergleichen exakter und auch für die in der Evolution weit vor uns entstandenen Säuger bestimmen. Das Schimpansen-Genom ist zu 98,7 %, das der Maus schon zu 80 % mit dem menschlichen identisch!

Im Jahre 1995 wird ein Forscher-Trio mit dem Nobelpreis geehrt, das ein Thema der zwanziger Jahre, nämlich die schon von Spemann bearbeitete Frage nach der Steuerung der Embryonalentwicklung, aufgegriffen und in entscheidenden Punkten geklärt hat: Edward B. Lewis, Christiane Nüsslein-Volhard und Eric F. Wieschaus analysieren den Organisator-Effekt und die Anordnung und Funktionsweise von Entwicklungsgenen.

Alle diese Erkenntnisse tragen wesentlich zur Erweiterung und Festigung der „Synthetischen Theorie der biologischen Evolution" bei, die dessen Hauptvertreter Ernst Mayr in einem großartigen Referat erläutert.

Dem faszinierenden Thema der Vor-, Ur- und Frühmenschen werden weitere Abschnitte gewidmet. Nachdem im Mai 2009 Erkenntnisse über einen 47 Millionen alten Uraffen aus der Grube Messel veröffentlicht worden sind, bedarf es einer Korrektur der bisher diskutierten Daten über das Alter der Primaten und damit über den letzten gemeinsamen Vorfahr von Schimpansen und Menschen.

Auch die Daten der Wanderungsbewegungen „Out of Africa" werden durch genetische Untersuchungen flankierend gestützt: Die Nachkommen der ersten Auswanderungswelle mit Homo ergaster und der zweiten mit Homo erectus im Zeitraum zwischen zwei Millionen Jahren und einer Million starben sämtlich aus. Die heutige Menschheit stammt von jenen Auswanderern ab, die als frühe Vertreter des Homo sapiens ab etwa 100.000 Jahren vor uns die Kontinente eroberten. Sie alle tragen als Siegel ihrer Herkunft „Evas Mitochondrien" in ihren Zellen.

Mitschurin und Lyssenko: Irrlehren stützen Ideologien

Kurz vor der Weihnachtsfeier im Jahre 1976 stellt Petrus der Jahresabschluss-Konferenz den Redner dieser Sitzung vor: Theodosius Dobzhansky. Das Thema für diese Sitzung sei deshalb aktuell, weil kürzlich ein gewisser Trofim D. Lyssenko sein Leben dort unten beendet habe.

Dobzhansky, noch im Zarenreich geboren, habe unter dem nachfolgenden Regime der Sowjetunion das Studium der Biologie absolviert, schon 1924 mit der Fruchtfliege Drosophila experimentiert, sich für Darwins Deszendenztheorie begeistert.

Seine herausragende Rolle für deren Weiterentwicklung zur „Synthetischen Theorie der Biologischen Evolution" solle heute noch nicht thematisiert werden, das habe Zeit, bis auch der bedeutende Mitinitiator dieser Synthese von Genetik und Evolution, Ernst Mayr, hier oben gehört werden könne.

Petrus bittet den Referenten, seine Erfahrungen mit Lyssenko, seine Gedanken zum Lyssenkoismus, über dessen Auswirkungen in theoretischer und ökonomischer Hinsicht, darzulegen.

Theodosius Dobzhansky, hochgewachsen, sympathische Gesichtszüge, gewinnendes Lächeln, geht behänden Schrittes nach vorn, verbeugt sich vor Petrus und dem Auditorium.

Ja, er habe in Kiew Biologie studiert und schon dort den Kommilitonen Trofim Denissowitsch Lyssenko kennengelernt, der einige der auch von ihm besuchten Vorlesungen und Seminare belegt habe.

Eines Tages seien sie wegen seiner Anerkennung Darwins hart aneinandergeraten, hätten in einer höchst unerfreulichen Auseinandersetzung gestritten, weit entfernt von jeder Streitkultur. Dabei habe sich Lyssenko als bedingungsloser Gefolgsmann, als kompromissloser Verehrer Mitschurins bezeichnet.

Zu diesem Sachverhalt sei wohl eine Erläuterung nützlich. Der Botaniker Iwan Wladimirowitsch Mitschurin habe mit Erfolg, das müsse betont werden, mit Erfolg also frostresistente Obstsorten gezüchtet. Dieser für die tiefen Wintertemperaturen Russlands bedeutsame Fortschritt sei aber von der zaristischen Bürokratie nicht erkannt und somit auch nicht gefördert worden.

Erst nach der Oktoberrevolution von 1917 habe Mitschurin die für eine Fortsetzung seiner Versuche erforderlichen Mittel erhalten, nachdem es ihm gelungen sei, Lenin persönlich von der Bedeutung seiner Züchtungen für Landwirtschaft und Ernährung zu überzeugen. Nach Lenins Tod 1924 habe dann Josef Stalin, damals noch Generalsekretär des Zentralkomitees, die Versuche weiterhin unterstützt.

Dies zur Charakterisierung des politischen Umfeldes vorausgeschickt, komme er nun auf des Pudels Kern zu sprechen. Mitschurin habe seine Züchtungserfolge, deren unbestreitbares Gelingen in der Praxis, mit der unhaltbaren theoretischen Begründung erklärt, dass Obstsämlinge sich an die klimatischen Bedingungen bei Keimung und Wachstum anpassen, dass die später verwendeten Pfropfpartner ebenfalls ihren Anteil zur Frostresistenz beitragen würden. Die durch diese vegetative Hybridisierung erzielten Eigenschaften habe Mitschurin für erblich gehalten. Seine Ergebnisse habe er als Beweis dafür angesehen, dass es zur Züchtung neuer Sorten keinerlei Mendel-Regeln bedürfe: Die Einwirkung von Umweltfaktoren allein sei prägend. Die so induzierten neuen Eigenschaften würden auf die Nachkommen vererbt. Dieses Dogma sei von den Parteifunktionären mit Begeisterung aufgegriffen und auf die

Soziologie übertragen, zur offiziellen Lehre erklärt worden, habe die Ideologie des marxistischen Leninismus gestützt.

Nachdem Josef Stalin in den Jahren nach Lenins Tod alle Konkurrenten durch Auftragsmorde oder Gefängnishaft habe beseitigen können, sei er ab 1927 der uneingeschränkt befehlende Diktator geworden. Um diese Zeit sei dann die Stunde Lyssenkos gekommen, der nicht zuletzt durch die Fürsprache seines Lehrers Mitschurin die Gunst Stalins habe erschleichen können.

Kern seiner perfiden Strategie sei es geworden, die wirklich wissenschaftlich arbeitenden Genetiker auszuschalten. Sein Renommee als Leiter des Saatzuchtinstituts in Odessa, dann des Instituts für Genetik der Akademie der Wissenschaften – man beachte den frivolen Etikettenschwindel – sowie seine konsequent aufgebauten Kontakte zum sowjetischen Geheimdienst NKWD hätten es ihm ermöglicht, Kritiker mundtot zu machen, sie in die berüchtigten Straflager, die Gulags, deportieren zu lassen oder auch in den Tod zu schicken wie beispielsweise den Biologen Nikolai Iwanowitsch Wawilow.

Er selbst, so Dobzhansky weiter, sei wegen seiner Drosophila-Versuche, deren Bedeutung für die Genetik und damit für die Menschheit geflissentlich negiert worden sei, als „Fliegenliebhaber und Menschenhasser" denunziert worden und habe es daher vorgezogen, nach Amerika zu emigrieren. Das sei wohl eine lebensrettende Entscheidung gewesen.

Beifall, verhalten. Das Auditorium scheint wie gelähmt, verfolgt den Bericht mit Entsetzen, denkt an den nahezu zeitgleichen Exodus bedeutender Wissenschaftler aus Hitler-Deutschland, an die Konzentrationslager mit ihren Millionen unschuldiger Opfer.

Dobzhansky unterbricht diese Gedanken mit der Ankündigung, dass er mit den politisch willkommenen, ja geforderten Kernsätzen der Lehre Lyssenkos zum Schluss kommen wolle. Er habe behauptet, dass Vererbung eine Eigenschaft des gesamten Organismus sei, habe die Existenz diskreter Erbfaktoren, der Gene, bestritten. Deshalb seien die durch Umwelteınflüsse auf den Gesamtorganismus bewirkten Veränderungen erblich. Für die Getreidezucht folge daraus, dass sich schon allein durch Klimafaktoren Winterformen in Sommerformen umwandeln lassen würden. Dieses als „Vernalisation" bezeichnete Verfahren erlaube die Aussaat von Weizen schon im zeitigen Frühjahr, sodass drei- bis vierfache Ernten eingefahren werden könnten.

Das sei natürlich gründlich misslungen, es habe eine Missernte nach der anderen gegeben, Millionen Menschen seien verhungert. Doch Lyssenko habe diese „Pannen" stets auf Sabotage, auf Rache durch die zur Kollektivierung gezwungenen Bauern zurückgeführt. Trotz seiner durch die Praxis als abstrus entlarvten Theorien habe er mehrfach den Leninorden erhalten, denn das von ihm weiterentwickelte Mitschurin-Dogma, die Umgebung forme den Organismus, sei von den Partei-Ideologen als Beweis für die Richtigkeit der sozialistischen Basis des Marxismus-Leninismus gelobt worden. Insofern habe Lyssenko seine Theorie gar nicht ändern können, sie sei gefordert worden. Das habe letztlich zur Kontrolle der Wissenschaft durch die Politik geführt. Diese Überwachung, dieses Festlegen von „wissenschaftlichen Tatsachen" durch eine daran interessierte übergeordnete Macht oder eine einflussreiche Organisation werde heute allgemein als „Lyssenkoismus" bezeichnet.

Hier meldet sich Julian Huxley, ein Enkel des Darwin-Verteidigers Thomas Henry Huxley, nicht minder couragiert als sein Großvater.

Er habe im Jahre 1931 die Sowjetunion besucht und auch Lyssenko getroffen. Anfangs sei er von seinen Berichten über die erstaunlichen Erfolge der Getreidezüchtungen und allgemein der Planwirtschaft beeindruckt worden. Doch die zunächst nur geschickt verschleiert angedeutete, später zur bedrückenden Gewissheit gewordene Verweigerung der Menschenrechte habe ihn schnell zum Umdenken veranlasst. Das gelte insbesondere für die geschickt und mit rhetorischer Überzeugungskraft, für die mit einer begnadeten Eloquenz vorgetragenen Züchtungsergebnisse Lyssenkos, den er heute als talentierten Schauspieler, als einen Scharlatan ansehen müsse. Allerdings sei ihre Begegnung keineswegs spannungsfrei verlaufen. Nach abfälligen Bemerkungen seines Gastgebers über den „reaktionären Mendelismus und Morganismus" seien sie aneinandergeraten. Der Abschied sei so kühl gewesen, dass ihm eine „Vernalisation" recht gut bekommen wäre.

Schmunzelnd setzt sich Huxley wieder. Das Auditorium schmunzelt mit, dankbar für die kleine Auflockerung.

Dobzhansky fährt fort mit der Bemerkung, dass er nur noch einen kleinen Nachtrag zum Lyssenkoismus anfügen wolle, den er sinngemäß bereits als das Unterordnen wissenschaftlicher Erkenntnis unter die Wunschvorstellungen der Politik vorgestellt habe. Als beunruhigende Vorstufe wolle er den „Kreationismus" nennen, worunter man das Bestreben konservativer Kreise vor allem in den USA verstehe, die Evolutionslehre im Biologieunterricht abzuschaffen und sie durch die Schöpfungsgeschichte der Bibel zu ersetzen.

Dobzhansky verbeugt sich. Noch in den Applaus hinein beginnt Petrus seine abschließenden Worte.

Nach allem Gehörten könne man Herrn Lyssenko weder das Testat hoher Intelligenz noch das Testat eines schändlichen Charakters verwehren. Damit seien die Voraussetzungen erfüllt gewesen für das eigene Überleben trotz eigener Verbrechen, trotz der Millionen Hungertoten nach den von ihm herbeigeführten Missernten, trotz der erbarmungslosen Ausschaltung kritischer Genetiker. Er werte es als ein Zeichen spezieller Intelligenz, dass Lyssenko es unterlassen habe, hier oben anzuklopfen. Vielmehr habe er ohne diese Umleitung den direkten Weg ins Höllenfeuer angetreten.

Wohin wohl sonst, mag der eine oder andere gedacht haben. Diese Sitzung hat allen auf erschütternd eindringliche Weise bewusst gemacht, dass die Freiheit des Geistes, der Gedanken, der Wissenschaft und Forschung zum höchsten Gut der Menschheit zählt, die Würde des Menschen berührt. Aber immer noch und immer wieder löst Bildung, löst ein weise formuliertes freies Wort mit feinsinniger Pointe Argwohn aus, wird als Gefahr angesehen von Regierungschefs, Ministern oder anderen, die mit recht übersichtlichem geistigem Niveau den Triumph des Mittelmaßes verkörpern und ihre Positionen oft peinlichen Zufallsmehrheiten verdanken. Noch immer scheint eine Warnung aus dunkler Zeit ihre uneingeschränkte Gültigkeit bewahrt zu haben, dass nämlich „Bibliotheken gefährliche Brutstätten des Geistes" seien ...

Anfänge der molekularen Genetik

Wieder einmal diskutieren Petrus und seine Assistenten über die Thematik der nächsten Konferenz. Nachdem Max Delbrück als Referent zur Verfügung steht, fällt die erste Wahl auf ihn, wenn auch nach längeren Überlegungen.

Welche Forschungsmethoden, welche Erkenntnisse fallen unter den Begriff „Molekulare Genetik"? Hätte man ihn schon bei der Erörterung der DNS-Doppelhelix anwenden dürfen? Immerhin sei man damit auf die molekulare Ebene vorgestoßen, habe die DNS-Ketten als Matrix der Erbinformation in ihrer Molekülstruktur aufgeklärt.

Das sei nicht unbedingt ein Kriterium, wendet der messerscharf denkende Veritatikus ein, denn der Aufbau der Desoxyribonukleinsäure aus vier verschiedenen Nukleotidbasen sage noch nichts aus über Wirkungsweise und Länge jener Kettenabschnitte, die eine bestimmte genetische Information repräsentierten. Es komme jetzt darauf an, diese Fragen zu beleuchten, Struktur und Funktion der Gene aufzuklären.

Mit diesem klaren Programm ist das Thema der nächsten Sitzung umrissen. Petrus wird Max Delbrück im Vorgespräch bitten, die Ergebnisse auch anderer Forscher in seinem Referat zu berücksichtigen. Dabei denke er an die Nobelpreisträger von 1958, an Joshua Lederberg, George W. Beadle und Edward L. Tatum sowie außerdem an Alfred D. Hershey und Salvador E. Luria, mit denen er, Delbrück, sich den Nobelpreis zu je einem Drittel geteilt habe.

In der Überzeugung, damit ein attraktives Konzept aufgestellt zu haben, schickt Petrus den Himmelsboten Caenuntius auf seine Runde, um alle an der Genetik Interessierten einzuladen.

Dann ist es so weit. Petrus stellt den Redner kurz vor. Max Delbrück, weißes, aber noch volles Haupthaar, dazu kontrastierend eine große, dunkel umrandete Brille, ergreift das Wort, bedankt sich zunächst.

Als junger Student sei er durch einen Vortrag des Atomphysikers Niels Bohr, der 1922 für seine Quantentheorie der Atome den Nobelpreis erhalten habe, für die Biologie interessiert worden. Jawohl, Biologie! Bohr habe nämlich über einen möglichen Zusammenhang von „Licht und Leben" gesprochen und die Frage in den Raum gestellt, ob nicht zwischen Leben und Atomphysik ein ähnlich komplementäres Verhältnis bestehe wie zwischen Welle und Teilchen. Das klinge sicher sehr theoretisch, aber es sei für ihn Anlass genug gewesen, sich mit einer Synthese von Physik und Biologie gründlich zu beschäftigen. So sei der Gedanke entstanden, dass nicht nur tote Materie aus Atomverbänden bestehe, sondern auch das Lebende mit der Besonderheit, dass hier auf molekularer Ebene ständig sinnvolle, für den Organismus essentielle Reaktionen zwischen Atomen und Molekülen abliefen, die als Stoffwechsel das entscheidende Kriterium aller Lebewesen darstellten. Mit diesen Überlegungen sei die Verknüpfung von tot und lebendig, von Physik und Biologie bereits greifbar geworden.

Darüber habe er zusammen mit Nikolai W. Timoféeff-Ressowsky und Karl Günther Zimmer in der 1935 erschienenen Publikation „Über die Natur der Genmutation und Genstruktur" etliche experimentelle Ergebnisse und daraus abgeleitete theoretische Denkansätze vorgestellt. Er freue sich, den Mentor dieser Arbeit, seinen Freund und Kollegen Nikolai, hier oben wiederzusehen.

Der Angesprochene erhebt sich, langsam, es bereitet ihm Mühe. Noch während des Beifalls setzt er sich wieder. Delbrück nimmt dies zum Anlass, den geschwächten Gesundheitszustand zu erklären.

Sein Freund habe von 1930 bis 1945 die Abteilung „Experimentelle Genetik" am damaligen Kaiser-Wilhelm-Institut für Hirnforschung in Berlin-Buch geleitet. Leider habe er sich vor der Besetzung Berlins durch die Rote Armee nicht mehr in Sicherheit bringen können, sei wegen Kollaboration mit den Nazis verhaftet und nach Russland deportiert worden. Bei seinem Prozess habe natürlich der immer noch regierende Lyssenkoismus das Urteil für den „reaktionären Genetiker" besonders hart ausfallen lassen, ein Urteil, das schon allein im Grundsatz nicht nur völlig ungerechtfertigt gewesen sei, sondern auch mit dem Strafmaß von zehn Jahren Arbeitslager die Menschenrechte verhöhnt habe. Von den in dieser langen Zeit erlittenen gesundheitlichen Schäden habe sich sein Freund nie mehr erholen können.

Betretenes Schweigen, Entsetzen, Mitgefühl.

Delbrück lenkt ab, fährt fort: Die Fachwelt sei sich darin einig gewesen, dass jene „Drei-Männer-Arbeit" von 1935 die Ära der Molekularbiologie, speziell der molekularen Genetik, eingeläutet habe.

Aus den durch Röntgenbestrahlung erzeugten Mutanten der Fruchtfliege Drosophila habe eine lineare Dosis-Wirkung-Beziehung abgeleitet werden können; eine Verdoppelung der Strahlendosis beispielsweise habe auch die Zahl der Mutanten verdoppelt, die halbe Dosis habe sie halbiert. Weiter sei es möglich geworden, aus den physikalischen Strahlendaten und ihrer Trefferquote die Größe eines Gens abzuschätzen, das auf diesem Wege als ein Molekül aus etwa eintausend Atomen definiert worden sei. Daraus habe man in komplizierten Berechnungen auch die Zahl der Gene, ihre Dichte pro Chromosomenabschnitt eingrenzen können.

Alle diese Ergebnisse, diese Folgerung sei erlaubt, könnten als ein wichtiges Argument für die Richtigkeit der Entschei-

dung angesehen werden, eine biophysikalische Forschungsrichtung zu etablieren.
Beifall, nicht gerade üppig. Wohl auch deshalb, weil diese Erkenntnisse, die letztlich eine logische Weiterentwicklung der Drosophila-Versuche von Thomas Hunt Morgan und später auch von Hermann J. Muller darstellten, in den letzten Jahrzehnten zum Allgemeinwissen geworden sind. Was also ist wirklich neu?
Delbrück nutzt die Unterbrechung zu einem kurzen Nachtrag, weist auf seine Mitwirkung bei Phagenversuchen hin. Dieses Forschungsgebiet sei allerdings von einem seiner Kollegen mit größerem Erfolg bearbeitet worden. Er denke an Joshuan Lederberg. Der habe Interessantes zur Funktion und Struktur der Gene durch seine subtilen Untersuchungen an Mikroorganismen herausgefunden.
Nachdem Oswald Avery 1944 mit seinem berühmten Pneumokokken-Experiment ebenso wie zeitlich parallel Gerhard Schramm mit seinen Untersuchungen am Tabak-Mosaik-Virus habe nachweisen können, dass die genetische Information von den Nukleinsäuren weitergegeben werde und nicht, wie zuvor vermutet, von Proteinen, habe sich Lederberg ebenfalls zur Forschung an Mikroorganismen entschlossen. Es sei ihm zusammen mit Edward Lawrie Tatum der Nachweis gelungen, dass Bakterien sich nicht einfach durch Zweiteilung nach Verdopplung ihres ringförmigen Chromosoms vermehrten, sondern dass sehr wohl eine Sexualität existiere: Bakterien seien geschlechtlich verschieden, würden sich paaren, könnten in dieser als Konjugation bezeichneten Phase Erbfaktoren austauschen und somit neu verteilen, wobei die gleichen Mechanismen abliefen wie bei der Neukombination durch Chromosomen-Stückaustausch.
Dann habe Lederberg mit Bakteriophagen experimentiert und nachweisen können, dass diese Viren nach ihrer Freisetzung aus dem Wirtsbakterium Teile dessen Genbestands auf die neu infizierten Bakterien übertrügen. Diesen Prozess habe

er Transduktion genannt und sei mit deren Erklärung in die erste Reihe der Molekulargenetiker aufgerückt.

Hier müsse er nun noch einen wichtigen Nachtrag zu Edward Tatum anfügen, der nämlich außer mit Lederberg auch mit George Wells Beadle zusammengearbeitet habe. In dessen Labor sei der Schimmelpilz Neurospora das Versuchsobjekt gewesen. Die Pilzsporen habe man einer Röntgenbestrahlung ausgesetzt und auf diesem bewährten Wege Mutationen erzeugt. Das Pfiffige sei nun darin zu sehen, dass Beadle und Tatum in Pilzkulturen aus bestrahlten Sporen, die mit normalen verglichen worden seien, verschiedene Enzyme untersucht hätten, die spezielle Stoffwechselleistungen katalysiert hätten wie zum Beispiel den Abbau von Traubenzucker. Er wolle es kurz machen: Bei einigen Pilzmutanten seien bestimmte Enzymdefekte aufgetreten, wichtige Substrate hätten nicht mehr umgesetzt werden können. Genaue Analysen hätten den Schluss zugelassen, dass die Synthese *eines* Enzyms von *einem* Gen gesteuert werde, die Zerstörung eines solchen Gens also die Synthese des zugehörigen Gens verhindere. Dieses wichtige Ergebnis sei als „Ein-Gen-Ein-Enzym-Hypothese" zu einem Meilenstein der molekularen Genetik geworden.

„Ursuppe" und chemische Evolution

Bei der Vorbesprechung für das nächste Kolloquium, auf dem Petrus beim großen Thema Genetik bleiben möchte, wirft der pfiffige Veritatikus die Frage nach der chemischen Evolution auf. Es sei doch im Hinblick auf die gerade abgehandelte molekulare Genetik ein sicher dankbares Unterfangen, die Entstehung der ersten Biomoleküle zu erörtern.

Dafür eigne sich wohl am ehesten der amerikanische Chemiker Urey, der schon 1934 den Nobelpreis für die Entdeckung des Deuteriums, des schweren Wasserstoffs, erhalten habe. Neben der Erforschung von Isotopen sei für die Evolution allerdings seine Beschäftigung mit der Entstehung der Planeten und deren Uratmosphären im Augenblick wichtiger.

Petrus lässt Caenuntius alle Interessierten zur nächsten Sitzung einladen, das Thema bleibe aber geheim, solle eine Überraschung werden.

Die gelingt perfekt, als Petrus den Referenten, Professor Harald Clayton Urey, vorstellt, dort oben kaum bekannt.

Urey, unter Kollegen wegen seiner präzisen und zielgerichteten Ausführungen geschätzt, kommt ohne Umschweife auf die als Miller-Urey-Experiment in die Geschichte eingegangene Versuchsanordnung zu sprechen.

Er habe 1953 seinem Studenten Stanley Lloyd Miller vorgeschlagen, die Atmosphäre unserer Erde nach ihrer Abkühlung vor etwa vier Milliarden Jahren im Labor nachzuahmen. Dazu seien in einer geschlossenen Apparatur Gemische aus Wasser, Wasserstoff, Methan, Ammoniak, Kohlendioxid und Stickstoff bzw. nitrosen Gasen erhitzt und in einen Kreislauf gebracht worden. Die Gewitterblitze seien durch elektrische Entladungen mit wunderbaren Funkenbögen simuliert worden.

Es hätten sich schon nach wenigen Tagen organische Verbindungen nachweisen lassen, verschieden je nach der in getrennten Versuchen gewählten Zusammensetzung der Atmosphäre, aber im Endresultat seien Aminosäuren, Harnstoff, Zucker, Fettsäuren und sogar die Nukleotidbase Adenin in der als „Ursuppe" berühmt gewordenen Mischung vorhanden gewesen.

Staunen, Beifall, Zwischenfrage: Ob es richtig sei, dass kein Sauerstoff zugefügt wurde? Oder sei dieser Punkt überhört worden?

Nein, das sei völlig korrekt und sehr wichtig, danke, denn die Uratmosphäre habe noch keinen Sauerstoff enthalten. Das aber sei für die Entstehung von Biomolekülen eher ein Vorteil gewesen, denn wegen des somit auch fehlenden Ozongürtels sei die ultraviolette Strahlung ungehindert auf die Erde getroffen. Diese zusätzliche Energiezufuhr habe den Start chemischer Reaktionen begünstigt. Weiter habe es einen Nutzen für erste Biomoleküle bedeutet, dass sie von oxidativer Zerstörung verschont geblieben seien.

Er müsse aber noch anfügen, kurz und knapp, dass weitere organische Substanzen durch Eintrag aus dem Weltraum importiert worden seien. Das sei durch den Nachweis von Kohlenstoffverbindungen und sogar von Lipiden in Meteoritengestein unbestreitbare Tatsache geworden. Als dritter Faktor kämen noch die zahlreichen Unterwasser-Vulkane hinzu, brodelnden Hexenküchen gleich, in denen auf heißen Mineraloberflächen mit Katalysator-Effekt die zusätzliche Synthese vor allem von Schwefelverbindungen möglich geworden sei.

Über die Entstehung des ersten Lebens, einem seiner Forschungsgebiete, sei zu vermuten, dass die in dreieinhalb Milliarden alten Gesteinen gefundenen Abdrücke von Urorganismen, bakterienartigen Zellreihen ähnlich, Vorläufer von echten Einzelzellen gewesen seien. Allerdings gebe es davon ebenso wie von ersten Mehrzellern keine Fossilfunde, jedenfalls noch nicht. Dennoch sei ihre damalige Existenz als Basis für die Weiterentwicklung des ersten Lebens zwingend vorauszusetzen, so für die vor etwa zwei Milliarden Jahren nachweisbar vorhanden gewesenen Bakterien, von denen die Cyanobakterien das Chlorophyll erfunden hätten und mit dessen Hilfe aus Sonnenlicht, Kohlendioxid und Wasser erstmals Traubenzucker synthetisieren konnten. Den bei dieser Reaktion als Nebenprodukt freiwerdenden Sauerstoff hätten sie nach außen abgegeben, sodass vor etwa 2,5 Milliarden Jahren die Atmosphäre über einen ersten Sauerstoffanteil verfügt habe. Durch den Beitrag der später in gewaltigen Mengen im Meer gewachsenen Algenarten habe dann der Sauerstoffgehalt der Atmosphäre so weit zugenommen, dass vor etwa 570 Millionen Jahren erste wirbellose Urtiere leben konnten.

Damit, so Urey abschließend, glaube er seine Aufgabe erledigt zu haben. Dankend nimmt er den verdienten Beifall entgegen.

Das Auditorium ist begeistert. Klare Aussagen, für jeden verständlich. So also sieht der Anfang aus, so die Entstehung des Lebens. Und war da nicht von Adenin die Rede, bekannt als Baustein der Nukleinsäuren?

Auch Petrus hat dieses Stichwort im Ohr, überlegt kurz und lädt das gutgelaunte Auditorium zur nächsten Sitzung ein. Schon in einer Woche solle auf Basis des eben Gehörten über einen Schlüsselmechanismus in der Biologie gesprochen werden, über die geniale Funktionsweise des genetischen Codes, die Umsetzung der als Erbfaktoren gespeicherten Merkmale eines jeden Individuums mithilfe der Enzyme.

Enzyme? Memoritus reagiert wie elektrisiert. Da habe er noch ein Bonbon in seinem Archiv. Er bittet das Auditorium um einen Augenblick Geduld.

Schon nach wenigen Minuten schwenkt er freudig ein Papier, sieht Anlass zu einer kurzen Erklärung: Zur Vorbereitung auf die nächste Sitzung halte er es für hilfreich, schon heute die Funktion der Enzyme zu charakterisieren. Man nenne sie ja auch Biokatalysatoren und wolle damit zum Ausdruck bringen, dass sie hochspezifisch und gezielt biochemische Reaktionen beschleunigen würden, die ohne ihre Einwirkung Ewigkeiten dauern würden. Damit sei kein Enzymverschleiß verbunden, denn es gehöre zum Charakteristikum eines Katalysators, dass er wirke, ohne sich zu verbrauchen. Ohne Enzymaktivität sei kein Stoffwechsel, sei kein Leben möglich. Diese speziellen Proteine hätten deshalb schon bei der Entstehung der allerersten Lebewesen mitgewirkt, zählten zu den ersten Biomolekülen.

Das alles und noch mehr sei einmal von einem Enzymforscher in netten kleinen Versen besungen worden. Zwar erscheine ihm manche Formulierung sehr speziell, aber es sei nicht unbedingt nötig, jede Einzelheit zu verstehen. Er sei sicher, dass das Auditorium trotzdem seinen Spaß daran haben werde:

Als einst zu Lande und im Meer
die Erde war von Leben leer,
entstand in Wolken voller Blitze,
also in feuchtem Gas und Hitze,
die erste Säurekollektion
mit einer NH_2-Funktion:
Es hatte jedes Molekül
Aminorest und Carboxyl.

Dies traf sich deshalb so vorzüglich,
weil beide Gruppen höchstvergnüglich
begannen bald das Reagieren,
um zum Peptid zu kondensieren.
Die Kette wuchs zum Protein
mit einer Alpha-Helix hin,
die sich im Raum noch mehrmals knickte,
bis ein Enzym die Welt erblickte.

Hier muss man nun zur Klärung sagen,
dass es kein Protein kann wagen,
sich arrogant Enzym zu nennen,
wenn nicht Substrate landen können.
Als Teil der Tertiärstruktur
wird zum aktiven Zentrum nur
die schmale, eng begrenzte Bucht,
die das Spezialsubstrat sich sucht.

Dadurch gelingt es ohne Müh',
die Aktivierungsenergie
vom hohen Ross herabzuheben,
den Reaktionsstart freizugeben:
Nur im Enzym-Substrat-Komplex
die Reaktion läuft wie verhext!
Was sonst in Wochen nicht will gehen,
ist jetzt sekundenschnell geschehn.

Hierüber sagt die Wechselzahl,
wie viel Substrat von Fall zu Fall
pro Molekül Enzym und Zeit
vom Umsatzschicksal wird ereilt.
Danach wird das Produkt sofort
entfernt von seinem Bildungsort:
Es tritt mit allergrößter Schnelle
ein frisches Teil an seine Stelle.

So wird in jeweils zarter Bindung
(dies ist ein Kernpunkt der Erfindung)
sehr viel Substrat rasch umgesetzt
und keinesfalls Enzym verletzt,
von dem deshalb schon Mini-Mengen
die Reaktion zum Ablauf drängen.
Die Wirkung also, das ist typisch,
vollzieht sich einfach katalytisch!

In diesem Umstand liegt begründet,
wodurch man die Enzyme findet.
Denn ist erst einmal hergestellt,
was dem Enzym recht gut gefällt,
zum Beispiel Wärme und pH,
und ist Substrat genügend da,
entfaltet es Aktivität,
die zu erkennen man versteht.

Ein sehr präzises Messverfahren
entdeckte WARBURG schon vor Jahren:
Die Extinktionen im UV
entsprachen immer ganz genau
den Mengen an NADH,
durch die das Licht gekommen war,
sodass man Extinktion verliert,
wenn ein Enzym Substrat hydriert.

Natürlich war es nicht ganz leicht
(und manchem Forscher hat's gereicht
zu Doktorgrad und andren Ehren),
das Wissen ständig zu vermehren.
Denn ohne Enzymologie
bleibt alles Leben Theorie,
weil Gene können nur gestalten,
wenn die Enzyme hilfreich walten.

Fröhlicher Applaus brandet auf, die ohnehin lockere Stimmung kulminiert zu ungewohnter Heiterkeit, man lacht, klopft sich gegenseitig auf die Schultern, bittet Memoritus um Kopien dieser sinnigen Verse. Erst nach dessen Zusage beginnt sich der Konferenzsaal zu leeren, langsam, in kleinen schmunzelnden Gruppen. In der Tat, solche Konferenzen sollte es häufiger geben. Das Leben da unten war ernst genug ...

Der genetische Code – einzige Konstante in der Evolution

Petrus bittet Severo Ochoa an das Rednerpult. Dies sei der Mann, dem zusammen mit Arthur Kornberg der Nobelpreis 1959 deshalb zuerkannt worden sei, weil die beiden 1955 als Erste jene Enzyme isolieren konnten, die die Synthesen der Nukleinsäuren RNS und DNS katalysierten. Ohne diese Enzyme wäre die Entschlüsselung der biochemischen Vorgänge bei der Umsetzung der genetischen Information nicht möglich geworden.
   Severo Ochoa, kräftige Statur, weißhaarig über hoher Stirn, nickt freundlich Zustimmung.
   Er komme gleich auf seine Forschungen zu sprechen, wolle aber vorab darauf hinweisen, dass die ersten Erkenntnisse zur Funktionsweise der Gene an Pflanzenviren, nämlich dem Tabakmosaikvirus (TMV), erarbeitet worden seien.

Schon 1944 sei Gerhard Schramm, wie hier oben bereits an anderer Stelle geschildert, der Nachweis gelungen, dass die Nukleinsäure dieser Viren, hier der RNS, als infektiöses Agens fungiere. Nur die RNS dringe in die Zelle ein, das Hüllprotein werde abgestreift und bleibe an der Zellwand hängen.

In den folgenden Jahren habe sich die Arbeitsgruppe in Tübingen mit Gerhard Schramm, Heinz-Günter Wittmann, Alfred Gierer und K. W. Mundry sowie zeitlich parallel in Berkeley das Team Akira Tsugita und Heinz Fraenkel-Conrat mit dem Virus befasst. Beide Forschergruppen hätten nahezu identische Versuche durchgeführt mit folgenden Ergebnissen:

Die Eiweißhülle des TMV werde von einem Protein aus 158 Aminosäuren gebildet. Deren Sequenz sei aufgeklärt worden. Man sei dann von der berechtigten Annahme ausgegangen, dass Art und Abfolge der Aminosäuren von der Virus-RNS codiert, also festgelegt würden. Hier müsse er noch daran erinnern, dass in der RNS die Nukleotidbase Uracil an die Stelle des DNS-Bausteins Thymin trete.

Nun habe man durch behutsame Einwirkung chemischer Agenzien auf die RNS bestimmte Nukleotidbasen verändern können. So sei beispielsweise das Cytosin durch salpetrige Säure zu Uracil umgewandelt worden, ähnlich Adenin zu Guanin. Durch diese Mutationen seien Änderungen in der Zusammensetzung des Hüllproteins ausgelöst worden. Damit sei der Nachweis gelungen, dass die in der Basenfolge codierte genetische Information die Proteinsynthese steuere. Mehr noch: Die durch Nitrit herbeigeführte größere Uracil- und Guaninhäufigkeit in der RNS habe zum vermehrten Einbau vor allem der Aminosäuren Cystein, Leucin, Glycin und Valin in das Hüllprotein geführt. Dies sei der Anfang der Entzifferung des genetischen Codes gewesen, eine erste Antwort auf die Frage, welche Nukleotidbasen den Einbau welcher Aminosäuren bestimmten.

Nun gehe es um folgende Überlegung: Wenn die Sequenzen von vier Basen, in der DNS also Adenin, Thymin, Cytosin und Guanin, den Zugriff auf jeweils eine der zwanzig Aminosäuren, nämlich auf die in der Reihenfolge der Proteinsynthese nächste steuern würden, wie könne dann das Schlüsselwort, das Codewort, auch Codon genannt, zusammengesetzt sein? Dafür scheide ein einzelnes Nukleotid ebenso aus wie ein Basenpaar, für das es nur 4 x 4 = 16 verschiedene Kombinationen gebe. Ein Triplett wie beispielsweise AAA, ATC oder TCG hingegen eröffne 4 x 4 x 4 = 64 Möglichkeiten. Das sei zwar mehr als genug, doch hätten hochkomplizierte Experimente, die er hier nicht näher beschreiben könne, die Verschlüsselung der genetischen Information durch Triplettcodes bewiesen. Ein Codon aus drei Nukleotiden codiere nach der Transkription von der DNS auf die messenger-RNS also für jeweils *eine* bestimmte Aminosäure.

Ochoa legt eine kleine Verschnaufpause ein. Auch das Auditorium scheint tief durchzuatmen. Auf Petrus' Stirn runzeln sich Sorgenfalten. Wohl doch zu stressig, dieses Thema?

Aber zum Nachdenken bleibt keine Zeit. Er wolle jetzt auf die eigenen Versuche zu sprechen kommen, so Ochoa weiter, die sicher leichter verständlich seien.

Natürlich hätten Kornberg und er die aus Bakterien isolierten Enzyme auf ihre Funktionsfähigkeit testen müssen. Das sei nach einigen Schwierigkeiten gelungen: Er habe 1955 im Reagenzglas, also außerhalb eines lebenden Organismus eine „künstliche" Ribonukleinsäure mithilfe seiner RNS-Polymerase synthetisiert, seinem Kollegen sei wenig später die Synthese von Desoxyribonukleinsäure durch Verwendung der DNS-Polymerase geglückt.

Damit sei eine unumgängliche Voraussetzung für weitere Versuche zur Entzifferung des genetischen Codes geschaffen worden. Eine noch wichtigere Vorarbeit hätten dann die Kollegen Matthaei und Nirenberg geleistet mit ihrem im Reagenzglas funktionierenden Testsystem, das die Beobachtung der Proteinbiosynthese erlaubt habe.

Er wolle sich auf ein einziges Ergebnis, auf das erste, die Pioniertat, beschränken: Wenn man die Base Uracil zunächst mithilfe der RNS-Polymerase zum Triplett UUU zusammenfüge und dieses Triplett dann in das Testsystem gebe, so würde aus allen angebotenen Aminosäuren einzig und allein das Phenylalanin herausgegriffen, ein Polypeptid aus nur dieser einen Aminosäure synthetisiert, also Poly-Phenylalanin.

Dieser Versuch, den Heinrich Matthaei in einer langen Nacht im Labor von Marshall Nirenberg *allein* durchgeführt und am 27. Mai 1961 um 3 Uhr morgens erfolgreich abgeschlossen habe, werde als der entscheidende Durchbruch angesehen, als das bedeutendste Experiment des 20. Jahrhunderts.

Aber die Lösung eines Rätsels bedinge oft das Auftauchen eines neuen, in diesem Fall nämlich der Frage, warum Nirenberg *allein* und nicht auch Matthaei 1968 mit dem Nobelpreis ausgezeichnet worden sei.

Jedenfalls habe man es in der Folgezeit verstanden, genau definierte Nukleotid-Tripletts zu synthetisieren und die von ihnen codierten Aminosäuren zu erfassen. Das habe zwar gedauert, aber 1966 sei die Tabelle komplett gewesen. Alle 64 Kombinationsmöglichkeiten würden genutzt, weil einige Aminosäuren von bis zu sechs verschiedenen Tripletts codiert würden. Nur eine Kombination fungiere als Start-Codon für die Synthese eines Proteins, drei weitere als Stopp-Codons für deren Abbruch.

Ochoa bittet die himmlischen Assistenten, die Tafel vorzuholen. Er wolle der besseren Anschaulichkeit wegen den Ablauf der Genwirkung kurz skizzieren.

An den oberen Tafelrand zeichnet er jetzt zwei parallele Linien. Das seien die beiden Ketten einer DNS-Doppelhelix nach ihrer Entspiralisierung und Trennung zu Einzelsträngen durch das Enzym Helikase. Der obere Strang mit dem Triplett TTT sei die Matrize für den unteren, den wichtigeren codierenden Strang, der gegenüber von TTT das komplementäre Triplett AAA enthalte. Daran orientiere sich nun eine neue RNS-Art, die Boten-RNS oder messenger-RNS, abgekürzt m-RNS. Es sei ihm eine besondere Ehre und Freude zugleich, einen der Entdecker dieser komplizierten

Zusammenhänge, seinen Freund Jacques Monod, hier begrüßen zu dürfen. Er habe gemeinsam mit seinen Kollegen François Jacob und André Lwoff 1965 den Nobelpreis für die gewonnenen Erkenntnisse erhalten.

Beifall, neugierige Blicke. Monod erhebt sich, murmelt „*Merci, merci beaucoup*" und geht nach vorn. Er würde gern noch ein paar Sätze zu diesem Thema hinzufügen, es sei ihm ein Herzenswunsch und „*très important*". Niemand hat Einwände, die Abwechslung wird eher begrüßt.

Also, er habe zusammen mit François Jacob die Genexpression an Bakterien studiert, sei der Frage nachgegangen, wie ein Gen es anstelle, die in ihm gespeicherte Information umzusetzen in ein körperliches Merkmal, in eine erkennbare Eigenschaft, die bei allen Lebewesen letztlich von Proteinen geformt werde.

Mithilfe radioaktiv markierter Aminosäuren hätten sie den Nachweis erbringen können, dass die Proteinsynthese an Ribosomenverbänden des Zellplasmas stattfinde. Das von ihnen übrigens als ringförmig erkannte Bakterienchromosom sei dabei unbeteiligt geblieben. Deshalb hätten sie die Existenz einer Informationsübermittlung vom Chromosom zu den Ribosomen, winzigen Zellorganellen, postuliert. Nach der Extraktion der Nukleinsäuren hätten sie außer der DNS auch RNS vorgefunden, und zwar in verschiedenen Qualitäten. In langwierigen Versuchen, die er hier nicht en détail schildern wolle, hätten sie dann sowohl die messenger-RNS als auch die transfer-RNS charakterisieren können. Deren Funktionen werde sein Kollege Ochoa, wie abgesprochen, gleich noch erläutern.

Er allerdings habe noch eine Kleinigkeit anzufügen. Ganz so einfach sei es nämlich nicht, einen Nobelpreis zu erringen. Jacob und er hätten die Erkenntnisse komplettiert durch Versuche, aus denen hervorgegangen sei, dass bei weitem nicht jedes Gen eine kontinuierliche Proteinsynthese auslöse, dass viele Gene sozusagen im Schlafzustand verweilen würden. Nur ein wachgerütteltes Gen entfalte Aktivität. Das sei ja im Grunde nicht neu und ein weit verbreitetes Phänomen.

Heiterkeit, zumindest bei den Wachgerüttelten.

Es sei nun der Nachweis gelungen, dass die ersten Tripletts am Beginn der Basensequenz eines Gens als Kontrollregion fungieren würden, nämlich entweder als Promotor, an den die RNS-Polymerase – er weist auf ihren Entdecker Ochoa – andocken und die m-RNS-Synthese starten würde, oder aber es würde ein Repressor gebunden, sodass das Gen inaktiv bleibe.

Diese Entscheidung pro oder contra Aktivität werde durch übergeordnete Transkriptionsfaktoren gesteuert.

Was an einem aktivierten Gen geschehe, sei nun das Thema Ochoas, er bedanke sich *cordialement*.

Beifall, nicht gerade üppig. Man hatte wohl eine leichter verständliche Einlage erwartet.

Doch nun zurück zur messenger-RNS, nimmt Ochoa seinen Vortrag wieder auf. Sie sei einsträngig und habe die Aufgabe, die von der DNS kopierte Information zu den Ribosomen zu bringen, als Bote eben. Allerdings habe sie, um beim Matthaei-Versuch zu bleiben, das AAA-Triplett des codierenden DNS-Strangs zuvor in das komplementäre m-RNS-Codon UUU umgeschrieben. Dieses Codon präsentiere sie nun jener RNS-Art, die mit jeweils einer der 20 verschiedenen Aminosäuren beladen sei und transfer-RNS oder t-RNS genannt werde. Von diesen t-RNS-Molekülen docke jetzt das mit der vom Codon UUU der m-RNS angeforderten Aminosäure, hier dem Phenylalanin, an den Ribosom-m-RNS-Komplex an und liefere das Phenylalanin für den Einbau in die Peptidkette ab. Diese Reaktionsfolge wiederhole sich mit großer Geschwindigkeit so lange, bis ein Stopp-Codon die Proteinsynthese für beendet erkläre.

Die Skizze Ochoas zeigt folgende Abläufe:

DNS-Strang (Matrize)	-----TTT-----
	↓ (komplementäres Triplett)
DNS-Strang (codierend)	-----AAA-----
	↓ (Transkription)
m-RNS mit Codon	-----UUU-----
	↓ (Translation)

t-RNS mit Aminosäure   -----Phenylalanin-----
↓ (Ort: Ribosom)
Einbau in das Polypeptid → Protein

Zwei wichtige Begriffe wolle er angesichts dieser Skizze nochmals definieren: Durch die Transkription würde die genetische Information des codierenden DNS-Strangs auf m-RNS umgeschrieben. Als Translation bezeichne man die Übersetzung der m-RNS-Codons in die Sprache der Proteine, wobei man die einzelnen Aminosäuren als Buchstaben, ihre Reihenfolge als das Wort in Form der Peptidkette ansehen könne.

Jetzt fasst Ochoa das Ganze noch einmal zusammen, erläutert die Reaktionsfolge mit einfachen Worten in der Hoffnung, damit letzte Unklarheiten beseitigt zu haben, verneigt sich tief wie ein Torero nach gewonnenem Stierkampf.

Das Auditorium spendet minutenlang Beifall, wohl auch in der Hoffnung, damit seinen Wunsch nach einem Ende der Sitzung signalisieren zu können. Auch Petrus wiegt nachdenklich sein weises Haupt. Das alles war nun wirklich Stress in reinster Form, wenn auch infolge einer hochkomplizierten Materie. So etwas komme sicher so bald nicht wieder vor.

Also dankt er dem Referenten, der aber noch nicht an seinen Platz bei den Kollegen zurückkehrt, sondern um ein Glas Wasser bittet, zügig trinkt und mit nunmehr neu erstarkter Frische um ein wenig Geduld bittet. Es gebe noch einen winzigen, aber umso bedeutenderen Nachtrag.

In die gespannte Ruhe hinein verkündet Severo Ochoa nun die in der Tat faszinierende Erkenntnis, dass der genetische Code so alt sein müsse wie das Leben auf unserem Planeten selbst. Seine Erfindung habe ganz am Anfang der Entwicklungsgeschichte gestanden, er habe schon in den ersten Einzellern funktioniert und sei dann, weil er sich bewährt und keine Notwendigkeit zur Verbesserung bestanden habe, immer weitergegeben worden. Nur so sei es zu verstehen, dass heute alle Lebewesen, so beispielsweise die Bakterien, Pflanzen, niedere wie höhere Tiere und natürlich auch der Mensch den gleichen genetischen Code verwenden würden, von wenigen unbedeutenden Ausnahmen abgesehen.

Staunen, nochmals Applaus. Die bisher geheime Schrift der Vererbung, trotz ihrer Umsetzung in komplizierten Schritten, als einzige Konstante im gesamten Evolutionsgeschehen! Das Faszinierende, das kaum Begreifliche hinterlässt einen tiefen Eindruck. Ebenso die großartigen Leistungen der Forscher. Klar!

Immer wieder Afrika: Vor- und Frühmenschenfunde

Zu Beginn des Jahres 1997 dreht Caenuntius wieder einmal seine Runde: Nach den Feierlichkeiten zum Weihnachtsfest und Jahreswechsel nimmt Petrus die Ankunft einer überaus erfolgreichen Paläoanthropologin zum Anlass für die nächste Konferenz.

Er stellt die Referentin dieser Sitzung vor, erinnert an die Olduvai-Schlucht, an Entdecker und Ersterforscher, an Wilhelm Kattwinkel, Hans Reck und Louis Leakey, der zusammen mit seiner Frau Mary die Grabungen fortgeführt habe. Darüber solle nun Mary selbst berichten.

Die Teilnehmer begrüßen sie mit Beifall, im Vorschuss mit freundlichem Überfluss. Ihr in den letzten gemeinsamen Erdenjahren angespanntes Verhältnis zu Louis, der sich immer wieder in Affären und Seitensprüngen gefiel, hat sich dort oben längst herumgesprochen.

Mary wird ihrem Ruf als stringente Wissenschaftlerin gerecht und erläutert zunächst den Aufbau ihres Vortrags.

Da die Zahl der Fossilfunde in den letzten Jahren immer größer geworden sei, habe sie sich entschlossen, nicht auf Basis der Chronologie der Entdeckungen zu berichten, sondern das Alter der Fossilien als Ordnungsprinzip zu verwenden. Das erspare die abschließende Aufstellung einer entsprechenden Tabelle.

Die von ihr schon 1948 in Kenia ausgegrabenen Skelett- und Schädelreste des Proconsul africanus seien sozusagen außer Konkurrenz vorweg zu nennen. Dessen Stellung im Verlauf der Menschwerdung würde zwar immer noch unterschiedlich diskutiert, doch sei unbestritten, dass er vor etwa 20 Millionen Jahren gelebt habe. Von der Entwicklungslinie seien zunächst die Gibbons, dann die Orang-Utans und noch später die Gorillas abgezweigt, bis der Punkt erreicht worden sei, an dem sich die Wege der Vorfahren von Schimpansen und Menschen vor etwa 7 Millionen Jahren getrennt hätten.

Bei den frühesten Hominiden gebe es nun verschiedene geografische Varianten. Unter ihnen nehme nach aktuellem Stand der Ardipithecus ramidus mit seinen 4,4 Millionen Jahren die Position des Alterspräsidenten ein. In den Jahren 1992 bis 1996 seien Reste von immerhin 17 Individuen vom Team mit Tim White in Äthiopien ausgegraben worden. Die teils recht großen Unterschiede im Vergleich zu den zuvor geborgenen Australopithecinen hätten die Forscher zu der Einschätzung veranlasst, dass hier eine eigene Hominidengattung vorliege, deren Name wohl am treffendsten zu übersetzen sei mit „ursprünglicher Bodenaffe". Damit solle zum Ausdruck gebracht werden, dass die anatomischen Merkmale, vor allem der an der Schädelbasis nach vorn gerückte Ansatz der Wirbelsäule, als Hinweise auf das bipede Gehen am Boden zu gelten hätten.

Dem Ardipithecus folge mit 4,2 bis 3,8 Millionen Jahren der Australopithecus anamensis sozusagen auf dem Fuße. Dessen Überreste seien 1994 von ihrer Schwiegertochter Meave Leakey am Turkana-See in Kenia gefunden worden.

Sodann sei der Australopithecus bahrelgazali mit seinen bis zu 3,5 Millionen Jahren zu nennen, im Tschad 1995 entdeckt von dem Franzosen Michel Brunet. Das sei deshalb eine Sensation gewesen, weil man in das Verbreitungsgebiet der Vormenschen einen so weit nordwestlich gelegenen Platz gedanklich zuvor nicht einbezogen habe.

Fossilien des Australopithecus afarensis seien 1935 von ihrem Mann Louis und ihr in Tansania bei Laetoli gefunden worden. Beim Stichwort Laetoli könne sie natürlich nicht umhin, ihre Entdeckung von 1978 zu erwähnen, nämlich die auf ein Alter von 3,6 Millionen Jahren datierten Fußspuren, die von aufrecht gehenden Vormenschen in frische Vulkanasche gedrückt worden seien.

Hier meldet sich Gabriel de Mortillet. Damals sei wohl noch keine Steinbearbeitung erfolgt, deshalb interessiere ihn die Frage der Datierungsmethode.

Mary bedankt sich. Sie wolle das hier angewandte Kalium-Argon-Verfahren kurz skizzieren: Fast alle Gesteine enthielten Kalium mit einem winzigen Anteil des radioaktiven Isotops K-40, das beim Zerfall das Edelgas Argon bilde. Dies bleibe im Stein gefangen. Bei einem Vulkanausbruch aber entweiche es aus der glühenden Lava, die Argon-Uhr stelle sich auf null, es werde neues Argon eingelagert. Somit lasse sich aus dem Gehalt an Edelgas in erkalteter Lava oder Vulkanasche auf das Datum der Entstehung solcher Schichten zurückrechnen.

So auch bei den Fußabdrücken von Laetoli, die in der frischen Asche hinterlassen worden seien. Sie hätten lange als ältester Beweis für den aufrechten Gang gegolten. Wie aber bereits gesagt, habe auch Ardipithecus ramidus schon vor 4,4 Millionen Jahren diese Fähigkeit gehabt.

Der ganz große Wurf sei dann Donald Johanson und Yves Coppens 1974 in Äthiopien mit der Entdeckung eines fast vollständigen Skeletts einer jungen Frau des Australopithecus afarensis gelungen, das sie „Lucy" genannt hätten.

Bei weiteren Ausgrabungen in Äthiopien seien hunderte dieser Vormenschen-Reste geborgen worden, so 1991 von William („Bill") Kimbel und Yoel Rak aus Israel ein fast kompletter Schädel. Das Alter aller dieser Afarensis-Fossilien liege je nach Fundort zwischen 3,7 und 2,9 Millionen Jahren.

Mit dem Australopithecus africanus komme nun der am längsten bekannte Vertreter an die Reihe. Wie früher schon referiert, gehe dessen Fundgeschichte auf das Jahr 1924 zurück, als Raymond Dart der Schädel des „Taung-Babys" vorgelegt worden sei. Weitere Funde in Südafrika, zunächst durch Robert Broom 1936 bei Sterkfontein und dann 1948 bei Swartkrans sowie 1947 durch James Kitching in Makapansgat hätten die Ausbeute komplettiert.

In die Epoche des Australopithecus africanus, die in den Zeitabschnitt vor 3,5 bis 2,5 Millionen Jahren einzuordnen sei, falle nun ein wichtiges Ereignis. Wie sie von Memoritus erfahren habe, sei schon von Robert Broom – Blickkontakt, lächelndes Kopfnicken – vorgetragen worden, dass vor etwa 2,5 Millionen Jahren die Abspaltung einer neuen Africanus-Gruppe erfolgt sei. Deren Vertreter habe man zur Unterscheidung vom ursprünglichen „grazilen" Typ als „robust" bezeichnet. Dies sei ja von Broom mit dem Hinweis auf die übergroßen Backenzähne und die am knöchernen Scheitelkamm ansetzende gewaltige Kaumuskulatur, Indizien für die Ernährung mit harter Pflanzenkost, begründet worden. Zur eindeutigen Kennzeichnung als eigenständige Gruppe nenne man einen robusten Australopithecus heute „Paranthropus".

Dessen älteste Fossilien mit 2,8 bis 2,3 Millionen Jahren seien im Omo-Gebiet Südäthiopiens 1968 von Yves Coppens und Camille Arambourg gefunden worden, folgerichtig Paranthropus aethiopicus genannt. Den gleichen Typus habe dann 1985 ihr Sohn Richard zusammen mit Alan Walker am Turkana-See in Kenia bergen können. Dieser Schädel habe sich durch den größten knöchernen Scheitelkamm aller Paranthropus- Exemplare ausgezeichnet.

Nun endlich sei „ihr" Schädelfund in der Olduvai-Schlucht an der Reihe, nämlich der Zinjanthropus, später Paranthropus boisei genannt, der mit seinen 1,8 Millionen Jahren alle vor seiner Entdeckung im Jahre 1959 geborgenen Fossilien dieser Art übertroffen habe.

Beifall, Schmunzeln, schiefe Blicke hinüber zu Louis Leakey, der nie widersprach, wenn er als Mitentdecker gefeiert wurde, wenn der Glanz dieses Ereignisses auch ihn erstrahlen ließ. Und das, obwohl Mary an diesem Tage allein buddelte, weil er wegen einer Unpässlichkeit zu Hause geblieben war ...

Mary hält einen Augenblick inne, wirkt erschöpft, ein wenig irritiert.

Vor lauter Begeisterung über ihren Fund habe sie übersehen, dass später ein mit sicheren 2,5 Millionen Jahren noch älterer, also wohl der älteste Paranthropus boisei, entdeckt worden sei, und zwar in einem Gebiet, das zuvor ein weißer Fleck in der Fundlandschaft gewesen sei, nämlich in Malawi. Hier müsse sie die geniale Überlegung eines jungen deutschen Kollegen loben, der angesichts der zwischen den Fundstellen im Osten und Süden Afrikas klaffenden Lücke von 3.000 Kilometern das Postulat formuliert habe, dass dieser Korridor nicht frei von jeglichen Vormenschen geblieben sein könne. Und richtig: In Malema am Malawi-See habe das Team von Friedemann Schrenk und Timothy Bromage 1996 das Oberkieferfragment jenes Paranthropus boisei bergen können!

Mit einem lächelnden Blick hinüber zu Gabriel de Mortillet, der gerade wieder Luft zu holen scheint für seine Standardfrage nach der Altersbestimmung, kommt Mary ihm mit der Ankündigung eines kleinen Schlenkers zuvor.

Da es in dieser Fundregion in Malawi keine vulkanischen Aktivitäten gegeben habe, sei die vorhin erwähnte Kalium-Argon-Methode hier nicht anwendbar gewesen. Daher habe man auf die Schichtdatierung mithilfe von Leitfossilien zurückgreifen müssen.

Die Zuverlässigkeit dieses Verfahrens hänge aber von der Voraussetzung ab, dass Fossilien von Tieren gefunden würden, die sich in relativ kurzer Zeit möglichst markant veränderten. Und da sei man auf urzeitliche Schweine aufmerksam geworden, deren Backenzähne sich von breit und niedrig zu schmal und hoch entwickelt hätten. Diese Schweinezahnuhr habe sich für die Datierungen als ein Glücksfall erwiesen, der als solcher allerdings erst durch den Scharfblick eines jungen deutschen Forschers praktische Bedeutung erlangt habe. Er genieße ihre hohe Anerkennung, leider sei ihr sein voller Name entfallen. Doch an seine Initialen erinnere sie sich genau, denn sie habe damals so im Stillen gedacht, dass man von einem Forscher, der mit seinem Namen ein großes O. K. signalisiere, entsprechend positive Ergebnisse erwarten dürfe.

Heiterkeit, Schmunzeln. Tolle Frau!

Sie kommt zurück auf den Paranthropus boisei. Vertreter dieser Gruppe mit einem Alter unter 1,4 Millionen Jahren seien nie mehr gefunden worden. Man könne wohl davon ausgehen, dass sie um diese Zeit ausgestorben seien.

Die Nachkommen des grazilen Australopithecus africanus hingegen hätten sich vorteilhaft weiterentwickelt. Es sei nach heutigem Kenntnisstand wahrscheinlich, dass aus ihnen die beiden Urmenschenformen Homo rudolfensis und Homo habilis hervorgegangen seien.

Ein sehr alter Homo rudolfensis sei von dem mit Argusaugen gesegneten, auch an anderen Fundorten erfolgreichen Kenianer Bernard Ngeneo aus dem Team ihres Sohnes Richard 1972 bei Koobi Fora in Kenia am Turkana-See, der zuvor den Namen Rudolfsee geführt habe, geborgen worden. Aus der Fundsituation sei der Schluss erlaubt gewesen, dass die ersten Menschen, die ersten Angehörigen der Gattung Homo, schon vor 2,5 Millionen Jahren existiert hätten. Zwar habe man diese Datierung später auf 2 Millionen Jahre zurücknehmen müssen, doch habe sich dieser Meilenstein der Menschheitsgeschichte 1991 mit dem Fund eines Rudolfensis-Unterkiefers durch Friedemann Schrenk und Timothy Bromage in Uraha am Malawi-See mit einem sicheren Alter von eben jenen 2,5 Millionen Jahren bestätigt. Damit sei gleichzeitig die interessante Erkenntnis verbunden, dass Homo rudolfensis mit Paranthropus boisei zumindest in Malawi koexistiert habe, zeitgleich in einem offenbar friedlichen Nebeneinander.

Unter Einbeziehung weiterer Rudolfensis-Funde könne man sagen, dass dieser Urmensch in der Zeit zwischen 2,5 und

1,8 Millionen Jahren gelebt habe. Allen Exemplaren gemeinsam sei ein relativ großes Hirnvolumen von etwa 750 Millilitern, das bei Homo habilis mit einem Durchschnittswert von 610 Millilitern deutlich darunter bleibe.

Dieser zweite Urmenschentyp sei mit einem geschätzten Lebenszeitraum zwischen 2,2 bis 1,5 Millionen Jahren etwas jünger einzuordnen als sein Kollege. Ihr Sohn Jonathan habe im ältesten Horizont der Olduvai-Schlucht in Tansania, den man auf 2,2 bis 1,8 Millionen Jahre datiere, schon 1960 die später dem Homo habilis zugeordneten Schädel- und Skelettknochen gefunden. In der gleichen Region hätten dann 1996 Robert Blumenshine und Fidelis Masao weitere Fossilien dieses Typs geborgen, den man übrigens auf Vorschlag von Raymond Dart deshalb Homo habilis genannt habe, weil er offenbar ein „geschickter", ein „fähiger" Vertreter gewesen sei, denn die gezielt zu Schabern abgeschlagenen Geröllsteine seien als Indizien für eine planmäßige Werkzeugherstellung zu interpretieren, nämlich der „Olduvan-Industrie". Deren Anfänge würden allerdings auf Aktivitäten von Homo rudolfensis zurückgeführt, somit auf die Zeit vor 2,5 Millionen Jahren.

Homo habilis sei außer in Tansania noch 1970 von ihrem zweiten Sohn Richard in Kenia gefunden und in Südafrika vor allem von Ron Clarke erforscht worden, wo Phillip Tobias die spezifischen Habilis-Merkmale erstmals detailliert beschrieben habe.

Die Erschöpfung Marys ist nun nicht mehr zu übersehen. Sie bittet um einen Stuhl, ein frisches Glas Wasser.

Es sei eigentlich nur noch über die Frühmenschen Homo ergaster und Homo erectus zu berichten. Ob das vielleicht Raymond Dart übernehmen könne?

Petrus wirft ein, dass mit diesen beiden Frühmenschen die Auswanderung aus Afrika, die Eroberung anderer Kontinente eingesetzt habe, ein großes Thema, das er ohnehin separat vortragen lassen wolle. Aber der Vorschlag sei ihm willkommen, er würde sich freuen, wenn Raymond Dart damit einverstanden wäre. Der signalisiert Zustimmung.

Das Ende dieser recht aufregenden Sitzung löst einen wohlverdienten Beifall aus, der kein Ende nehmen will. Als Louis sich beim Hinausgehen der Referentin nähert, eilt sie schnellen Schrittes davon ...

Out of Africa, biped: Die Eroberung der Kontinente

Raymond Dart bereitet sein Referat gründlich vor, spricht mit den Entdeckern von Fossilien außerhalb Afrikas, bemüht Memoritus und sein Archiv.

Dann ist es so weit. Dart knüpft direkt an den Vortrag Mary Leakeys an, rekapituliert dessen Inhalt in aller Kürze: Wenn man die Fähigkeit zum aufrechten Gang als maßgebliches Kriterium ansehe, so habe der Prozess der Menschwerdung mit Ardipithecus ramidus vor 4,4 Millionen Jahren einen entscheidenden Impuls erhalten. Während der darauf folgenden 2 Millionen Jahre setze sich die Reihe dann fort über die vormenschlichen Australopithecinen mit ihren geografischen Varianten A. anamensis, A. bahrelgazali, A. afarensis und A. africanus, der sich in die Gruppe der vor mehr als einer Million Jahren ausgestorbenen robusten Australopithecinen (Gattung Paranthropus) und die Gruppe der grazilen Africanus-Typen aufgespalten habe. Mary habe ihren Bericht abgeschlossen mit dem Hinweis auf den daraus hervorgegangenen Urmenschen Homo habilis, der wohl eine Sackgasse im menschlichen Stammbaum darstelle, und Homo rudolfensis. Damit sei nun der Anschluss hergestellt.

Es habe sich bei den Paläoanthropologen die Ansicht durchgesetzt, dass sich aus Homo rudolfensis zunächst die als Homo ergaster bezeichneten Frühmenschen entwickelt hätten, dann der Homo erectus, der „aufrechte, gestreckte" Mensch.

Mit dem Namen Homo ergaster habe man auf dessen handwerkliche Fähigkeiten hinweisen wollen, auf die von ihm hergestellten einfachen Steinwerkzeuge der Olduvan-Epoche. Wie schon von Mary erwähnt, habe der Keniander Bernard Ngeneo vom Team Richard Leakey 1975 bei Koobi Fora, sein Landsmann Kamoya Kimeu 1984 ebenfalls am Turkana-See fossile Reste dieser Frühmenschen geborgen, letzterer das nahezu vollständige Skelett eines Jugendlichen, der als „Turkana-Boy" für Schlagzeilen gesorgt habe. Alle Funde in Äthiopien würden die Einstufung seiner Epoche auf die Zeit zwischen 2 und 1,5 Millionen Jahren rechtfertigen.

Homo ergaster sei als ein früher afrikanischer Homo erectus anzusehen. Die Übergänge seien natürlich fließend, hätten sich vor etwa 1,5 Millionen Jahren in einer Zeit ereignet, in die übrigens auch Hinweise auf eine Nutzung des Feuers fielen. Die Erectus-Funde in Südafrika, Olduvai, Kenia, Äthiopien, im Tschad und in Algerien seien zwischen 1,5 Millionen und etwa 500.000 Jahre alt.

Hier müsse er nun einen wichtigen Aspekt erörtern, nämlich die Größenzunahme des Gehirnvolumens, das bei den Australopithecinen mit 460 Millilitern kaum größer als bei den Schimpansen gewesen sei, dann beim ca. 2 Millionen Jahre alten Homo erectus maximal 900 Milliliter betragen habe. Erst bei den mit einer Million Jahren jüngeren Vertretern seien 1000, bei 500.000 Jahre alten Erectus-Schädeln bereits 1.200 Milliliter gemessen worden. Der heutige Mensch stelle mit einer mittleren Hirnmasse von 1,4 Litern wohl einen Endpunkt dar. Da der Geburtskanal nicht in gleichem Maße weiter wie der Säuglingskopf größer geworden sei, habe die Evolution das Gehirnwachstum auf die Zeit nach der Geburt verlagert. Erst mit etwa 17 Monaten seien Gehirngröße und Reife des Menschenkindes vergleichbar mit der Gehirnentwicklung eines neugeborenen Schimpansen!

Es sei ja hinlänglich bekannt, und Beispiele gebe es genügend, dass die feststellbaren individuellen Schwankungen des menschlichen Gehirnvolumens erstaunlicherweise nicht mit dem Intelligenzquotienten korrelieren würden. Dies ergebe sich schon allein aus der traurigen Erfahrung, dass Dickköpfigkeit eher mit mangelnder Einsichtsfähigkeit einhergehe.

Schmunzeln, Heiterkeit, prüfende Blicke. Welches der greisen Häupter ...?

Doch zu Vergleichsstudien bleibt keine Zeit. Nach den einleitenden Feststellungen sei nun das eigentliche Thema an der Reihe, die Besiedlung der Welt, der Exodus aus Afrika.

In einer ersten Welle seien zunächst Vertreter von Homo ergaster ausgewandert, denn außerhalb Afrikas gebe es keine Fossilienfunde von Frühmenschen, die älter als 2 Millionen Jahre seien. Allerdings existiere ein wichtiger Hinweis auf eine Ausnahme: Bei Dmanisi in Georgien habe man gut erhaltene Hominidenschädel entdeckt, deren Anatomie nahezu identisch sei mit den Merkmalen des Homo rudolfensis. Es sei also nicht auszuschließen, dass dieser Urmensch als erster Auswanderer schon vor mehr als 2 Millionen Jahren im Kaukasus angekommen sei.

Alle übrigen der über 1,5 Millionen Jahre alten Skelettreste aber seien zweifelsfrei Homo ergaster zuzurechnen. Auch davon habe man etliche in Georgien ausgegraben und als Homo georgicus bezeichnet. Die Altersbestimmung der in Spanien bei Orce gefundenen Steinwerkzeuge bewege sich mit etwa 1,5 Millionen Jahren in einem Grenzbereich. Diese Artefakte könnten demnach schon von Homo erectus stammen. Fossilisierte Knochen seien in Orce bisher nicht gefunden worden.

In einer zweiten Welle, beginnend vor weniger als 1,5 Millionen Jahren, habe dann der Homo erectus schwerpunktmäßig Asien bevölkert. So werde der Java-Mensch von Eugène Dubois, der Pithecanthropus erectus, mit einem geschätzten Alter von 800.000 Jahren heute als Homo erectus eingestuft.

Hier wird Dart von einer Wortmeldung unterbrochen. Wunderbar, er sei gerade im Begriff gewesen, über weitere Ausgrabungen auf Java zu berichten und begrüße es sehr, wenn ein damaliger Akteur das persönlich übernehmen wolle.

Gustav Heinrich Ralph von Koenigswald bedankt sich. Ja, er habe, was die Suche nach Skelettresten betreffe, die Nachfolge Dubois' angetreten, wenn auch rund vier Jahrzehnte später. Aber es sei ja offensichtlich, dass Fossilien es nicht besonders eilig hätten mit dem Auftauchen ans Tageslicht. Auf Java jedenfalls hätten sie brav auf ihn gewartet, so die Skelett- und Schädelfragmente bei Sangiran und der Kinderschädel bei Modjokerto. Es sei sicher für jeden nachvollziehbar, dass es ihn mit Genugtuung erfülle, wenn seine damaligen Datierungen, die allein aufgrund morphologischer Kriterien ein Alter zwischen 1,9 und 1,6 Millionen Jahren wahrscheinlich gemacht hätten, später mit modernen Methoden bestätigt worden seien.

Verdienter Beifall. Von Koenigswald wehrt ab, fährt fort: Dies sei ein Grund für seine Wortmeldung gewesen, denn erst jetzt sei klar geworden, dass der Dubois-Fund ein Homo erectus gewesen sei, anders als die von ihm gefundenen älteren Fossilien, die wohl von den Ergaster-Auswanderern stammten.

Und angesichts dieser Erkenntnisse habe man etwas anderes neu einordnen können, dass nämlich die frühen Auswanderer, die den Norden Chinas aufgesucht hätten, er verweise auf die Namensgebung „Sinanthropus pekinensis", später umbenannt in Homo pekinensis, dass diese Frühmenschen mit einem Alter zwischen 600.000 und 300.000 Jahren dem Homo erectus zuzuordnen seien, der also in China länger existiert habe als in Afrika. Dies habe deshalb Bedeutung erlangt, weil damit die diskutierte Frage, ob es eine zweite Wiege der Menschheit in China gegeben habe, vielleicht ihres Ursprungs überhaupt, habe ausgeschlossen werden können.

Beifall. Von Koenigswald ist zufrieden, Dart ist es auch. Konnte er sich doch ein bisschen erholen.

Nun aber, Dart setzt seinen Vortrag fort, habe er etwas fast ebenso Wichtiges zu verkünden. Allen diesen Funden sei eines gemeinsam: Niemand, kein einziger heutiger Mensch außerhalb Afrikas, könne als Nachfahre jener frühen Auswanderer gelten. Zwar hätten Homo ergaster und Homo erectus ihre Gebiete unterschiedlich lange bevölkert, doch schließlich seien sie allesamt ausgestorben, die letzten vor 18.000 Jahren.

Dies gelte auch für die europäische Variante des Homo erectus, den Homo heidelbergensis mit seinem 600.000 Jahre alten „Namenspatron" aus Mauer, dessen Verweildauer auf 800.000 bis 400.000 Jahre angesetzt und durch Funde auch in Spanien (Atapuerca), Frankreich (Tautavel), England (Boxgrove) und Italien (Ceprano) bezeugt werde.

Aus dem Homo heidelbergensis sei der Ante-Neandertaler hervorgegangen, als dessen Vertreter er die Funde von Steinheim (Deutschland), Swanscombe (England) und Petralona (Griechenland) mit einem Alter zwischen 400.000 und 180.000 Jahren nennen wolle.

Die daraus entstandenen frühen Neandertaler hätten von 180.000 bis 90.000 Jahre vor heute gelebt, ihre Skelettreste seien in großer Zahl in Kaprina (Kroatien), aber beispielsweise auch auf der Iberischen Halbinsel (Gibraltar), in Saccopastore (Italien) und in den Höhlen am Mount Carmel (Israel) geborgen worden.

Das Ende der Reihe bilde schließlich der klassische Neandertaler, dessen Existenz in die Zeit von 90.000 bis 27.000 Jahre vor heute falle.

In Afrika sei in einer Zeitspanne zwischen 700.000 und 400.000 Jahren vor uns aus dem Homo erectus der archaische Homo sapiens entstanden, dessen Weiterentwicklung zum modernen Homo sapiens spätestens vor ungefähr 160.000 Jahren abgeschlossen gewesen sei.

Gruppen von Homo sapiens seien vor etwa 90.000 Jahren im Nahen Osten auf den Neandertaler getroffen. Beide Populationen hätten dort etwa 50.000 Jahre lang friedlich koexistiert, doch habe der moderne Mensch letztlich überlebt. Neandertaler jünger als 27.000 Jahre seien nirgends mehr nachgewiesen worden. Ob man hier die bewährte Archäologen-Regel anwenden könne, nach der ein (noch) fehlender Fund kein Beweis für dessen fehlende Existenz sei, müsse dahingestellt bleiben.

Allgemein könne gesagt werden, dass erst nach der Weiterentwicklung des Homo erectus zum modernen Homo sapiens, oft auch als Homo sapiens sapiens bezeichnet, die für die heutige Weltbevölkerung allein entscheidende dritte große Auswanderungswelle angelaufen sei, die zu einer örtlich und zeitlich unterschiedlichen Überlappung, zur Koexistenz mit den Nachfahren der früheren Auswanderer geführt habe, von denen aber schließlich keiner den Verdrängungsprozess überlebt habe. Der Homo sapiens sapiens sei nicht zuletzt wegen seines größeren Hirnvolumens im Selektionsvorteil gewesen, habe wegen seiner geistigen und handwerklichen Überlegenheit, die auch erste sprachliche Verständigung einschließe, den „Kampf ums Dasein" gewonnen und damit den Kernsatz Herbert Spencers vom „survival of the fittest" unter Beweis gestellt. Dieser Prozess sei, wie oben gesagt, erst vor 18.000 Jahren beendet worden!

Den Abschluss seines Referats könne er nun kurzfassen. Die heutige Besiedlung der Kontinente und Regionen durch den modernen Homo sapiens habe wie folgt rekonstruiert werden können: Vor knapp 100.000 Jahren sei zunächst der Nahe Osten, weiter über Indonesien vor 50.000 bis 60.000 Jahren Australien erreicht worden. Erst vor 35.000 Jahren sei Asien und über den Balkan vor knapp 40.000 Jahren auch Europa besiedelt worden, wie etliche Funde, vor allem in der Nähe von Cro-Magnon in Frankreich, bewiesen, sodass man gelegentlich von den heutigen Europäern als Cro-Magnon-Nachfolgern spreche.

Da vor 18.000 Jahren riesige Eismassen sehr viel Wasser gebunden gehabt hätten, sei die Beringstraße zwischen Nordostsibirien und Alaska trockengefallen, sodass die Auswanderer um diese Zeit nach Nordamerika vordringen konnten, über Mittelamerika schließlich auch nach Südamerika. Diese Zahlen seien je nach Autor mit gewissen Schwankungsbreiten behaftet, in ihren Größenordnungen jedoch unumstritten.

Mit einer charmanten Verbeugung bedankt sich Raymond Dart für Geduld und Zuhören, Petrus drückt ihm anerkennend die Hand. Dieses Zahlenfeuerwerk sei, frei vorgetragen, als wirkliche Glanzleistung nicht hoch genug anzuerkennen. Er hoffe nur, dass das Publikum nicht überfordert worden sei?

Keineswegs, lässt der erneut anschwellende Beifall ihn wissen – ob Höflichkeit oder Überzeugung dominieren, bleibt als Frage aber offen.

„Out of Africa", molekulargenetisch: Evas Mitochondrien

In den Diskussionen nach der letzten Sitzung werden Zweifel laut. Es sei doch wohl die Frage erlaubt, ob die geschilderten Wanderungsbewegungen denn wirklich so eindeutig nachweisbar seien, keine andere Möglichkeit zuließen?

Diese Nachdenklichkeiten veranlassen Petrus und seine Assistenten, das Problem gemeinsam mit einigen Experten zu besprechen. Und siehe da: Kein Geringerer als Allan Wilson wird gebeten, die nächste Konferenz zu bestreiten, als wohl einziger Redner.

Die Wahl fällt keineswegs zufällig oder nur halbherzig auf diesen Experten. Er gilt als ausgewiesener Kenner einer neuen Methode zum Nachweis genetischer Verwandtschaften.

Wilson, nach schwerer Erkrankung schon mit 55 Jahren dort oben angekommen, beginnt seinen Vortrag mit dem fairen Hinweis auf seinen Kollegen Douglas Wallace. Der habe bereits im Jahre 1983 an der Stanford-Universität DNS-Studien an Mitochondrien zur Klärung des Ursprungs des modernen Homo sapiens eingesetzt, seine Ergebnisse aber so vorsichtig interpretiert, dass sie wenig Beachtung gefunden hätten.

Die Grundlage des Verfahrens wolle er nun vorab erläutern. Jede unserer Zellen enthalte in ihrem Plasma kleine distinkte Organellen, die Mitochondrien, in denen wichtige Reaktionsketten des essentiellen Energiestoffwechsels abliefen. Entwicklungsgeschichtlich seien sie wahrscheinlich älter als die mehrzelligen Lebewesen, seien wohl als Bakterien entstanden, die sich die ersten Einzeller einverleibt hätten zu einer Endo-Symbiose. In diesen kleinen Kraftwerken sei eine eigene DNS vorhanden, genetisches Material, das sie nicht nur jetzt, sondern schon in ihrem Vorleben als Bakterien dazu befähigt habe, sich selbst autonom zu vermehren, zu reduplizieren, und zwar völlig unabhängig von den Teilungen der Wirtszellen. Für die Interpretation ihrer Herkunft spreche auch die Tatsache, dass die Mitochondrien-DNS ebenso wie die DNS vieler Bakterien eine ringförmige Struktur aufweise.

Entdeckt worden seien die Mitochondrien übrigens schon 1886 von Richard Altmann, der auch die sauren Eigenschaften des Nukleins nachgewiesen und dieser Kernsubstanz den Namen Nukleinsäure gegeben habe.

Die DNS der Mitochondrien, mt-DNS genannt, werde unabhängig vom Chromosomensatz des Zellkerns vererbt, und zwar, dies sei überaus wichtig, allein durch die Mütter, da sie nur im Plasma der Eizelle vorhanden seien. Der bei der Befruchtung eindringende nackte Kern des Spermiums bringe keine Mitochondrien mit.

Vergleiche man nun die Anzahl der Gene des menschlichen Zellkerns mit der eines Mitochondriums, so ergebe sich ein Verhältnis von etwa 25.000 zu 37! Damit sei klar, dass sich Änderungen in diesen 37 Genen, Mutationen also, sehr viel leichter und exakter analysieren ließen als analoge Vorgänge im Kern-Genom.

In Langzeit-Studien an der mt-DNS sei herausgefunden worden, dass sich immer wieder Spontan-Mutationen ereignen würden, erkennbar an Änderungen in den Sequenzen der Nukleotidbasen. Gewisse Schwankungen in ihrer Häufigkeit, die in der Biologie immer zu berücksichtigen seien, könne man auf einen statistischen Mittelwert eingrenzen, sodass sich die mt-DNS-Mutanten gewissermaßen als „molekulare Uhr" verwenden ließen: Aus der Zahl der Mutationen könne man mit komplizierten mathematischen Verfahren zurückrechnen auf den Entstehungszeitraum, zumindest näherungsweise auf den Punkt, an dem diese DNS noch frei von Mutationen gewesen sein müsse. Durch Vergleiche zweier nahe verwandter Arten sei auf diesem Wege auch abzuschätzen, wann sie sich beide von ihrem letzten gemeinsamen Vorfahr getrennt hätten.

Und ein weiterer Schluss sei möglich: Wenn in einer Population relativ zahlreiche Mutationen vorlägen, so sei dies ein Indiz dafür, dass diese Menschen sehr viel länger zusammenlebten als eine Gruppe mit geringerer Zahl von Mutationen. Der erste Fall liege vor bei den Afrikanern, der zweite bei den Bewohnern anderer Kontinente. Das sei als Beweis dafür zu werten, dass die Mitochondrien afrikanischer Urmütter, des populären und anschaulichen Bezugs auf die Schöpfungsgeschichte wegen gern als „Evas Mitochondrien" bezeichnet, sich vom Afrika südlich der Sahara aus über den Rest der Welt verteilt hätten. Der Zeitraum dieser schon in der letzten Konferenz besprochenen Auswanderungswelle lasse sich aus den mt-DNS-Analysen auf 140.000 bis 90.000 Jahre vor heute eingrenzen, die Entstehung des archaischen Homo sapiens auf 600.000 bis 200.000 Jahre.

Beifall für klare Worte, aber spürbar unterlegt mit Skepsis. Dem einen oder anderen scheint die Aussage reichlich gewagt: Das sei natürlich unter Einbeziehung der schon erwähnten Möglichkeit, dass die „molekulare Uhr" längere Zeit ein nur in eine Richtung abweichendes Mutationstempo vorgelegt habe, doch wohl mit einer kaum kalkulierbaren Schwankungsbreite verbunden?

Wilson, für seine oft kühnen Theorien und kühlen Reaktionen auf Kritik bekannt, bleibt auch jetzt gelassen. Es gebe da noch weitere Stützen für die Richtigkeit der genannten Zeiträume. So wolle er noch anfügen, dass man neben der „Mitochondrien-Eva" noch den „Y-Chromosom-Adam" heranziehen könne. Damit werde der Tatsache Rechnung getragen, dass sich über das kurze Y-Chromosom mit seinen wenigen Genen der Stammbaum der Männer ähnlich wie bei Evas Mitochondrien über die Mutationsrate zurückverfolgen lasse.

Dabei habe man herausgefunden, dass diese Gruppe von Urvätern ebenfalls in Afrika gelebt haben müsse.

Aber das sei noch nicht alles. Inzwischen sei auch die Kern-DNS zu Vergleichsstudien herangezogen worden. Die Analyse der Nukleotidsequenzen bestimmter Genregionen habe dabei ergeben, dass das südliche Afrika als Ursprungsland aller heute lebenden Menschen in hohem Maße wahrscheinlich sei.

Es sei ihm ein wichtiges Anliegen, nun eine die Analytik revolutionierende Entdeckung vorzustellen, eine bedeutende Vereinfachung, die den Aufwand für vergleichende DNS-Sequenzanalysen auf ein vertretbares Maß reduziert habe. Er spreche von seinem verehrten Kollegen Kary Mullis, der die experimentellen Grundlagen für die Polymerase-Ketten-Reaktion (PCR = Polymerase-Chain-Reaction) ausgearbeitet habe und dafür im Jahre 1993 mit dem Chemie-Nobelpreis ausgezeichnet worden sei.

Mithilfe der PCR könne die Basenfolge eines einzigen DNS-Fadens beliebig vervielfältigt werden, könnten so viele Kopien hergestellt werden, bis deren Anzahl die analytische Nachweisgrenze überschreite, die Nukleotidsequenz des möglicherweise nur aus einem einzigen DNS-Faden, also aus lediglich einem Molekül bestehenden Ausgangsmaterials festgestellt werden könne. In diesem Verfahren werde die DNS-Probe mit einem Nukleotidgemisch und DNS-Polymerase inkubiert, die nun die unbekannte DNS mit jedem Kopiervorgang verdopple, sodass in geometrischer Reihe nach 30 Zyklen mehr als eine Milliarde Kopien hergestellt worden seien. Dies sei, nebenbei gesagt, der Weg zum „genetischen Fingerabdruck", für den im Prinzip ein einziger Zellkern als Untersuchungsmaterial genüge, um Verantwortliche zu identifizieren: Täter und Väter mit gleicher Präzision!

Aber, um bei der Evolution zu bleiben, die PCR habe sich auch bei der Aufklärung von Verwandtschaften bewährt. Während früher vor allem die Anatomie dafür eingesetzt worden sei, leiste die molekulare Genetik heute auf diesem Gebiet Hervorragendes.

So sei unter Verwendung der mt-DNS erkannt worden, dass der heutige Mensch nicht von den Neandertalern abstamme, die vielmehr eine Seitenlinie darstellten. Diese Aussage habe sich jüngst auch in Vergleichen der Kern-DNS bestätigen lassen, nachdem man in einem 60.000 Jahre alten Skelett eines Neandertalers noch intaktes Knorpelgewebe vorgefunden und mittels PCR untersucht habe. Dabei sei nicht allein die fehlende Übereinstimmung der DNS-Sequenzen bemerkenswert. Der Vergleich mit „moderner" DNS habe auch die Rückrechnung auf das Alter des letzten gemeinsamen Vorfahren, eines Homo erectus, erlaubt, das bei etwa 800.000 Jahren liege. Hier hätten sich die Wege getrennt, nämlich in Afrika zum archaischen Homo sapiens einerseits und andererseits in Europa zum Homo heidelbergensis, dessen Lebenszeitraum passend zu den mit anderen Datierungen ermittelten Epochen mit 800.000 bis 400.000 Jahren vor heute eingegrenzt worden sei. Aus ihm sei dann der Ante-Neandertaler hervorgegangen, wie im vorhergehenden Referat bereits ausführlich dargelegt worden sei.

Wilson verneigt sich. Beifall, großes Lob. Er hat es verstanden, die Materie gut verständlich vorzutragen. Jedermann ist zufrieden, natürlich auch Petrus, der in seinem Schlusswort darauf hinweist, dass die aus DNS-Vergleichen gewonnenen Erkenntnisse noch Thema einer gesonderten Konferenz sein würden.

Evolution und Entwicklungsbiologie (Evo Devo)

Den Nobelpreis für Medizin teilten sich im Jahre 1995 Edward B. Lewis, Christiane Nüsslein-Volhard und Eric F. Wieschaus. Er wurde ihnen zuerkannt für die von ihnen erarbeiteten „grundlegenden Erkenntnisse über die genetische Kontrolle der frühen Embryoentwicklung".

Als Ed, wie seine Freunde Edward Lewis gern nennen, am 21. Juli 2004 an die Himmelspforte klopft, heißt Petrus ihn mit warmen Worten willkommen. Er sieht in diesem Vertreter des Nobel-Trios einen hochqualifizierten Referenten für seine nächste Konferenz. Genau diese Fragestellung, denkt er voller Freude, die Erforschung der frühen Embryonalstadien im Lichte der Evolution, sei eine fabelhafte Ergänzung des großen Themas.

Schon nach wenigen Wochen bittet Caenuntius alle Interessierten in den Konferenzsaal. In der ersten Reihe, als Ehrengäste sozusagen, nehmen Hilde Mangold und Hans Spemann Platz, voller Erwartung über alles Neue auf einem Gebiet, das sie vor immerhin 80 Jahren mit der Entdeckung des Organisators entscheidend voranbrachten. Aber die spektakulären Erfolge der Genetiker auf anderen Teilgebieten hatten in den folgenden Jahrzehnten alles andere überschattet. Erst in den siebziger Jahren seien mit neuen Impulsen konsequente Untersuchungen der frühen Entwicklungsstadien gestartet worden, so Petrus.

Ed Lewis vermittelt trotz seiner 86 Erdenjahre immer noch einen agilen Eindruck. Er dankt Petrus für dessen einleitenden Rückblick und beginnt mit einer kleinen Korrektur, höflich kaschiert:

Er erinnere sich gern an die auch für ihn selbst wichtigen dreißiger und vierziger Jahre. Damals habe er im „Fliegen-Labor" von Alfred Sturtevant mit Drosophila gearbeitet ...

Schon wieder die Fruchtfliege, stöhnt es aus dem Publikum. Eine wirklich furchtbar fruchtbare Fliege!

... mit Drosophila also, fährt Ed lächelnd-locker fort, später auch bei Thomas Hunt Morgan. Er habe sonderbare Mutanten beobachten können, die ihn immer wieder gedanklich und experimentell beschäftigt hätten. Schließlich sei es gelungen, eine Gruppe von Genen zu charakterisieren, deren Anordnung auf dem Chromosom genau jener Reihenfolge entsprochen habe, in der sie aktiviert und dann die korrekte Platzierung körperlicher Merkmale wie Augen, Beine oder Flügel nacheinander vom Kopf bis zum Hinterende gesteuert hätte. Die Gene dieses Komplexes nenne man homöotisch, was so viel bedeute wie „ähnlich, entsprechend". Den Ausdruck halte er nicht für besonders glücklich gewählt, weil er sich vor allem aus Mutationen erkläre: In einer homöotischen Mutante fehle ein Körperteil, das dann aber durch ein anderes „entsprechend" ersetzt worden sei. Als Beispiele wolle er die recht eindrucksvollen Drosophila-Mutanten nennen, bei denen einmal die Antennen am Kopf durch Beine ersetzt worden seien, ein anders Mal bei einer vierflügeligen Form die hinter dem normalen Flügelpaar sitzenden Schwingkölbchen („Halteren") durch Flügel.

Inzwischen wisse man über die homöotischen Gene, meist als Hox-Gene abgekürzt, recht gut Bescheid: Charakteristischer Bestandteil eines jeden Hox-Gens, das aus mehr als 100.000 Basenpaaren gebildet werde, sei die „Homöobox". Sie bestehe aus nur 180 Basenpaaren, also 60 Basen-Tripletts, die mithin für eine Teilstruktur von 60 Aminosäuren codiere. Dieser Proteinabschnitt, Homöodomäne genannt, sei nun von ganz herausragender Bedeutung: Er hefte sich an bestimmte DNS-Sequenzen und aktiviere oder unterdrücke deren Transkription in m-RNS, wirke regulatorisch, indem eine ganze Kaskade von Transkriptionsfaktoren an- oder abgeschaltet werde. Hox-Gene seien also übergeordnete genetische Informationsstrukturen, die andere funktionell zusammenhängende Gene im Verlauf der frühen Embryonalentwicklung steuern würden.

Weiterhin sei es seinen beiden Mit-Laureaten gelungen, in genialen, äußerst kniffeligen Experimenten das Gen für die Augenbildung aus seinem normalen Platz in der DNS herauszuschneiden und an anderen Stellen wieder einzusetzen. Dadurch seien an den unmöglichsten Orten, beispielsweise an Flügeln oder Beinen oder auch am Abdomen, Augen entwickelt worden!

Bei der Untersuchung dieser Gengruppe sei erkannt worden, dass für die Ausbildung der Strukturen im vorderen Segment nur ein einziges Gen aktiviert werde, für die nächsten Segmente zwei und so fort, bis schließlich alle Gene mit der Gestaltung der Organe bei korrekter Position zu den Körperachsen beschäftigt seien. Als Wirkprinzip sei auch hier die Kombination der Transkriptionsfaktoren, das geniale Wechselspiel von Aktivierung und Hemmung anzusehen. Dadurch lasse sich mit wenigen Genen ein breites Spektrum von Gestaltungserfolgen abdecken.

Ob er da nicht allzu sehr abschweife, kommt eine kritische Stimme aus dem Hintergrund. Das alles sei doch hochspezielle Entwicklungsbiologie, ein sachlicher Zusammenhang mit dem Hauptthema Evolution sei in keiner Weise erkennbar.

Noch in die raunende Zustimmung hinein kontert Ed mit erhobenem Zeigefinger, er habe sich bei den Hox-Genen deshalb etwas länger aufgehalten, weil er erst jetzt auf der damit geschaffenen Basis aufbauen könne. Dieser Genkomplex nämlich sei in der Evolution hoch konserviert, sei immer weitergegeben und kaum verändert worden wie andere Erfindungen, die sich bewährt und daher keiner Verbesserung bedurft hätten. Als ein solches Beispiel könne die Konstanz des genetischen Codes herangezogen werden.

Das alles erkläre, weshalb die Hox-Gene bis hinauf zu den Wirbeltieren erhalten geblieben seien. Bei ihnen gebe es allerdings vier Komplexe mit jeweils 13 Hox-Genen, die frühe Einzelgruppe sei also im Laufe der Evolution zweimal verdoppelt worden. Wie in der Fliege seien diese Gene immer noch dadurch charakterisiert, dass ihre Anordnung auf der DNS der Reihenfolge der von ihnen codierten Strukturen entspreche, also dem colinearen Prinzip folge.

Die Erforschung dieser Zusammenhänge sei das Ziel der Entwicklungsbiologie. Es gelte, die genetische Basis der Embryonalentwicklung nicht nur weiter aufzuklären, sondern ihre Bedeutung für die Evolution vergleichend zu untersuchen. Diese Fachrichtung widme sich also der „Evolutionary Developmental Biology" und werde salopp abgekürzt als „Evo Devo". In der Tat erscheine es zunächst überraschend, dass bei Insekten, die ihre Vielfalt vor 300 bis 250 Millionen Jahren entwickelten, die funktionell gleichen Hox-Gene anzutreffen seien wie bei den Wirbeltieren. Offenbar sei der Unterschied zwischen Arten und sogar Stämmen weniger auf ihren Gengehalt als vielmehr auf eine zeitlich begrenzte Aktivierung konservierter, „schlafender" Gene zurückzuführen, also eher auf Veränderungen der Genregulierung als auf neue Gene. Insoweit könnten Hox-Gene ebenso wie andere „Schaltergene" eine größere Bedeutung für die Evolution gehabt haben als bisher angenommen.

Das Publikum scheint überfordert zu sein. Die lähmende Stille beendet Hilde Mangold in offenkundiger Ungeduld mit der Frage, ob die Aktivität von Hox-Genen auch vom Organisator beeinflusst werden könne.

Darauf komme er gleich zu sprechen, weicht Ed aus, nicht ohne sich brav für den Hinweis zu bedanken. Er müsse zunächst noch auf die schon 1910 von Theodor Boveri bei Seeigeleiern gefundene Polarität eingehen, sie mit neuen Erkenntnissen erklären. Man wolle sich bitte erinnern: Nur eine Längsteilung des Zwei-Zellen-Stadiums von Pol zu Pol habe zwei komplette Seeigel ergeben, eine Querteilung nicht.

Die damit bewiesene Existenz von Zytoplasmafaktoren sei, wenn auch erst sehr viel später, zum Gegenstand intensiver Forschungen geworden. Deren wichtigste Ergebnisse wolle er kurz skizzieren.

Was man hier alles kurz nennt, geht es manchem durch den Kopf. Solch eine Floskel sei eher als Ablenkungsmanöver von komplizierter und üppiger Materie zu interpretieren. Nun, man habe ja Zeit hier oben, sehr viel Zeit!

Ed Lewis berichtet nun über neue Erkenntnisse. Es sei herausgefunden worden, dass ein und derselbe Botenstoff unterschiedliche Zelldifferenzierungen auslösen könne, worüber allein die Höhe seiner Konzentration entscheide. Mit zunehmender Entfernung von seinem Ursprungsort werde er naturgemäß immer mehr verdünnt, bilde also einen Konzentrationsgradienten aus. Für die Art der induzierten Gewebeform sei jeweils eine spezifische Grenzkonzentration erforderlich, die man als Schwellenwert bezeichne. Je nach Verfügbarkeit sei also eine einzige Substanz, Morphogen genannt, in der Lage, Unterschiedliches zu bewirken.

Solche „gestaltenden" Morphogene seien Produkte von Entwicklungsgenen. Diese würden bereits während der Eireifung aktiviert, was dazu führe, dass Morphogene schon bei der Eiablage im Zytoplasma angereichert seien, und zwar an den beiden Eipolen in jeweils verschiedener Qualität.

Nach der Befruchtung würden die Entwicklungsgene nur zeitlich und örtlich streng begrenzt aktiviert. Ihre erste Aufgabe bestehe in der räumlichen Organisation der Strukturen, also der Festlegung der Körperachse mit links-rechts und oben-unten bei genauer Überwachung der Ausgestaltung des Bauplans.

Die Kenntnis der Anordnung dieser Gene und ihrer speziellen Wirkung sei, daran wolle er noch erinnern, durch das Studium gezielt erzeugter Mutanten möglich geworden. Da die frühesten Entwicklungsstadien durch Morphogene beeinflusst würden, die schon im unbefruchteten Ei vorhanden, also ausschließlich vom mütterlichen Genom abhängig seien, könne man diese maternalen Mutanten von solchen unterscheiden, die erst nach der Befruchtung durch den Einfluss der väterlichen Gene entstünden. Die Zahl der für den Körperaufbau codierenden Entwicklungsgene habe man auf diese Weise mit 160 bestimmen können, dies sei ein Anteil von nur etwa 3 % am Drosophila-Gesamt-Genom von 5.000 Genen.

Wie schon zuvor am Beispiel der Hox-Gene besprochen, codierten alle Entwicklungsgene für Transkriptionsfaktoren, die auch andere Gene an- und abschalten könnten, was außerdem durch verschiedene Kombinationen jener Faktoren erreicht werde. Da die Morphogene zusätzlich variierend eingreifen würden, werde deutlich, dass die Natur sich eine ganze Palette von sinnvollen Wechselwirkungen ausgedacht habe, um die vielfältigen Aufgaben im frühen Embryonalstadium meistern zu können. Das Ganze funktioniere in einer bewundernswert genialen Art und Weise.

Natürlich müsse er all dem zustimmen, er teile diese Bewunderung, wirft Hans Spemann ein. Aber er bitte doch freundlich darum, die Frage seiner Kollegin nach dem Organisator nicht zu vergessen!

Das gehe in Ordnung, und zwar umgehend, lächelt Ed Lewis. Den Grundstein habe er nun aufgezeigt. Er könne jetzt das bisher über Drosophila Gesagte, wenn auch mit Abweichungen, auf Amphibien übertragen.

Jene Morphogene, die zunächst die Polarität des Amphibieneies, später den Organisatorbereich festlegen würden, seien als m-RNS oder als hochspezifische Proteine, unter ihnen die unvermeidlichen Transkriptionsfaktoren, identifiziert worden. Deren Konzentrationen und ihre Kombinationen mit asymmetrischen Verteilungen, der Wettstreit zwischen Aktivatoren und Repressoren, determiniere die Oben-Unten-Achse und führe zu den erforderlichen Differenzierungen. Man wolle sich bitte erinnern: Aus der Zygote gehe durch mehrere Zellteilungen zunächst die Morula hervor, ein ungeordnet erscheinendes Zellknäuel. Nach etlichen weiteren Mitosen lagerten sich die Zellen zu einer oberflächlichen Schicht zusammen, bildeten so eine Hohlkugel mit einem flüssigkeitgefüllten Innenraum. Das sei die Blastula, die aus nur einer einzigen Lage von Zellen bestehe, die aber bereits unterschiedlich determiniert seien. Dies hätten schon Hilde Mangold und Hans Spemann herausgefunden, da sich diese Bereiche mit Vitalfarbstoffen spezifisch anfärben und somit voneinander abgrenzen ließen.

Die Stelle, an der später die Einstülpung zur Gastrula erfolge, sei als kleine Delle erkennbar. Das sei der Urmund, der die Trennung von Bauch- und Rückenregion festlege und damit auch den Organisator. In dessen Zellen würden nun durch Botenstoffe aus der Nachbarschaft Gene aktiviert, die wiederum Transkriptionsfaktoren bildeten oder aber das Hemmprotein Chordin. Man habe nachweisen können, dass dadurch die Wirkung eines speziellen Morphogens beeinträchtigt werde, und zwar im Sinne einer genialen Steuerung: Da die Chordinkonzentration auf dem relativ langen Weg zur Bauchseite abnehme, könne dort das ortsspezifische Morphogen ungehindert wirken und die Bildung von Darmteilen, Nieren und Blutgefäßen induzieren.

In den chordinreichen Zellen der Organisatorregion hingegen werde durch die komplette Hemmung jenes „Bauch-Morphogens" die Entwicklung des Nervensystems ausgelöst, vor allem des Neuralrohres, dem späteren Rückenmark und Gehirn. Gleichzeitig entstehe die Chorda, ein knorpelähnlicher Rückenstrang, direkt aus den Organisatorzellen. Im späteren Stadium werde die Chorda durch die Wirbelsäule ersetzt, von ihr blieben nur im Zentrum der Zwischenwirbelscheiben kleine Reste erhalten.

Damit lasse sich nun endlich – ein freundlicher Blick zu den Ehrenplätzen begleitet diese Worte – das Ergebnis der von Hans Spemann und Hilde Mangold durchgeführten Transplantationsexperimente erklären: Das in die prospektive Bauchregion eingepflanzte Gewebestückchen aus dem Organisator habe über sein Hemmprotein Chordin die Zellen des Wirtsgewebes an der ortsgemäßen Entwicklung von Bauchstrukturen gehindert und stattdessen in dem noch omnipotenten Gewebe die Bildung von Nervenzellen und Ursegmenten zugelassen. Aus den Zellen des Implantats selbst sei, wie schon gesagt, die Chorda entstanden, die die embryonale Doppelbildung von der Kopfregion bis zum Schwänzchen stabilisiert habe.

Dies alles gehöre zu den Erkenntnissen auf molekularer Ebene, die zur Erklärung des Organisator-Effekts beigetragen hätten. Damit wolle er nicht nur die Mitwirkung von Christiane Nüsslein-Volhard und Eric Wieschaus würdigen, sondern er wolle damit ebenso eine Huldigung der beiden frühen Entdecker verbinden, die seines hohen Respekts sicher sein dürften.

Brausender Beifall, Hans Spemann und Hilde Mangold erheben sich, drücken Ed Lewis die Hände. Die Freude erfasst alle Teilnehmer, wandelt sich zur Vorfreude auf die nächste Sitzung, für die, soviel ist bereits durchgesickert, kein Geringerer als Francis Crick als Referent gehandelt wird. Man wird sehen und gespannt sein dürfen ...

Das menschliche Genom: Struktur und offene Fragen

Ende Juli 2004 wird die Expertenrunde bei Petrus durch die Ankunft von Francis Crick, einem der beiden Väter der DNS-Doppelhelix, markant bereichert. Alle begrüßen ihn mit hohem Respekt. Da also sei er nun endlich, so seine Mitstreiterin aus bewegten Jahren, die viel zu früh abberufene Rosalind Franklin. Die Wiedersehensfreude ist groß, verdrängt Erinnerungen an unschöne Differenzen zwischen den damals Forschenden.

Einige Wochen später ist die Erholung Cricks nach schwerer Krankheit, verbunden mit der nötigen Eingewöhnung in die neue Umgebung, so weit fortgeschritten, dass Petrus eine neue Konferenz einberufen kann. Außer Francis Crick hält er noch eine Überraschung bereit.

Crick beginnt seinen Vortrag mit einer kurz gehaltenen Schilderung seiner wissenschaftlichen Tätigkeit nach dem Triumph von 1962, nach der Verleihung des Nobelpreises.

Er sei zunächst der Molekularbiochemie treu geblieben, habe sich dann aber der Neurobiologie zugewandt, der Bewusstseinsforschung und der Frage, ob sich das Wesen der Seele naturwissenschaftlich erklären lasse. Eine Antwort stehe leider noch aus.

Selbstverständlich habe er die DNS niemals vergessen können, habe die Fortschritte der molekularen Genetik stets im Auge behalten. Er sei wirklich glücklich, den vorläufigen

Abschluss der Analyse der Basenfolgen in der DNS, der Sequenzierungen des menschlichen Genoms, noch miterlebt zu haben. Aber wieder einmal werfe der Fortschritt neue Fragen auf.

So sei es kaum vorstellbar, dass das menschliche Genom, die Gesamtheit der Gene, aus drei Milliarden Basenpaaren bestehe, wohlgemerkt, dies gelte für den haploiden Chromosomensatz pro Zellkern, also für 23 Chromosomen. Aber die Zahl jener Gene, die für die Synthese von Proteinen codieren würden, liege bei nur 25.000. Damit errechne sich für jedes Gen der enorme Mittelwert von 120.000 Basenpaaren.

Hier nun müsse er etwas Erstaunliches erläutern, einen Luxus der Natur. Als er vor 50 Jahren zusammen mit seinem Kollegen James D. Watson vor dem Modell der Doppel-Helix gestanden habe, sei zu vermuten gewesen, dass die schön zur Spirale gewundenen Nukleotidbasen mit ihrer Abfolge die genetische Information festlegen würden.

Das aber sei keineswegs immer der Fall, sei sogar die Ausnahme. Es habe sich herausgestellt, dass weite Strecken funktionslos seien, nichts anderes als DNS-Schrott darstellten, englisch als „Junk-DNA" bezeichnet. Nur relativ kurze Sequenzen codierten für die Synthese von Proteinen, seien also als wirkliche Gene anzusehen. Diese Regionen würden nur etwa zwei Prozent der gesamten DNS ausmachen. Beziehe man diesen Anteil auf die 25.000 von ihm repräsentierten Gene, so ergebe sich ein Durchschnittswert von 2.400 Basenpaaren pro Gen. Das also sei die wirklich effektive DNS in der oben errechneten Menge von 120.000 Basenpaaren.

Einen Spezialfall wolle er am Rande erwähnen. Das längste menschliche Gen nämlich bestünde aus 2,4 Millionen Nukleotidbasenpaaren, wie eben gesagt, natürlich überwiegend Schrott. Nur ein Bruchteil würde für das Muskelprotein Dystrophin codieren, das aus einer Kette von knapp 4.000 Aminosäuren bestehe. Es sei aber immer noch winzig, erst 8.000 aneinander gereihte Moleküle kämen auf eine Länge von einem Millimeter!

Doch zurück zum Schrott, dazu müsse er noch etwas sagen. Der Löwenanteil von 98 % nämlich sei nicht ausschließlich funktionslos. Darin enthalten seien noch regulatorische Basenfolgen sowie weitere Abschnitte mit spezieller Funktion, Introns genannt, die im nächsten Vortrag vorgestellt würden. Schließlich müsse man noch jene Sequenzen einbeziehen, die die Synthesen der verschiedenen RNS-Qualitäten steuerten.

Noch nicht sequenziert seien schließlich einmal die Zentralregionen der Chromosomen, die Zentromere, erstmals beschrieben 1888 von Theodor Boveri, der ihre Bedeutung als Spindelansatzstelle bei der Zellteilung erkannt habe. Sie würden aus mehreren Millionen Basenpaaren gebildet. Und zweitens müsse man die Basenfolgen an den Chromosomenenden, Telomere genannt, ebenfalls noch genau untersuchen. Allerdings sei bereits erforscht, dass Zentromere und Telomere mit hoher Wahrscheinlichkeit keine Gene enthielten.

Die Sequenzen aller 23 humanen Chromosomen seien inzwischen analysiert worden. Dabei habe sich herausgestellt, dass die Menschen untereinander zu 99,9 % übereinstimmten. Die restlichen 0,1 % erklärten sich aus den individuellen Unterschieden wie beispielsweise Haar- und Augenfarbe, Blutgruppen und andere serologische Marker. Diese Merkmale des Einzelnen bildeten die Basis für den „genetischen Fingerabdruck" oder die Klärung von Verwandtschaften.

Hier sei nun die Nähe des Menschen zum Schimpansen zu diskutieren, dessen Genom zu 98,7 % mit dem menschlichen übereinstimme. Die andersartigen Gene würden in etwa 40 Millionen Basenpaaren stecken, die sich seit der Trennung vom letzten gemeinsamen Vorfahren vor sieben bis acht Millionen Jahren verändert hätten. Die Schimpansenchromosomen 12 und 13 seien auf dieser langen Reise zum menschlichen Chromosom 2 verschmolzen. Als haploiden Satz habe der Schimpanse deshalb 24, der Mensch die schon erwähnten 23 Chromosomen.

Die Ursachen für die phänotypisch sehr viel größeren Unterschiede seien erst in jüngster Zeit ans Licht gekommen, aber immer noch von einer völligen Klärung weit entfernt. Immerhin sei erkannt worden, dass es nicht allein auf die Existenz von Genen ankomme, sondern mehr noch auf deren Aktivität. Viele Gene würden nur zeitweise „angeschaltet", andere wiederum seien in der Lage, je nach Eingreifen von regulatorischen Mechanismen, die Synthese verschiedener Proteine auszulösen. Das werde im nächsten Vortrag noch genau besprochen.

Er wolle zu diesem komplexen Thema hier nur noch den Begriff „Proteom" erläutern, mit dem die Summe aller Proteine benannt werde, deren Synthese vom gesamten Genom ausgelöst werde, als sichtbares Produkt somit auch den Phänotypus präge. Das Genom sei also die Ursache, das Proteom die Folge. Die Kenntnis der Abläufe, die sich hinter diesen Begriffen verbergen würden, klaffe jedoch weit auseinander: Der Genotyp sei im Hinblick auf seine Basensequenzen praktisch komplett analysiert. Wie er die Ausprägung des Phänotyps über das Proteinmuster genau steuere, liege aber noch weitgehend im Dunkeln.

Crick bedankt sich, gibt einer älteren Zuhörerin die Hand. Das Erstaunen ist offensichtlich, es werden Hälse gereckt, Köpfe verdreht, die weitgehend Unbekannte rückt augenblicklich in den Mittelpunkt.

Petrus greift ein, lächelt vielsagend bei der Vorstellung seines Überraschungsgastes. Er begrüße die Nobelpreisträgerin von 1983, Barbara McClintock.

Höflicher Beifall, freundlich-erwartungsvolles Brummeln. Nobelpreis? Man wird gespannt sein dürfen.

Barbara McClintock springt ohne Umschweife mitten in die „springenden Gene", deren Entdeckung um 1951 ihr recht spät die verdiente Auszeichnung beschert hatte. Warum erst nach 32 Jahren? Neid und Egoismus der lieben Kollegen? Passte sie als Frau nicht in das von Männern dominierte wissenschaftliche Establishment?

Sie wolle ein Stichwort aufgreifen, das ihr Herr Vorredner in seinem Referat erwähnt habe, ohne es zu definieren. Es betreffe die Struktur eines Gens.

Die codierenden Basensequenzen nenne man Exons, da sie die genetische Information exprimierten. Ein Gen bestehe aus mehreren solcher Abschnitte. Sie würden aber durch Introns getrennt. Das seien Sequenzen, die bei Aktivierung des Gens zwar ebenso wie die Exons in m-RNS umgeschrieben, nach der Transkription jedoch von speziellen Enzymen aus der m-RNS herausgeschnitten würden. Diesen Vorgang nenne man Spleißen. Die nur von den Exons umgeschriebenen und aneinandergefügten m-RNS-Sequenzen würden dann aus dem Zellkern ausgeschleust und mithilfe der t-RNS an den Ribosomen in Protein übersetzt. Dies habe ja Severo Ochoa schon erläutert.

Natürlich müsse man sich fragen, warum diese offensichtlich umständlichen Prozesse der Proteinsynthese vorausgingen. Die große Bedeutung liege darin, dass je nach Art der Genaktivierung durch die Transkriptionsfaktoren auch die eine oder andere Sequenz aus der m-RNS herausgeschnitten würde, die von einem Exon stamme. Dadurch sei die Möglichkeit gegeben, nicht alle Exons, also nicht das komplette Gen, zur Proteinsynthese einzusetzen mit der Folge, dass ein einziges Gen je nach Exonkombination für verschiedene Proteine codieren könne. Man gehe davon aus, dass die 25.000 Gene des Menschen durch diese Auswahl die Synthese mindestens der dreifachen Anzahl unterschiedlicher Proteine auslösen könnten, von denen viele als Transkriptionsfaktoren wie Regulatoren wirkten, die die Aktivitäten der Gene an- oder abschalten würden. Dies sei einer der Gründe dafür, dass trotz der Übereinstimmung von 98,7 % im Genom zwischen Menschen und Schimpansen derart große Unterschiede im Phänotyp, Verhalten und Intelligenz eingeschlossen, bestünden.

Nun aber sei es an der Zeit, auf den springenden Punkt zu kommen, auf die springenden Gene, die ihr damals auf die Sprünge geholfen hätten.

Als Untersuchungsobjekt habe sie sich eine Maissorte mit braunen Körnern ausgesucht. Der Farbstoff sei nämlich nach etlichen Kreuzungen nicht immer ausgebildet worden, es habe auch hellbraune und gelbe Samen gegeben, was zu bunt gesprenkelten Maiskolben geführt habe. Durch die Beobachtung der Vorgänge beim Crossing-over und der Neukombination habe sie mithilfe einer speziellen Technik nachweisen können, dass das Gen für die Farbstoffsynthese seinen Ort wechseln könne, aus dem ursprünglichen DNS-Faden herausgeschnitten werde, auf einen anderen DNS-Abschnitt springe und sich dort integriere. Diesen Vorgang nenne man Transposition, das springende Gen Transposon. Es müsse nicht zwingend sich selbst exprimieren. Vielmehr könne seine Wirkung auch in der Beeinflussung der Aktivitäten von benachbarten Exons bestehen bis hin zu einer Blockade des ganzen Gens.

Die Transposons, auch Transposonen genannt, hätten in der Evolution eine bedeutende Rolle gespielt, seien für Änderungen des Phänotyps und damit für Varianten und Artbildungen mitverantwortlich.

Das menschliche Genom enthalte etwa 45 % transposable Elemente. Beim Mais seien es 60 %, bei der Maus 40 %, bei der Fruchtfliege Drosophila 20 % und bei den Coli-Bakterien nur 0,3 %.

Interessant sei nun die Frage, woher diese Transposons stammten. Einige Forscher sähen Gründe für ihre Annahme, dass Transposons und Viren gemeinsame Vorfahren gehabt hätten, die Transposons vor Jahrmillionen als Viren dem Genom einverleibt worden seien. Dass sich eine Parallele zu bestimmten Retroviren anbiete, sei ein wichtiger Aspekt. Man betrachte das HI-Virus, das den humanen Immundefekt auslöse. Nach der reversen Transkription der Virus-RNS in seine basenkomplementäre DNS werde dieser Virus-Bauplan in die Wirts-DNS des Zellkerns eingebaut: Wie ein Transposon schneide die Virus-DNS den Faden auf, setze sich in die Lücke und verbinde sich mit beiden Enden, sei nicht mehr erkennbar.

Für das Zerschneiden des DNS-Fadens seien spezielle Enzyme erforderlich, so zum Einbau eines Transposons die Transposase. Offenbar lasse nicht jeder Organismus die Synthese dieser Enzyme zu oder aber blockiere deren Aktivitäten. Eine solche Hypothese könne vielleicht zur Klärung der Tatsache beitragen, dass sich Schimpansen nicht mit dem HIV infizieren ließen, folglich auch nicht an Aids erkranken könnten. Hier seien Sequenzierungsergebnisse eines internationalen Forscherconsortiums interessant, wonach der Anteil kurzer Transposons im menschlichen Genom dreimal größer sei als beim Schimpansen. In dessen Genom hätten sich stattdessen zwei unterschiedliche Familien retroviraler Elemente gefunden, vielleicht ein Grund dafür, dass weitere Retroviren nicht zugelassen würden.

Mit leichter Verbeugung dankt Barbara McClintock fürs Zuhören, freut sich über den Beifall.

So einfach also liegen die Dinge auf dem weiten Feld der Genetik nun doch nicht, mag sich mancher Teilnehmer gedacht haben. Die Sequenzanalyse des Genoms ist ein Anfang, beantwortet zwar viele Fragen, lässt aber noch mehr offen.

Solche Gedanken gehen auch Francis Crick durch den Kopf. Er denkt an Ereignisse, die das neueste Fachgebiet der Epigenetik untersucht: Wie werden Gene an- und abgeschaltet? Welche Ursachen lassen sich dafür eingrenzen? Spielen Umweltfaktoren eine Rolle? Crick überlegt, ob er dieses Thema für eine der nächsten Konferenzen vorschlagen soll.

Synthetische Theorie der Biologischen Evolution

Nach fast 101 Erdenjahren klopft am 3. Februar 2005 Ernst Mayr an die Himmelspforte.

Petrus begrüßt ihn mit besonderer Herzlichkeit, gepaart mit hohem Respekt für seine Lebensleistung – und mit der Freude über die Bereicherung der Diskussionsrunden durch einen hochkompetenten Evolutionsforscher.

Drei Monate später ist es so weit. Ernst Mayr hat sich an alles Neue dort oben gewöhnt, mit Freunden und Kollegen die Erkenntnisse der jüngsten Vergangenheit besprochen.

Der Konferenzsaal ist bis auf den letzten Platz besetzt. Frohe Erwartung bei jedermann. Nicht unverdient erntet der „Evolutionspapst", der „Darwin des 20. Jahrhunderts", reichlich Vorschusslorbeeren.

Aber Mayr wehrt ab, meldet Bedenken an. Ob er das volle Programm durchstehen könne, sei nicht gewiss. Er wolle jedenfalls versuchen, das Essentielle zu komprimieren. Das sei zunächst einmal einfach:

Nachdem sich die verschiedensten naturwissenschaftlichen Fachrichtungen den Evolutionsfragen zugewandt hätten, jeder Akteur seine Forschung für das einzig Wahre gehalten und kaum ein Informationsaustausch mit den Kollegen von Nachbargebieten stattgefunden habe, sei er auf die Idee gekommen, alle diese Wissenschaftler an den berühmten „runden Tisch" zu bitten. Das habe sich als recht fruchtbar erwiesen. Doch bevor er diesen Aspekt vertiefe, wolle er aus didaktischen Gründen vorab einen Blick zurück in die Geschichte werfen.

Dass der Evolutionsgedanke durch die grundlegenden Beobachtungen von Alfred Russel Wallace und Charles Robert Darwin in den Jahren 1858/59 seinen Einzug in die Welt der Naturwissenschaften gehalten habe, sei längst anerkannt und zum Allgemeinwissen geworden.

Aus dem Darwinismus habe sich dann der Neodarwinismus entwickelt, sozusagen in einem Prozess der Eigenevolution, angestoßen wiederum durch Wallace, unterstützt ab 1892 durch August Weismann. Beide hätten die von Darwin nicht nur tolerierte, sondern unter bestimmten Voraussetzungen mitvertretene These Lamarcks von der Vererbung erworbener Eigenschaften strikt abgelehnt, hätten sich insbesondere aus diesem Grund mit dem Terminus Neodarwinismus klar definieren wollen. Man denke an die hier oben schon vorgetragenen Versuche Weismanns mit den schwanzlosen Mäusen. Mit diesen Experimenten habe er seine Keimbahn-Theorie untermauert, den Beweis erbracht, dass allein durch die Zellen der Keimbahn das Erbgut auf die Nachkommen übertragen werde. Demzufolge könne die Vererbung einer neuen Eigenschaft nur dann dauerhaft erfolgen, wenn sie zuvor als Mutation im Genom fest programmiert worden sei.

Nach der Wiederentdeckung der Mendel-Regeln durch Correns, Tschermak und de Vries im Jahre 1900 sei dann die Forschung aufgeteilt worden. So hätten Genetiker, Zytologen, Entwicklungsphysiologen, Paläontologen und Geologen sich dem großen Thema gewidmet und viele beachtliche Resultate erzielt.

Damit sei er nun wieder beim „runden Tisch" angekommen, den er symbolisch für die weit streuenden Gedankengänge und Experimente der dreißiger und vierziger Jahre bemühen wolle, für das Bestreben, alle diese verschiedenen Forschungsrichtungen zusammenzuführen, in einer Synthese zu verbinden.

Nach Darwinismus und Neodarwinismus sei diese „Synthetische Theorie der Biologischen Evolution" die dritte, wenn auch nur vorletzte Entwicklungsstufe, verbunden mit Namen wie Theodosius Dobzhansky, dem er dankbar verbunden sei – nicht nur wegen seines richtungweisenden Beitrags von 1937, in dem er über den Kausalzusammenhang von Genetik und Evolution Fakten zusammengetragen habe, sondern auch wegen seiner inzwischen zum Credo der Forscher gewordenen Aussage, dass nichts in der Biologie einen Sinn habe außer im Lichte der Evolution!

In den Folgejahren hätten zunächst Julian Huxley und er selbst, dann auch George G. Simpson, Bernhard Rensch und G. Ledyard Stebbins mit Publikationen und Vorträgen die Synthetische Theorie wirksam gestützt und ihre Verbreitung und Akzeptanz vorangetrieben.

Als Julian Huxley seinen Namen hört, springt er auf, geht nach vorn, als sei er zur Rede aufgerufen worden.

Ernst Mayr erfasst die Situation blitzschnell, erkennt seine Chance auf eine Verschnaufpause und begrüßt Huxley mit der freundlichen Einladung, seinen eigenen Beitrag zur Synthese selbst vorzutragen.

Huxley, wie sein Großvater Thomas Henry Huxley mit scharfem Geist und silbenflinker Rhetorik gesegnet, kommt nach kurzem Dank sogleich auf sein grundlegendes Werk aus dem Jahre 1942 zu sprechen, dessen Titel „Evolution: Die moderne Synthese" nicht nur wie ein Programm klinge, sondern es auch sei. Denn mit der Einführung des Begriffs „Evolutionsbiologie" habe er diesen Forschungsbereich zur interdisziplinären Naturwissenschaft erklären und aufrufen wollen zur engen Zusammenarbeit aller Experten auf den oben bereits genannten Fachgebieten. Damit sei er zunächst auf Skepsis, teils sogar auf Widerstand gestoßen, doch habe sich im Laufe der Zeit erwiesen, dass der Austausch von Gedanken und Resultaten aus den Nachbargebieten allen Beteiligten Nutzen bringe, dass hier in einer Art Symbiose das Geben und Nehmen ausgewogen, der Vorteil für das übergeordnete Ganze unbestreitbar sei.

Die für die Evolutionsbiologie wichtigsten Erkenntnisse wolle er kurz skizzieren, wobei teils Bekanntes in neuem Licht erstrahle:

1.) Der Begriff „Gen", ursprünglich eingeführt als Synonym für einen Erbfaktor im Sinne Mendels, beispielsweise für die Blütenfarbe, werde neu definiert als genetische Information zur Synthese eines Proteins.

2.) Mutationen und vor allem der mehrfach diskutierte Austausch von Chromosomenstücken beim Crossing-over vor der

Reduktionsteilung im Verlauf der Meiose seien als der Motor der genetischen Variabilität und damit der Artbildung anzusehen. Ein variierter Genotyp sei die Ursache, der so geänderte Phänotyp als das „Aushängeschild" die Basis des Selektionsgeschehens.

3.) Ernst Mayr habe 1942 eine neue Definition des Artbegriffs formuliert: Arten seien solche Populationen, die untereinander Nachkommen zeugten und von anderen Fortpflanzungsgemeinschaften reproduktiv getrennt seien. Darunter verstehe man Sexualität in einer geografisch isolierten Gruppe, in der Selektionsvorteile nicht dadurch von Individuen einer anderen Population neutralisiert würden, dass diese das tauglichere Merkmal bereits entwickelt hätten. Als Beispiel könne man die Artbildung der Darwin-Finken auf den Galapagos-Inseln heranziehen, die in dieser Nische, frei von Konkurrenten, markante Anpassungen entwickeln konnten.

4.) Dies sei übrigens ein Beispiel für den neuen Begriff Mikroevolution: Damit beschreibe man die Entstehung neuer Varianten aus *ähnlichen* Vorläuferformen im Gegensatz zur Makroevolution, die erst nach zahlreichen mikroevolutiven Schritten in Anpassung an völlig andere Lebensräume die dafür erforderlichen *neuen Baupläne* entwickelt habe. Das werde in der Reihe Fische → Amphibien → Reptilien deutlich und durch Zwischenformen wie den Archaeopterix (Reptil → Vogel) gestützt.

Der spontane Beifall signalisiert offenbar zweierlei: Huxley sei ein kluger Kopf, möge es aber gut sein lassen für heute. Es genüge.

Julian Huxley versteht, ist hochzufrieden, zumal sein Freund Dobzhansky stehend applaudiert.

Doch in diesem Augenblick meldet sich ein Hinterbänkler – kein Geringerer als Hermann J. Muller, wohlbekannt durch seine Arbeiten über Röntgen-Mutanten bei Drosophila.

Er freue sich über die offenbar gelungene Synthese der Forschungsrichtungen, über die Bündelung aller Ergebnisse, die auch die Wechselwirkungen zwischen den Einzeldisziplinen beleuchte.

Als Genetiker sehe er aber Handlungsbedarf, fühle sich aufgerufen zum Dienst an der Klarheit, an der Eindeutigkeit verwendeter Begriffe.

So könne er den Terminus „Rekombination" für den Chromosomenstückaustausch beim Crossing-over nicht länger tolerieren. Die Vorsilbe „re-" sei nur dann zulässig, wenn sie anzeigen solle, dass ein früherer Zustand wieder hergestellt worden sei, wie beispielsweise bei der Reanimation eines Bewusstlosen, bei der Rekultivierung einer zerstörten Kulturlandschaft oder auch der Rekonvaleszenz, der Wiederherstellung der Gesundheit.

Analog müsse bei einer Rekombination zwingend etwas „wiederkombiniert" werden, das zuvor kombiniert, zusammen gewesen sei. Eine solche Situation aber liege beim Cromosomenstückaustausch keinesfalls vor: Es würden nicht jene Abschnitte „zurückkombiniert", die zuvor eine Einheit gebildet hätten, sondern es würden vielmehr Stückchen aus verschiedenen, wenn auch homologen Chromosomen zusammengefügt.

Hier erscheine es ihm für das weitere Verständnis hilfreich, wenn er daran erinnere, dass bei der Befruchtung der Chromosomensatz des Spermiums nur zu dem der Eizelle hinwandere, aber nicht mit ihm verschmelze. Väterliche und mütterliche Chromosomen würden nicht durchmischt. Sie ordneten sich vor der ersten Zellteilung vielmehr in der Äquatorialebene nebeneinander an, würden sich wie bei jeder Mitose verdoppeln, sodass jede der beiden Tochterzellen je einen kompletten Chromosomensatz von der Mutter und einen vom Vater erhalte: Zu jedem Chromosom des einen Elternteils existiere ein homologes Chromosom des anderen. Zur Einleitung der Meiosis mit dem Effekt einer Reduktionsteilung, der Halbierung des Chromosomenbestands, würden sich, wie schon an anderer Stelle vorgetragen, diese homologen Chromosomen paaren, sich überkreuzen, an diesen Punkten auseinanderbrechen und nach dem Austausch der so festgelegten Abschnitte wieder verheilen. Auf diesem Wege also würden Chromosomenstücke zwischen dem väterlichen und mütterlichen Chromosom vertauscht, quantitativ ganz offensichtlich planlos, völlig zufällig. Die anschließend daraus gebildeten Gameten seien folglich genetisch niemals gleich, in der einzelnen Keimzelle dominiere entweder mütterliches oder väterliches Erbgut. Darin nun liege die Erklärung für die Tatsache, dass jeder Mensch einzigartig sei und das eine Kind der Familie mehr der Mutter, ein anderes mehr dem Vater ähneln könne.

Nun betrachte man exemplarisch eines unserer 23 Chromosomen aus dem haploiden Satz. Es habe seine Form, seine Gestalt auch nach der Paarung mit seinem homologen Gegenstück des anderen Elternteils, nach Crossing-over und Stückaustausch, wieder hergestellt. Aber eben nur äußerlich. Der Informationsgehalt nämlich sei geändert worden: Zuvor nur Gene *eines* Elternteils, jetzt von *beiden*: Das Genmuster sei *neu* kombiniert worden. Um es klar und unmissverständlich zu wiederholen: Der Begriff „Rekombination" müsse ersetzt werden durch „Rekonstruktion" (der Gestalt), verbunden mit der für die Vererbung allein wichtigen *Neukombination* (der Gene).

Staunen ist angesagt, Nachdenklichkeit ebenso. Das war in der Tat überzeugend, ohne jede logische Lücke. Wieder zusammenkommen kann nur, was vor der Trennung eine Einheit bildete. Wieso hat das noch nie jemand zu Ende gedacht?

In diese Pause hinein meldet sich noch einmal Ernst Mayr. Die temperamentvollen Einlagen von Huxley und Muller haben ihm gutgetan, er ist wieder fit.

Er bedaure sehr und bitte ganz herzlich um das Verständnis aller, wenn er trotz der vorangeschrittenen Zeit nicht umhin könne, das große Thema mit einem essentiellen Nachtrag zu komplettieren. Es sei aber unabweislich, hier noch den vierten und vorläufig letzten Abschnitt, die „Erweiterte Synthetische

Theorie", kurz anzusprechen. Sie umfasse die gesamten hier relevanten naturwissenschaftlichen Ergebnisse seit 1950, die alle Aussagen der Pionierzeit ab 1930 durch mannigfache Bestätigung gefestigt hätten. Dabei habe neben geologischen, physikalischen und chemischen Datierungsmethoden, mit deren Hilfe die erdgeschichtlichen Epochen und die ihnen zuzuordnenden Fossilien zeitlich mit ungewohnter Präzision eingegrenzt worden seien, vor allem die Molekularbiologie eine herausragende Rolle gespielt. So sei unabweisbar klar geworden, dies eine Beispiel möge stellvertretend für alle Fortschritte genügen, dass der Informationsfluss Keimbahn → Soma, genauer DNS → RNS → Protein, eine kompromisslose Einbahnstraße darstelle, unumkehrbar sei. Eine erbliche Information, festgelegt in der DNS-Basensequenz, könne niemals von der Körperzelle zum Genom, niemals in der Folge Protein → RNS → DNS ablaufen. Damit sei jede Diskussion über die dauerhafte Vererbung erworbener Eigenschaften obsolet geworden. Die Evolution, das müsse er abschließend feststellen mit einem Wort seines Kollegen Stebbins, die Evolution sei keine Theorie mehr, sondern eine Tatsache.

Dem betagten Referenten signalisiert der reichlich gespendete Beifall zweierlei: Er teilt sich auf in eine Huldigung seines Lebenswerkes und den Dank für seinen Vortrag. Es sollte noch nicht der letzte gewesen sein dort oben ...

Kreationismus kontra Evolution und Theologie

Wenig später bittet Petrus zu einer weiteren Konferenz mit Ernst Mayr. Vorausgegangen sind etliche Gespräche im kleinen Kreis, zu denen auch Bischof Wilberforce hinzugezogen worden ist.

Petrus eröffnet die Sitzung mit einer kurzen Einführung: Es sei ganz besonders ihm selbst ein Herzenswunsch, ein Problem zu thematisieren, das sich durch eine Glaubensbewegung ergebe, die zwar im Christentum angesiedelt sei, aber durch die allzu wörtliche Auslegung der biblischen Schöpfungstexte eine Sonderstellung einnehme. Das erkläre, weshalb die Kreationisten die von den Evolutionsforschern begründeten Entwicklungen des Lebens strikt ablehnten. Doch zu diesem Komplex möge nun Ernst Mayr seine Überlegungen und Argumente vortragen.

Der „Darwin der Neuzeit" beginnt mit dem Hinweis auf den Schluss seines letzten Referats, in dem er seinen Freund Leydyard Stebbins zitiert habe mit dessen Credo, dass die Evolution keine Theorie mehr sei, sondern eine Tatsache.

Zu seinem großen Bedauern werde dieser wohlbegründete Fakt von leider oft einflussreichen evangelikalen Kreisen vor allem in den USA, inzwischen aber auch in Europa, mit erstaunlicher Sturheit und Aggressivität bestritten. Diese Fundamentalisten hätten das Postulat „design must have a designer", eine Form müsse einen Gestalter haben, erhoben und es durch den Zusatz, dass es sich selbstverständlich um einen überaus intelligenten Designer handle, zu einem unumstößlichen Credo festgeschrieben, wobei man das Wort „Gott" strikt vermeide. An die Stelle der Evolution werde die wörtlich zu nehmende, absolut irrtumsfrei zu akzeptierende biblische Schöpfungsgeschichte gerückt. Die verblüffend hohe Anzahl der Anhänger dieses „ID-Kreationismus" ermögliche wirkungsvolle Einflussnahme in weiten Bereichen des öffentlichen Lebens. Ihre Vertreter in hohen Ämtern Amerikas hätten es geschafft, die Lehre des Evolutionsgeschehens in einigen Bundesstaaten gesetzlich untersagen zu lassen, doch seien diese Verbote nach einiger Zeit höchstrichterlich wieder aufgehoben worden. Es gebe aber immer wieder Besorgnis erregende Bestrebungen, die das zweifelhafte Ziel verfolgten, im Biologieunterricht zwischen Evolution und Kreationismus als gleichberechtigtem Alternativkonzept wählen zu lassen, es also zu erlauben, naturwissenschaftliche Kausalität durch eine auf Fantasie begründete Mythologie zu ersetzen.

Solche Tendenzen seien inzwischen auch in Deutschland anzutreffen. So habe beispielsweise die Kultusministerin eines Bundeslandes, inzwischen zurückgetreten, mit ihrem Vorschlag, die Schöpfungsgeschichte in den Lehrstoff für das Fach Biologie an Schulen aufzunehmen, für Furore gesorgt. Von Kritikern habe sie sich daraufhin die Frage gefallen lassen müssen, warum sie angesichts ihrer hohen Verantwortung für das Bildungsniveau der Jugend nicht willens sei, Wissen und Glauben auseinanderzuhalten.

Rumoren, Unverständnis, Protest.

Jetzt erhebt sich zum Erstaunen aller Bischof Wilberforce, meistens unauffällig im Hintergrund, aber immer wach und angriffslustig.

So neu, wie man hier glauben machen wolle, sei der Gedanke eines „Kreationismus" nun ja wirklich nicht. Man möge sich doch bitte erinnern: Schon der Naturtheologe William Paley habe von einem „intelligenten Plan Gottes" gesprochen, mit dem allein beispielsweise die geniale Konstruktion des menschlichen Auges erklärbar sei.

Auch an Baron Cuvier sei hier mit seinem Glauben an einen „gottgelenkten Funktionalismus", der die unbestreitbar sinnvolle Kausalität zwischen Bauplan und Aufgabe der Organe thematisiere, zu erinnern.

Dann noch Sir Charles Lyell, der zwar dem Wandel der Arten zustimme, ihn aber als gottgelenkt ansehe.

Die Reihe ließe sich noch erweitern, doch wolle er die ehrenwerte Versammlung nicht zu sehr strapazieren. Es bleibe sein fester Glaube und seine Überzeugung, dass die Wurzeln einer solchen Art von Kreationismus weit zurückreichten, dass dessen historische Beständigkeit eine tragende Säule in der Gegenwart darstelle. Das schließe natürlich nicht aus, extreme Entwicklungen kritisch zu sehen, insbesondere dann, wenn sie sich so weit von Mutter Kirche entfernten, dass sie christlich-religiöse Begriffe meiden würden wie der Teufel das Weihwasser und sogar Gott aus ihrem Wortschatz löschen würden. Wenn die ihm überbrachte Information zutreffe, dass die Neo-

Kreationisten das von den Theologen recht mühsam konstruierte Bündnis von Glaube und Vernunft ablehnten, so müsse er allerdings solchen Bestrebungen seine Unterstützung versagen.

Tiefes Schweigen, knisternde Spannung.

Für Thomas Henry Huxley gibt es kein Halten mehr – keine Überraschung für die Mehrzahl der Anwesenden. Die knallhart geführten früheren Auseinandersetzungen der beiden haben sich bleibend in das Gedächtnis eingegraben.

Da müsse er sein Wort erheben, und zwar zunächst deshalb, weil von der klassischen Polarität Glaube/Wissen durch Einführung der „Vernunft" abgerückt werde. Wenn aber Vernunft den Einsatz verantwortungsvollen Denkens bedeute, könne man den Begriff Wissen doch ohne Not beibehalten! Andernfalls nämlich werde ein Bündnis von Glaube und „wissender Vernunft" suggeriert, mit unscharfen Grenzen zwischen Glaube und nebulös eingewebtem Wissen. Auch der „wissende Glaube" sei ein janusköpfiges Konstrukt. Ein Kopf könne nur ein Gesicht haben – entweder Wissen oder Glauben. Dazu werde auch noch der Anspruch auf allgemeingültige Wahrheit erhoben. Genau das aber habe er schon in einem früheren Beitrag abgelehnt und ausführlich begründet. Es sei für ihn inakzeptabel, wenngleich für andere möglicherweise hilfreich. Natürlich sei ein jeder frei in allen Fragen des Glaubens, doch könne niemandem die Freiheit eingeräumt werden, die mit seinem Glauben nicht verträglichen, objektiv nachgewiesenen naturwissenschaftlichen Erkenntnisse als unwahr zu bestreiten. Daher sei jeder Versuch mit einem solchen Ziel nicht nur untauglich, sondern auch als höchst unseriös abzulehnen. Nur dies und nicht mehr wolle er abschließend den neuen ID-Kreationisten zurufen, die offensichtlich mit dem Begriff „intelligent" bei sich selbst nichts anzufangen wüssten.

Noch bevor Bischof Wilberforce erneut das Wort ergreifen kann, kommt Ernst Mayr ihm zuvor.

Ein verschmitztes Lächeln huscht über sein Gesicht, als er einwirft, bei näherem Hinsehen liege es ja tatsächlich gar nicht so weit neben der Sache, wenn man sich vor Augen halte, wie „intelligent" doch alles Lebende auf die Anforderungen des Alltags zu reagieren vermöge. Aber es sei nun einmal unumstößlich bewiesen, dass als „Designer" niemand sonst als der Kampf ums Dasein mit dem Effekt des „survival of the fittest" sich dadurch gestaltet habe, dass Unvollkommenes eliminiert worden sei mit dem Ergebnis optimal angepasster Arten.

Aber wie soeben Huxley wolle auch er zur Toleranz aufrufen und niemandem das Recht streitig machen zu glauben, was er wolle und für richtig halte. Allerdings falle ihm diese an sich selbstverständliche Haltung den Kreationisten gegenüber deshalb nicht leicht, weil es ihnen offenkundig nicht möglich sei, selbst Toleranz zu praktizieren. Vielmehr lasse sich ein sektiererischer Sendungsglaube erkennen. Diese Missachtung der Gedankenfreiheit, das Negieren naturwissenschaftlicher Erkenntnisse, müsse er aus tiefster Überzeugung ablehnen. Der bedauerliche Fanatismus habe somit den positiven Effekt ausgelöst, dass Evolutionslehre und Theologie nunmehr in ihrer gemeinsamen Ablehnung des Kreationismus vereint, sich ein Stück nähergekommen seien!

Stürmischer Beifall, Erleichterung. Diese Schlussworte aus dem Munde eines Berufenen wirken erlösend. Offensichtliche Einigkeit in der Ablehnung der Sektierer. Doch in der Frage einer Wechselbeziehung zwischen Glaube und Vernunft bleiben außer Bischof Wilberforce auch noch andere Teilnehmer, Petrus eingeschlossen, still und nachdenklich. Sie empfinden, dass diese beiden Begriffe sich keineswegs widersprechen müssen, kompatibel sein können, sodass in diesen Köpfen Huxleys „Entweder-oder" durch ein „Sowohl-als-auch" verdrängt wird …

Letzte Neuigkeiten aus Genetik und Paläontologie

Petrus und seine Assistenten haben ein Problem. Verwöhnt durch das schier unerschöpfliche Reservoir, durch die kontinuierlich durch Neuzugänge bereicherte Runde, war es bisher immer ein Leichtes, den aktuellen Stand der Evolutionsforschung vortragen zu lassen.

Doch spätestens die Ankunft von Ernst Mayr, dem „Darwin der Neuzeit", lässt eine schmerzliche Cäsur deutlich werden. Die Ergebnisse der von ihm angesprochenen Forschungs- und Grabungsprojekte, bereits in ihren ersten Konturen vielversprechend, werden auf Erden noch bearbeitet, von jungen Wissenschaftlern im vollen Saft ihrer Kreativität. Ihnen sei noch eine lange Reihe guter Jahre gewünscht!

Caenuntius, viel unterwegs, immer offen, die Ohren stets auf Empfang geschaltet, räuspert sich. Er habe da eine Idee, aber bitte, vielleicht reichlich verwegen?

Die Technik dort unten, das dürfe er aus etlichen Beobachtungen und Gesprächen resümieren, habe in letzter Zeit atemberaubende Fortschritte erzielt. Längst könne man drahtlos telefonieren und auch fernsehen. Die für diese Kommunikation erforderlichen Satelliten befänden sich in greifbarer Nähe. Er könne sich vorstellen, dass es technisch machbar sei, sie anzuzapfen und so das Neueste zu erfahren.

Natürlich setze diese als himmlisch zu lobende Möglichkeit eine entsprechende Ausrüstung voraus. Da sehe er große Schwierigkeiten.

Petrus hört aufmerksam zu, stellt Fragen, denkt nach. Jetzt beginnt seine Anspannung sich zu lösen – die Lösung naht: Er verabschiedet sich „auf ein Wort mit dem Chef", sei bald wieder da.

Und in der Tat. Locker und heiter beauftragt er Caenuntius und Memoritus mit einer höchstinstanzlich angeordneten Mission: Es werde ihnen aufgetragen, aus den reichlichen Beständen in Rom, dort sei man informiert, einen großen LCD-

Flachbildfernseher, HD-tauglich, einen DVD-Receiver und zwei Laptops mit hoher Speicherkapazität, am besten mit zusätzlichen externen Festplatten, abzuholen. Die für die Energieversorgung erforderlichen Sonnensegel gehörten natürlich mit zum Paket, abgesehen von allerlei Kleinkram.

Die beiden Boten schlüpfen in ihre Himmelshemden, die Caelestamisien, werden sofort unsichtbar. Das bekannte Rauschen, begleitet von melodischen Sphärenklängen, signalisiert den Zurückbleibenden den Abflug. Gute Reise!

Schon am folgenden Tag wird montiert, verkabelt, werden Betriebsanleitungen studiert. Die Laptops sind als erste startklar, sofort beginnen Veritatikus und Memoritus mit der Übertragung der Daten und Dossiers aus dem Archiv.

Caenuntius hat Probleme mit der Ausrichtung der Satellitenschüssel auf den günstigsten Trabanten. Doch am dritten Tag, immerhin, empfängt er Europa: Klares Bild, wunderschöne Farben, guter Ton. Was will man mehr? Die Auswahlmöglichkeit zwischen 33 Programmen toppt den Fortschritt zusätzlich.

Der Wochenvorschau des Senders „RT-Pfiffikus" ist die Ankündigung eines Vortrags im Rahmen der Reihe „Verständliche Wissenschaft" zu entnehmen, dessen Thema „Zur Entwicklung des Sprachgens in der Evolution" interessant erscheint. Nach Rücksprache mit Petrus wird nicht ohne Stolz beschlossen, die erste satellitengestützte Sitzung einzuberufen.

Ernst Mayr erklärt sich bereit, über die wichtigsten der bisher für die Sprachentwicklung erarbeiteten Erkenntnisse einleitend zu referieren.

Der große Tag ist gekommen. Der Fernseher wird von den älteren Teilnehmern gebührend bestaunt, ungläubige Blicke wandern hin und her.

Bis zum Beginn der Übertragung aus Leipzig verbleibt noch eine gute halbe Stunde. Ernst Mayr ergreift das Wort.

Er betont einleitend, dass nach seiner Überzeugung die Fähigkeit der sprachlichen Kommunikation das Einzigartige des Menschen darstelle. Sie sei der glanzvolle Gipfel eines langen

Weges. Es sei zu bedenken, dass die Verhaltensweisen bei niederen Tieren ausschließlich genetisch festgelegt seien, dass sie zusätzlich mit der Entwicklung der Brutpflege durch Lernprozesse bereichert würden und erst beim Menschen durch die sprachliche Überlieferung von Informationen, durch die Weitergabe von Erfahrungswerten ihre Vervollkommnung erreichten.

Die Sprachfähigkeit sei an die Erfüllung von mindestens zwei Voraussetzungen gebunden: zum einen an eine ausreichende geistige Kapazität, zum anderen an anatomische Besonderheiten. Er betrachte es als äußerst bedeutsam, dass die mittlere Größe des Gehirns sich im Laufe der Evolution von weniger als 500 Millilitern bei den Australopithecinen bis zum Homo erectus glatt verdoppelt habe und schon beim frühen Homo sapiens auf 1400 Milliliter angestiegen sei. Damit habe sich die Möglichkeit einer gewaltigen Informationsspeicherung ergeben, wie sie zur Entwicklung und Weitergabe von handwerklichen und kulturellen Fertigkeiten unabdingbar notwendig sei. Der anschließend angekündigte Vortrag verspreche neue Erkenntnisse über die genetisch gesteuerte Ausformung der Sprache, man dürfe also gespannt sein.

Bei den anatomischen Besonderheiten spiele offenbar die Lage des Kehlkopfes eine wichtige Rolle. Er sei bei den Säugetieren relativ hoch angelegt, sodass sie gleichzeitig schlucken und atmen könnten. Für die Erzeugung von Lauten und vor allem für deren Abwandlung zu Vokalen dagegen habe sich ein tiefer liegender Kehlkopf als erforderlich erwiesen. Dessen endgültige Position werde beim Menschen durch kontinuierliche Absenkung ab dem zweiten Lebensjahr erst im Alter von 12 bis 14 Jahren erreicht. Im Babyalter sei der Kehlkopf noch weiter oben angelegt mit der Folge, dass auch der Säugling weiteratmen könne, während er Muttermilch sauge und schlucke. Das kleine Volumen des Nasen-Rachen-Raumes erkläre die kaum artikulierten Babylaute, die vor allem durch die Lippenformung variiert würden, allerdings in engen Grenzen.

Er wolle zum Schluss kommen. Für die Paläontologen sei der Befund wichtig, dass eine tiefe Kehlkopfposition mit einer Wölbung der Schädelbasis einhergehe, die bei hochliegendem Kehlkopf, wie es bei Schimpansen der Fall sei, fehle. Schon bei Homo erectus sei eine beginnende Schädelbasiswölbung vorhanden, die dann beim archaischen Homo sapiens die moderne Form erreiche. Insoweit spreche nichts gegen die Möglichkeit, dass die Sprachentwicklung schon vor 200.000 Jahren ihren Anfang habe nehmen können. Die Tradition der immer mehr perfektionierten, zur Kunst gereiften Anfertigung der Steinwerkzeuge könne als Indiz für eine sprachliche Verständigung gewertet werden. Es deute allerdings nichts darauf hin, dass Sprache in ihrer Ausformung als allgemeines Kommunikationsmittel älter als vielleicht 50.000 Jahre sei. Doch die Beweislage müsse offen bleiben, zumal Sprache leider nicht fossilisierbar sei.

Das Publikum spendet dankbar Applaus, der aber schnell abebbt, weil die Manipulationen seitens Caenuntius an dem neuen technischen Ungeheuer die volle Aufmerksamkeit der Zuhörer auf sich ziehen.

Plötzlich Rauschen, Zischen, Blitze. Aber nach wenigen Augenblicken hat Caenuntius die Technik im Griff. Ein klares Bild zeigt die Eröffnung eines Leipziger Kongresses über „Aktuelle Themen der Paläogenetik".

Gespannte Ruhe sowohl unten im Hörsaal als auch oben bei Petrus. Dessen Gäste sind fasziniert, kommen aus dem Staunen über das reibungslose Funktionieren des himmlischen Informationsweges nicht heraus. Doch diese Gedanken werden überlagert vom Geschehen auf dem Bildschirm.

Leipzig als Tagungsort haben die Wissenschaftler wegen der überaus erfolgreichen Forschungen des Teams von Svante Pääbo ausgewählt. Einen Schwerpunkt des Kongresses bildet ein Vortrag zum aktuellen Stand der Erkenntnisse über ein als FOXP2 bezeichnetes Gen für die Sprache des Menschen.

Der Referent berichtet einleitend von jener Familie in England, die durch Schwierigkeiten bei der Artikulation der schlichten Alltagssprache aufgefallen war und Probleme beim Sprachverständnis zeigte. Die Forschergruppe um Jane A. Hurst, Faraneh Vargha-Khadem und Anthony Monaco habe herausgefunden, dass dieser Defekt von der Großmutter ausgegangen sei. Offensichtlich handele es sich um einen dominanten Erbgang, denn alle ihre Kinder seien sprachgestört. Die Analyse habe dann ergeben, dass eine Punktmutation des Gens FOXP2 auf Chromosom 7 vorliege. Aus deren Dominanz sei zu folgern, dass für die normale Sprachentwicklung beide Allele intakt sein müssten, es für die beobachteten Störungen also genüge, wenn nur eines der beiden FOXP2-Gene, entweder das von der Mutter oder das vom Vater, mutiert sei.

Unter den Enkeln, den Kindern also aus Ehen eines Betroffenen mit einem gesunden Partner, habe sich das Verhältnis von Sprachstörung zu Normal von 1:1 eingestellt. Auch daraus sei auf die Dominanz der Mutante zu schließen, denn diese Ehen seien unter dem Gesichtspunkt der Vererbungsregeln als Rückkreuzungen einzustufen.

Die geschilderten Erkenntnisse, so der Referent weiter, hätten nun die Überlegung nahegelegt, die Spur des FOXP2 in der Evolution zurückzuverfolgen. Die Leipziger Arbeitsgruppe habe deshalb die Nukleotidsequenzen dieses Gens der Mäuse, Rhesusaffen, Schimpansen und Menschen miteinander verglichen.

FOXP2 bestehe aus 715 codierenden Nukleotid-Tripletts. Der letzte gemeinsame Vorfahr von Mensch und Maus habe vor etwa 75 Millionen Jahren gelebt und wohl ein „Ur-FOXP2" besessen. Auf dem langen Weg zum Menschen seien im Vergleich zur Maus drei dieser Tripletts mutiert, das codierte Protein enthalte also beim Menschen an drei Stellen andere Aminosäuren als bei der Maus. Bei den Schimpansen sei dieser Unterschied noch geringer: Deren FOXP2 mutierte im Vergleich mit Mäusen nur an einem einzigen Basentriplett.

Nach der Trennung der beiden Linien Schimpanse-Mensch vom gemeinsamen Vorfahr vor etwa 8 bis 7 Millionen Jahren seien irgendwann die beiden menschenspezifischen Mutationen des Sprachgens erfolgt. Da die Genexpression durch die Synthese spezifischer Transkriptionsfaktoren und deren Wechselwirkungen auch mit anderen Genen reguliert werde, könne man folgern, dass der Austausch von nur zwei Aminosäuren im Transkriptionsprotein bereits ausreiche, um die Sprachentwicklung zuzulassen. Das mutierte Sprachgen könne jetzt auch die Mitwirkung anderer Entwicklungsgene positiv regulieren, denn es steuere jetzt offenbar sowohl die Kehlkopfwanderung als auch die Ausbildung der beiden Sprachzentren im Zuge der Hirnvergrößerung. Diese auch anatomisch identifizierbaren Areale in der linken Hirnaußenseite, nach ihren Erstbeschreibern Broca- und Wernicke-Zentren genannt, seien nur beim Menschen vorhanden. Deren Schlüsselrolle für die Artikulation, für die essentielle Steuerung der Feinmotorik der Gesichtsmuskulatur zur Lautformung werde von all den bedauernswerten Patienten demonstriert, bei denen die Funktion dieser Zentren durch Schlaganfälle beeinträchtigt worden sei.

Beifall dort unten, auch bei Petrus ist das Auditorium beeindruckt: Kleine Ursache, große Wirkung!

Das aber sei noch nicht alles. Ein Team des Instituts habe aus gut erhaltenem Knorpelgewebe von Neandertalerskeletten, die in einer kühlen Höhle Spaniens runde 43.000 Jahre überdauert hätten, genetisches Material isolieren können. Die Sequenzierung habe ergeben, dass das Sprachgen FOXP2 beim Neandertaler in exakt gleicher Variante wie beim heutigen Menschen, völlig identisch also mit dem des modernen Homo sapiens, vorgelegen habe.

Damit lasse sich der Zeitraum eingrenzen, in dem die Mutationen des Sprachgens stattgefunden hätten. Ausgehend von Homo erectus habe sich nämlich in Afrika die Linie des Homo sapiens vor etwa 800.000 Jahren von den nach Europa gewechselten Einwanderern getrennt, die sich zunächst zum Homo heidelbergensis, aus ihm vor circa 400.000 Jahren zum

Ante-Neandertaler entwickelt hätten. Trotz der offenbar schon vor 800.000 Jahren bestehenden Identität der Sprachgene sei aber noch eine lange Zeitspanne bis zu ihrer Nutzung zu vermuten. Am Anfang habe wahrscheinlich die Verständigung durch Laute und Zeichen beispielsweise bei der Jagd gestanden, bis dann irgendwann eine verbesserte Kommunikation durch Sprache eingetreten sein könne. Für dieses Denkmodell gebe es allerdings nur wenige Ansätze, vor allem die für die immer perfektere Werkzeugfertigung zu vermutende sprachliche Unterweisung der nächsten Generation.

Für den vor 40.000 bis 35.000 Jahren im Zuge der dritten Auswanderungswelle aus Afrika nach Europa gekommenen Homo sapiens hingegen könne man einen hinreichend komplexen Wortschatz annehmen, also für die Zeit der Cro-Magnon-Menschen. Deren kulturelle Leistungen wie die Höhlenmalerei und die damit verbundenen religiösen Riten seien ohne sprachliche Verständigungsmöglichkeiten sicher nicht zu erbringen gewesen.

Dem noch zeitgleich existierenden Neandertaler sei im Hinblick auf das Fehlen einer vergleichbaren Kulturstufe ein erheblicher Rückstand in Ausformung und Nutzung seiner sprachlichen Kommunikationsfähigkeiten zu unterstellen. Man könne nicht ausschließen, dass dieser Mangel einen relevanten Selektionsnachteil bedeutet und das Aussterben der Neandertaler vor 27.000 Jahren begünstigt und beschleunigt habe.

Diese nachvollziehbar logischen Gedanken machen das Publikum sprachlos. War es der Neandertaler auch?

Doch er wolle das weite Feld der Spekulation schnell wieder verlassen, so der Vortragende weiter, und auf den Boden der erbrachten Tatsachen zurückkommen. Dazu gehörten die Forschungen einer Berliner Arbeitsgruppe, die das FOXP2-Gen des Zebrafinken untersucht habe, der für seinen schönen Gesang mit oft kunstvollen Passagen bekannt sei.

Die Sequenzanalyse habe große Ähnlichkeiten mit dem menschlichen Sprachgen ergeben, sodass man hoffen dürfe, dass Manipulationen an dieser Variante Rückschlüsse auf die

Funktionsweise auch beim Menschen ermöglichten. Es sei nämlich bereits gelungen, mithilfe ebenso genialer wie kniffliger Eingriffe einen Transkriptionsfaktor, der vom FOXP2-Gen codiert wird, in seiner abgegebenen Menge unter einen für dessen normale Aktivität erforderlichen Schwellenwert zu reduzieren und ihn damit teilweise auszuschalten. Das habe bei Jungvögeln zu einer deutlichen Gesangsstörung geführt, zu einer eingeschränkten Fähigkeit, die vorgesungenen Tonfolgen der Lehrmeister zu imitieren, sich einzuprägen und beliebig zu wiederholen. In dieser Symptomatik sei eine Analogie zu den Sprachstörungen beim Menschen zu sehen.

Der Referent bedankt sich bei seinen Zuhörern für geduldige Aufmerksamkeit. Deren Applaus bekundet hohe Anerkennung für die allgemeinverständlich vorgestellten Forschungsergebnisse, verbunden mit großem Respekt und einer leisen Ahnung von der geleisteten mühevollen Kleinarbeit.

Oben bei Petrus beginnt der Beifall erst, nachdem Caenuntius den Fernseher ausgeschaltet hat. Auch dort ist man von den Fortschritten der Analytik wie auch der Technik tief beeindruckt.

Schon zwei Wochen später filmen die Fernsehleute im Rahmen ihrer Reihe „Verständliche Wissenschaft" in Frankfurt, wo die Studenten der Vor- und Frühgeschichte in einer mit Schlüsselerlebnissen garnierten Zusammenfassung über die in den letzten Jahren erzielten Fortschritte auf dem Gebiet der Paläoanthropologie informiert werden sollen.

Der Seminarleiter weist einleitend auf die Mitwirkung unkalkulierbarer Faktoren wie Glück und Zufall hin, die im Gelände stets die Grabung begleiteten, wenn auch mit wechselnder Güte und Großzügigkeit.

Als fast unglaubliches Beispiel wolle er an den Fund des Hominiden-Unterkiefers in Uraha am Malawi-See 1991 erinnern, dessen Alter auf stolze 2,5 Millionen Jahre bestimmt worden sei. Dass für diese Datierung Schweinezähne als Leitfossilien fungierten, denen in subtilen Analysen ihr Alter habe entlockt werden können, sei die eine Seite der Medaille. Die andere betreffe wiederum Zähne, nämlich die des geborgenen Unterkiefers. Von dessen zweitem Backenzahn habe genau ein Viertel gefehlt. Dieses Zahnstück sei jedoch von herausragender Bedeutung gewesen, weil die Zuordnung zur Art des Hominiden die Analyse aller Zahnhöcker voraussetze.

So sei für die nächste Grabungssaison eine Mannschaft zusammengestellt worden, die einzig und allein die Aufgabe gehabt habe, nach dem fehlenden Zahnviertel zu suchen. Die drei Mainzer Paläontologie-Studenten, die sich für diese abenteuerliche Mission meldeten, hätten zusammen mit ihren afrikanischen Helfern das gesamte Oberflächenmaterial rund um die Fundstelle abgegraben, in die Kleinigkeit von 90 Säcken gefüllt, zum Malawi-See transportiert und dort im Wasser das Erdreich durch Siebe fortgeschlämmt. Alle festen Bestandteile seien dann unter die Lupe genommen worden, im wahrsten Sinne des Wortes, da man nicht habe ausschließen können, dass das gesuchte Viertel nochmals in Teile auseinandergefallen sei.

Nun aber müsse der gütige Zufall, das berühmte Quäntchen Glück, bemüht werden. Es sei kaum zu glauben, aber am letzten Tag der auf sechs Wochen befristeten Aktion sei schließlich aus dem letzten Sack beim Sieben der letzten Portion das Zahnstück aufgetaucht!

Fröhlicher Beifall, die Studenten sind beeindruckt, ja begeistert. Eine tolle Wissenschaft, diese Paläontologie!

Der Vortragende freut sich ebenso, nickt lächelnd, als er fortfährt und zur Quintessenz kommt: Die jetzt mögliche Zahnanalyse sei zu dem Ergebnis gekommen, dass der Unterkiefer einem Vertreter des Urmenschen Homo rudolfensis gehört habe, damit das bisher älteste geborgene Fossilteil dieses Typs darstelle. Andere Funde in Kenia, Tansania und Äthiopien lägen mit ihrem Alter von 2 bis 1,8 Millionen Jahren darunter.

Wieder anerkennender, begeisterter Beifall und unausgesprochene Bewunderung. Zweieinhalb Millionen!

Als könne er Gedanken lesen, fährt der Referent mit weiteren Zahlen im Millionenbereich fort. Er könne nun nicht umhin, einen weiteren respektablen Grabungserfolg des Malawi-Teams zu erwähnen. Das 1996 geborgene Fragment eines Oberkiefers mit seinen zwei Backenzähnen habe eindeutig einem Paranthropus boisei zugeordnet werden können. Die Altersbestimmung mit 2,5 bis 2,3 Millionen Jahren weise darauf hin, dass diese robusten Australopithecinen in diesem Gebiet mit Homo rudolfensis, dem Fund aus Uraha, koexistiert hätten. Es spreche nichts gegen die These, dass Homo rudolfensis aufgrund seines deutlich größeren Gehirnvolumens von 750 Millilitern einen Selektionsvorteil gegenüber den Vertretern des Paranthropus boisei mit knapp 500 Millilitern gehabt habe und sich deshalb weiterentwickeln konnte, über Homo ergaster und Homo erectus hin zum archaischen Homo sapiens.

Doch jetzt wolle er vor der Besprechung zweier völlig neu klassifizierter Funde noch auf das bisher mit 4,4 Millionen Jahren angegebene Alter des Ardipithecus ramidus eingehen. Die 2001 in Äthiopien von Yohannes Haile-Selassie gefundenen neuen Skelettreste seien auf knapp 6 Millionen Jahre datiert worden. Da die Experten bei diesem Exemplar jedoch einige anatomische Variationen festgestellt hätten, sei es als Subspezies mit dem Namen Ardipithecus ramidus kadabba, oft verkürzt zu Ardipithecus kadabba, bezeichnet worden.

Sodann habe im Jahre 2003 Michel Brunet, bekannt durch seine Entdeckung des Australopithecus bahrelgazali, einen weiteren Fund aus dem Tschad der erstaunten Fachwelt präsentiert: Sahelanthropus tschadensis sei mit einem auf fast 7 Millionen Jahre bestimmten Alter der absolut älteste Vertreter der frühesten Hominiden, schon befähigt zum zweibeinigen aufrechten Gang, wie aus etlichen anatomischen Kriterien zu schließen sei.

Dies gelte auch für die in Kenia von dem französischen Team mit Brigitte Senut und Martin Pickford gefundenen

Überreste des Orrorin tugensis mit einem auf 6 Millionen Jahre geschätzten Alter.

Mit diesen drei Funden habe sich die Zeit vor jenen 4,4 Millionen Jahren des Ardipithecus ramidus als keineswegs leer von sehr frühen Hominiden erwiesen. Daher sei es sinnvoll, auch über den Zeitpunkt nachzudenken, an dem der letzte gemeinsame Vorfahr von Mensch und Schimpanse gelebt haben könnte. Die bisher diskutierte Zeitangabe von 7 bis 6 Millionen sei jetzt wohl vorzudatieren auf eher 8 bis 7 Millionen Jahre. Schließlich müsse man dem Sahelanthropus für die Entwicklung seiner anatomischen Distanz zur Schimpansen-Linie einen ausreichenden Zeitraum einräumen. Und nirgends sonst habe Zeit so großzügig, ohne jedes Limit, zur Verfügung gestanden wie im Evolutionsgeschehen.

Das gelte auch für die beiden jüngsten Funde von Urformen der gemeinsamen Vorfahren von Menschen und Affen. Die ältesten Primaten, auch als Hominoidea („Menschenartige") bezeichnet, ließen sich bis zu 47 Millionen Jahren zurückverfolgen: Auf dieses stolze Alter sei das schon 1983 in der Grube Messel bei Darmstadt gefundene Skelett zu datieren, dessen Details allerdings erst soeben, im Mai 2009, veröffentlicht worden seien. Der von seinem Untersucher, dem Norweger Jörn Hurum, nach dessen Tochter „Ida" genannte weibliche Uraffe mit dem wissenschaftlichen Namen Darwinius Masillae habe menschentypische anatomische Merkmale: Kurze Arme und Beine, nach vorn gerichtete Augen, Daumen, die den anderen Fingern gegenüberstünden. Die Großzehen allerdings hätten die analoge Eigenschaft, die Füße seien also zum Greifen befähigt gewesen und hätten damit das Klettern in Bäumen erleichtert. In diesem Punkt und in Hinsicht auf die Körpergröße habe die Evolution dann allerdings nur Gutes getan: Von der Gesamtlänge, die einschließlich eines die Hälfte ausmachenden Schwanzes nur 58 Zentimeter betragen habe, hätten wir uns freundlicherweise ganz erheblich abgehoben.

Und ein weiterer Fund markiere den langen Weg zum Menschen: Die Publikation (Salvador Moyà-Solà 2004) über ein in

Nordostspanien im Jahre 2002 geborgenes Skelett eines Menschenaffen, nach dem Fundort in Katalonien Pierolapithecus catalaunicus genannt, mit einem geschätzten Alter von etwa 13 Millionen Jahren und Hinweisen auf die Fähigkeit zu aufrechter Körperhaltung!

In der jetzt zu projizierenden Übersicht über die Entwicklung der Primaten anhand der wichtigsten Funde sei deren Alter als Ordnungsprinzip eingesetzt worden:

Früheste Primaten (Hominoidea) aus dem Eozän (58-38 Millionen Jahre):
Uraffe Darwinius Masillae, genannt „Ida" (47 Millionen Jahre) Grube Messel bei Darmstadt (Hurum 2009)

Früheste Menschenaffen (Hominiden) aus dem Miozän (25-8 Millionen Jahre):
Proconsul africanus (etwa 20 Millionen Jahre) Kenia (Mary Leakey 1948)
Pierolapithecus catalaunicus (etwa 13 Millionen Jahre) Nordostspanien: Katalonien (Moyà-Solà 2004)

Frühe bipede Menschenaffen aus dem Pliozän (7-2 Millionen Jahre):
Sahelanthropus tschadensis (7 Millionen Jahre) Tschad (Brunet 2003)
Orrorin tugenensis (6,2 – 5,7 Mio.J.) Kenia (Senut und Pickford 2000)
Ardipithecus kadabba (5,8 – 5,2 Mio.J.) Äthiopien (Haile-Selassie 2001)
Ardipithecus ramidus (4,4 Mio.J.) Äthiopien (Tim White 1992 – 1996)

Vormenschen:
Australopithecus anamensis (4,2 – 3,8 Mio.J.) Kenia (Meave Leakey 1994)

A. afarensis (3,7 – 2,9 Mio.J.) Tansania (Mary u. Louis Leakey 1935), Äthiopien (Johanson u. Coppens 1974: „Lucy"; Kimbel u. Rak 1991) – Kenyanthropus platyops (3,5 Mio.J.): Geografische Variante von A. afarensis? Turkana-See, Kenia (Meave Leakey 1998/99)

A. bahrelgazali (3,5 – 3,2 Mio.J.) Tschad (Brunet 1995)

A. africanus (3,5 – 2,5 Mio.J.) Südafrika (Dart 1924, Broom 1936, 1938, Kitching 1947)

A. garhi (2,5 Mio.J.) Äthiopien (Haile-Selassie 1997)

Paranthropus aethiopicus (2,8 – 2,3 Mio.J.) Äthiopien (Coppens u. Arambourg 1968), Kenia (Richard Leakey u. Walker 1985)

P. boisei (2,5 – 1,4 Mio.J.) Tansania (Mary Leakey 1959), Malawi (Schrenk u. Bromage 1996)

P. robustus (2 – 1,3 Mio.J.) Südafrika (Broom 1936, 1948/49, Sarmiento u. Keyser 1992)

Urmenschen:

Homo rudolfensis (2,5 – 1,8 Mio.J.) Kenia (Bernard Ngeneo u. Richard Leakey 1972), Malawi (Schrenk u. Bromage 1991)

Homo habilis (2,2 – 1,5 Mio.J.) Tansania (Jonathan Leakey 1960, Blumenshine u. Masao 1996), Kenia (Richard Leakey 1970), Südafrika (Ron Clarke, Phillip Tobias)

Frühmenschen:

Homo ergaster (2 – 1,5 Mio.J. = frühester Homo erectus) Kenia (Ngeneo u. R. Leakey 1975, Kimeu 1984: „Turkana Boy"), Äthiopien, Indonesien, China

Homo erectus (1,5 – 0,3 Mio.J.) Java (Dubois 1891), Tansania (Louis Leakey 1960), Tschad (Coppens 1961), Kenia, Äthiopien, Südafrika, Algerien, Spanien (Carbonell 2008). – Peking (0,6 – 0,3 Mio.J.)

Neandertaler:
Europäische Variante des Homo erectus („Homo antecessor"), bezeichnet als
Homo heidelbergensis (800.000 – 400.000 J.): Mauer bei Heidelberg (600.000 J.), Atapuerca (Spanien, 800.000 J.), Ceprano (Italien, 800.000 J.), Boxgrove (England, 500.000 J.), Tautavel (Frankreich, 400.000 J.).
Daraus hervorgegangen der Homo neanderthalensis, zunächst als
Ante-Neandertaler (400.000 – 180.000 J.): Steinheim („Homo steinheimensis", 250.000 J.), Swanscombe (England, 300.000 J.), Petralona (Griechenland, 200.000 J.), dann
Frühe Neandertaler (180.000 – 90.000 J.): Kaprina (Kroatien), Gibraltar (Spanien), Saccopastore (Italien), Mount Carmel (Israel), schließlich
Klassische Neandertaler (90.000 – 27.000 J.), keine jünger datierten Funde bekannt.

Jetztmenschen:
Archaischer Homo sapiens (aus Homo erectus, Afrika: 600.000 – 200.000 J.)
Früher Homo sapiens (400.000 – 130.000 J.)
Moderner Mensch: Homo sapiens sapiens (ab 160.000 J.)
(Die Entwicklungszeiträume des Homo sapiens werden unter den Experten unterschiedlich diskutiert, insbesondere deren Überschneidungen mit regional verschiedener Dauer.)

Als Stammbaum des modernen Menschen lasse sich die Linie Homo rudolfensis → Homo ergaster → Homo erectus → Homo sapiens als wahrscheinlich ansehen. Allerdings werde als direkter Vorfahr des Homo ergaster ebenso Homo habilis diskutiert, vielleicht hervorgegangen aus Australopithecus afarensis („Lucy") mit der Übergangsform A. garhi. Die Vorfahren hätten sich ähnlich wie bei Homo rudolfensis in einem eher als Stammbusch als Stammbaum anzusehenden Nebeneinander und Nacheinander befunden, unter ihnen sei bei H. rudolfensis ebenfalls A. afarensis anzunehmen.

Wenn man nun noch das Volumen des Gehirns als einen für den Selektionsvorteil wichtigen Parameter mit in die Überlegungen einbeziehe, habe H. rudolfensis mit seinen 750 Millilitern, das seien immerhin 25 % mehr als bei H. habilis, die größeren Chancen aufs Überleben gehabt.

Diese Diskussion werde aber sicher noch andauern, bis weitere Ausgrabungen eine neue Beurteilung des Stammbaums der Frühmenschen ermöglichen würden.

Wie schnell durch solche Ereignisse die Zusammenhänge erhellt und oft neu geordnet werden müssten, zeige der jüngste Fund im spanischen Atapuerca, erwähnt in der vorstehenden Übersicht als Fundort von Exemplaren des Homo heidelbergensis mit einem Alter von 800.000 Jahren, dort sei soeben der Unterkiefer eines Homo erectus geborgen worden, den der spanische Paläoanthropologe Eduald Carbonell auf immerhin 1,3 bis 1,2 Millionen Jahre datiere, für Europa eine echte Sensation. Auch dies sei ein weiteres Beispiel für die Richtigkeit der These, dass das Fehlen von Fossilien an einem bestimmten Ort nicht zu der Unterstellung verleiten dürfe, sie seien dort nicht vorhanden. „Missing links" beispielsweise sollten vielmehr zu einer intensiven Suche führen – wer suche, der werde finden, laute eine alte Weisheit.

Damit wolle er überleiten zu der wichtigen Ermunterung, durchaus als Ermahnung zu verstehen, nicht nur jenen Bruchteil zu sehen, der schon ans Licht der Erleuchtung geholt worden sei. Als größere Herausforderung eines Paläontologen habe das nimmermüde Bestreben zu gelten, all das zu finden und zu bergen, was noch auf seine Entdeckung warte. Hier liege das faszinierende, das begeisternde und wohl schier unerschöpfliche Potenzial dieses Fachgebiets, das jedem Rostansatz seiner Forscher vorbeuge und möglicherweise als ein besonderer Erfolg der Archäologie zu interpretieren sei, nämlich als Grabungserfolg auf der Suche nach der seit dem Mittelalter vergeblich herbeigewünschten Jungmühle.

Zunächst stiller Respekt, dann großer Jubel, dankbare Klopfkanonade, synchrones Trampeln. Die junge Generation hat verstanden ...

Epigenetik und Lamarck: Schließt sich der Kreis?

Es dauerte eine gute Weile, bis sich die mit den Fernsehübertragungen verbundene Aufregung gelegt hatte. Die neue Technik sollte noch lange für ein dominierendes Gesprächsthema sorgen.

Dennoch tauchten bei Francis Crick immer wieder die Gedanken an die Epigenetik auf, jene Überlegungen, die ihn seit der Konferenz über das menschliche Genom und die springenden Gene beschäftigten. So war es nur konsequent, eines schönen Tages den Biologen Conrad Hal Waddington aufzusuchen, jenen Forscher, dem der Ausdruck „Epigenetik" zugeschrieben wird.

Das lebhafte und ausführliche Gespräch hatte zur Folge, dass mit Petrus und seinen Assistenten die Frage diskutiert wurde, ob das Thema sich für eine weitere Konferenz eignen würde. Den alles entscheidenden Impuls gab dann der Hinweis auf die Thesen Lamarcks, die aus epigenetischer Sicht in einem neuen Licht zu interpretieren seien.

Petrus stellt den als einzigen Redner vorgesehenen Conrad Waddington vor, der ohne Umschweife seine Gedanken aus dem Jahre 1942 darlegt. Er habe jenen Zweig der Biologie als Epigenetik bezeichnet, der sich damals aus dem weiten Feld der Forschungsrichtungen herausgelöst und verselbständigt habe. Dessen Blick sei auf die Wechselwirkungen zwischen Genen und ihren Produkten im Hinblick auf die Ausprägung des Phänotyps gerichtet.

Natürlich habe er die weitere Forschung engagiert verfolgt. Heute könne man sagen, die *Epi*genetik beschreibe alle Vorgänge in der Zelle, die *zusätzlich* zu den unmittelbar durch die Gene, also durch die ursprüngliche Abfolge der DNS-Nukleotid-Tripletts festgelegten Informationen, als Reaktionen auf interne oder externe Reize abliefen. Eine Sonderstellung komme dabei dem durch Umwelteinflüsse induzierten Umbau von Genkonstellationen zu, auf den er hier aber nicht näher eingehen wolle.

Das epigenetische Muster einer Zelle, das Epigenom, steuere während der Embryonalentwicklung die Differenzierung der absolut erbgleichen Zellen in völlig verschiedene Gewebe wie Muskeln, Nerven oder Knochen. Es gebe in Analogie zum genetischen Code in jeder Zelle zusätzlich einen epigenetischen Code, der sowohl von inneren als auch von äußeren Faktoren beeinflusst werde: Für die einzelne Zelle sei es deren Umfeld, für den Organismus dessen Umwelt.

Dabei seien verschiedene Mechanismen zu diskutieren, die bei der Transkription der Gene regulierend eingreifen könnten. Wenn die Nukleotidsequenzen unverändert blieben, also keine Mutationen ausgelöst würden, sei eine der epigenetischen Wirkungsweisen die Blockade der Promotor-Region durch chemische Veränderungen ihrer Nukleotidbasen, beispielsweise durch deren Methylierung. Erst nach enzymatischer Abspaltung der Methylgruppen könnten diese Gene wieder angeschaltet werden. Das geschehe meistens schon direkt beim betroffenen Organismus, manchmal aber erst nach einer Generation oder auch mehreren. Das Signal zur Methylierung werde also vererbt, man spreche hier von der epigenetischen Vererbung.

Den gleichen Effekt könnten auch Veränderungen der Chromatinstruktur hervorbringen. Entscheidend beteiligt seien dabei die Histone, Proteinkerne, auf denen sich die DNS der Chromosomen spiralig aufwickle. Durch Modifikationen dieser Histone könne eine Streckung, die Entspiralisierung der DNS, verhindert werden, sodass es Transkriptionsproteinen sterisch nicht möglich sei, an die Promotorregion anzudocken. Beispielsweise betreffe dies die RNS-Polymerase: Eine Umschreibung der DNS-Tripletts in die messenger-RNS werde blockiert.

Es sei zwar noch völlig offen, wie diese Veränderungen an den Histonen ausgelöst und in ihrer Qualität und Dauer gesteuert würden, doch müsse man auch diese Vorgänge als Teil des epigenetischen Codes ansehen.

Hier wolle er nun noch ein Forschungsergebnis aus der Universität in Baltimore erwähnen. Es datiere vom Juni 2008 und sei ihm soeben dank der technischen Hilfe durch Veritatikus bekannt geworden.

Das Team um Hans Bjornsson habe nachweisen können, dass Methylierungsprozesse an den Genen einer Alterung unterlägen. Sie könnten in vielen Jahren zu- oder abnehmen, wobei die Richtung der Veränderungen familiär festgelegt zu sein scheine. Jedenfalls gehe das normale epigenetische Muster im Alter verloren. Darin sähen die Autoren einen Grund für das dann gehäufte Auftreten von Krankheiten. So könnten übermäßige Methylierungen Schutzgene ausschalten und dadurch eine Krebsentstehung begünstigen oder auch den Altersdiabetes.

Über die objektivierbaren Auswirkungen aller dieser Phänomene lägen wichtige Beobachtungen vor. So habe man auch bei Vergleichen eineiiger Zwillinge festgestellt, dass sich mit zunehmendem Alter die Aktivitäten identischer Genabschnitte immer unterschiedlicher entwickeln könnten bis hin zu einer deutlichen Differenz im äußeren Erscheinungsbild. In diesen Fällen, die bis zu einem Drittel der erfassten Paare beträfen, hätten Anzahl und Verteilung der durch Methylierungen oder Histon-Modifikationen bedingten Blockaden die größten Unterschiede gezeigt, insbesondere dann, wenn die Geschwister getrennt aufwuchsen. Dieser Befund spreche für die ursächliche Einwirkung von Umweltfaktoren.

Hier sei nun die statistisch abgesicherte Beobachtung zu erwähnen, dass Mütter, die während der Schwangerschaft hungern mussten, signifikant kleinere Kinder zur Welt brachten. Das erscheine wohl grundsätzlich nicht allzu überraschend, sei eine traurige Folge einer beklagenswerten Situation. Als unerwartet und höchst bedeutsam hingegen müsse die Tatsache bewertet werden, dass die untergewichtig geborenen Töchter wiederum Winzlinge gebaren, obwohl sie sich als Schwangere normal und völlig ausreichend ernährten. Hierin, so das Credo der Epigenetiker, sei ein unschlagbarer Beweis für die Vererbung eines erworbenen epigenetischen Codes zu sehen.

Diese Beobachtung vertrage sich uneingeschränkt mit der Selektionstheorie. Wenn nämlich Naturkatastrophen wie anhaltende Dürre eine Population von Pflanzenfressern nachhaltig hungern lasse und durch epigenetische Mechanismen die Geburt untergewichtigen Nachwuchses auslöse, so könne die Vererbung der Kleinwüchsigkeit als eine überlebenswichtige Anpassung an das karge Nahrungsangebot gesehen werden, die auch die Folgegenerationen betreffe. Bei andauernder Dürre werde die Kleinwüchsigkeit perpetuiert. Verbessere sich die Nahrungssituation hingegen, so könne die Population schon bald, vielleicht nach nur zwei Generationen, zum Normalwuchs zurückfinden als Reaktion auf den jetzt entfallenen Umweltstress.

Jetzt interveniert Ed Lewis. An dieser Stelle würde er gern einen ihm wichtig erscheinenden Nachtrag anfügen, der den von seinem verehrten Kollegen eingangs erwähnten Umbau der Genkonstellationen betreffe. Petrus nickt Zustimmung.

Er habe bei seinen Ausführungen über Evolution und Entwicklungsbiologie, der Evo Devo, neue Erkenntnisse über die „springenden Gene" aus Zeitgründen nicht berücksichtigt. Man wolle sich bitte daran erinnern, dass dieses Phänomen schon vor über 50 Jahren von Barbara McClintock entdeckt worden sei.

Die von Barbara als „Transposons" bezeichneten DNS-Abschnitte, heute auch als „Transpositionselemente" bezeichnet, spielten bei der Artbildung in der Tat eine ganz wesentliche Rolle. Sie seien nach seiner festen Überzeugung in der Lage, beim Einwirken von Umweltstressoren das Genom durch Austausch der Genorte und Genverdopplungen unter Kontrolle von zellulären Regulatoren so umzubauen, dass negative Folgen der neuen Umweltfaktoren neutralisiert würden. Immerhin verfüge der Organismus über ein erhebliches Potential an Transposons. Sie seien nämlich der Hauptbestandteil der früher als „Schrott" angesehenen „Junk-DNA", die beim Menschen 40 % des DNS-Gehalts einer Zelle ausmache. Die bei dieser Interpretation also sofort ausgelöste Veränderung der Architektur des Genoms als Antwort auf extrem negative Einflüsse von außen könne folgerichtig neue Arten hervorbringen, optimal angepasst durch vererbbare neue Fähigkeiten.

Nun sei es wohl an der Zeit, die Thesen Lamarcks vergleichend zu diskutieren. Im weitesten Sinne nämlich könne man hier eine Vererbung erworbener Eigenschaften sehen. Doch wohl nur auf den ersten Blick.

Lamarck nämlich werde dann entbehrlich, wenn man in einer Stress-Situation durch extrem geänderte Umwelteinflüsse eine erheblich gesteigerte Aktivität der Transposons in jenen Gengruppierungen unterstelle, auf die der Stress spezifisch wirke. Je höher die Mutationsrate, umso größer die Wahrscheinlichkeit, dass sich unter den Mutationen eine vorteilhafte Antwort auf den Stress finde.

Diese Mutationen seien aber nach seiner eigenen Überzeugung weiterhin als zufallsbedingt im Sinne Darwins zu verstehen, da von den Befürwortern dieser Theorie eingeräumt werde, dass es auch hier Versager gebe, dass nicht alle so ausgelösten Varianten lebens- und fortpflanzungsfähig seien.

Angesichts dieser Tatsache erscheine es ihm nicht nachvollziehbar, wenn die Hypothese vom „kooperativen Gen" als „Abschied vom Darwinismus" gefeiert werde. Vielmehr sei zu argwöhnen, dass mit dieser Provokation das Rampenlicht der Wissenschaft gesucht worden sei.

Und ein weiteres Postulat könne nur unter Zulassung von Ausnahmen diskutiert werden, die These nämlich, dass der Genom-Umbau während der Evolution in Schüben erfolgt sei, zwischen denen oft lange Zeiten der Ruhe gelegen hätten. Dann nämlich sei die Datierung von Fossilfunden durch Vergleiche mit der Begleitfauna nicht möglich. Diese Methode setze eine nicht unbedingt lineare, aber doch weitgehend kontinuierliche Änderung der Leitfossilien als Funktion der Zeit voraus. Man denke nur an die Schweinezähne aus Malawi, mit deren Hilfe der dort ausgegrabene Unterkiefer eines Paranthropus boisei auf 2,5 Millionen Jahre datiert werden konnte.

Doch zurück zu den Transposons, den Architekten im Genom, das nach diesen Erkenntnissen nicht nur Baupläne archiviere, sondern auch den Werkzeugkasten mit den zum Umbau benötigten Hilfsmitteln enthalte. Seit kurzem erst wisse man, dass die Zelle zur Ergänzung ihrer Funktionen über eine weitere Gruppe von Regulatoren verfüge. Es handle sich um sehr kurze RNS-Moleküle, die sogenannte Mikro-RNS. Sie könne selektiv messenger-RNS blockieren mit der Folge, dass deren Information nicht abgelesen, also nicht in Protein übersetzt werden könne. Weiterhin sei sie in der Lage, als Antwort auf Umweltreize das Anheften von Genschaltern an die Promotorregion der DNS, z.B. von Methylgruppen, zu steuern. Diese Aktivitäten des Mikro-RNS-Systems bezeichne man übrigens als RNS-Interferenz.

Man könne nun wohl nicht umhin, den Mechanismus der Artbildung in einem neuen Licht zu sehen. Die Entscheidung allerdings, ob es sich um das Licht der Erleuchtung handle, werde man wohl den Forschungsergebnissen der Zukunft überlassen müssen.

Waddington, der noch einmal nach vorn gebeten worden war, und Lewis verneigen sich. Noch in den Beifall hinein bedankt sich Petrus: Aus dem eben Gehörten möge jeder für sich die alte Weisheit neu beleben,
DASS JEDE WAHRHEIT IHRE ZEIT HABE.

Chronologie

A) Prähistorisch: Zeit in Millionen Jahren (gerundet) vor heute

4.600	Unsere Erde entsteht
3.500	Erstes Leben: Kernlose Zellvorläufer (Protocyten) mit Ribonukleinsäuren („RNS-Welt")
3.000	Erfindung der Desoxyribonukleinsäuren (DNS), erster genetischer Code
2.500	Anreicherung von Sauerstoff in der Erdatmosphäre durch Photosynthese der Cyanobakterien
2.000	Bildung kernhaltiger Zellen in Einzellern
1.500	Erste Mehrzeller
630	Aufteilung der Vielzeller in Algen und Urtiere
530	„Kambrische Explosion": Artenvielfalt bei Algen, Wirbellosen, Trilobiten, Urfischen (Erfindung der Körperlängsachse mit spiegelbildlicher Symmetrie der beiden Seiten)
500	Erste Knochenfische
450	Erste Landpflanzen, Insekten, Meeres-Arthropoden (z.B. Pfeilschwanzkrebse)
350	Erste Reptilien, geflügelte Insekten, Farn- und Schachtelhalm-Wälder (→ Steinkohle!)
300	Massenaussterben durch Naturkatastrophen, Kontinente schieben sich zur „Pangea" zusammen
250	Erste Dinosaurier. Kontinente zur Pangea vereinigt
200	Erste Säugetiere, Flugsaurier, Urvögel. Kontinente driften wieder auseinander
150	Wärmeperiode, Dominanz der Saurier, Entfaltung von Säugern, Vögeln und der Pflanzenwelt
65	Ende der Saurier. Urpferde
50	Artenvielfalt der Säugetiere

47	Uraffe „Ida" (Fundort: Grube Messel, wissenschaftlicher Name Darwinius Masillae), bislang ältestes Primatenfossil: Gemeinsamer Vorfahr von Affen und Mensch
20	Weiterentwickelte Primaten (Menschenaffe: Proconsul, Afrika)
13	Pierolapithecus catalaunicus: Europäischer Menschenaffe (Fundort: Nordostspanien)
8 – 7	Höhere Primaten, gemeinsamer Vorfahr von Schimpanse und Mensch
7 – 4,4	Früheste Hominiden (Sahelanthropus, Orrorin, Ardipithecus)
4,2 – 1,3	Vormenschen (Australopithecus, Paranthropus)
2,5 – 1,5	Urmenschen: Homo rudolfensis, Homo habilis
2,0 – 0,5	Frühmenschen: Homo ergaster, Homo erectus
0,8 – 0,4	Homo heidelbergensis, daraus hervorgegangen:
0,4 – 0,027	Homo neanderthalensis
0,7 – 0,4	Archaischer Homo sapiens
0,4 – 0,13	Früher Homo sapiens
0,16	Jetztmensch (Homo sapiens sapiens)
0,01	„Neolithische Revolution": Sesshaftigkeit, Beginn von Ackerbau und Viehzucht

B) Historische Zeit: Meilensteine der Evolutionslehre

1735	Carl von Linné: „Systema naturae": Der Mensch neben den Affen in der Gruppe der Primaten!
1745	Charles Bonnet: Stufenleiter („scala naturae") der Lebewesen durch fortschreitende Vervollkommnung.
1760	George Buffon: Formenvielfalt des Lebens durch Weiterentwicklung („Histoire naturelle").
1796	Erasmus Darwin: Lebewesen in ständiger Fortentwicklung („Gesetze des organischen Lebens").

1809	Jean Baptiste Lamarck: „Philosophie zoologique" mit Abstammungstabelle, Lehre von der Vererbung erworbener Eigenschaften zur Erklärung des Artenwandels.
1815	William Smith („Schichten-Smith") erkennt in der geologischen Schichtenfolge ein Mittel zur Altersbestimmung (Stratigrafie).
1817	George Cuvier verneint in seiner Katastrophentheorie die stetige Artenwandlung. Durch die vergleichende Anatomie fossiler Wirbeltiere gilt er als Begründer der Paläontologie.
1827	Karl Ernst von Baer beschreibt erstmals ein menschliches Ei. Skizziert vergleichend die Embryonalentwicklung von verschiedenen Wirbeltieren und des Menschen.
1831 – 1836	Charles Darwins Weltumseglung auf der Beagle. Abstammungstheorie: Deszendenz als Folge von Variation und Selektion, bis 1858 nicht veröffentlicht.
1838	Jacques Boucher de Perthes korreliert Steinwerkzeuge und Fossilien in gleichen Fundschichten als zeitgleich.
1856	Johann Carl Fuhlrott ordnet Skelettreste aus dem Neandertal als frühe Menschenform aus der Eiszeit ein.
1858	Alfred R. Wallace formuliert in einem Brief an Darwin seine These „Vom Kampf ums Dasein und des Überlebens des Tüchtigsten". Darwin und Wallace publizieren ihre übereinstimmenden Theorien in einem gemeinsamen Beitrag in einer wissenschaftlichen Zeitschrift.
1859	Darwins epochales Werk „Über die Entstehung der Arten durch natürliche Auslese, oder die Erhaltung begünstigter Rassen im Überlebenskampf" erscheint.

1860	Édouard Lartet verwendet zur Altersbestimmung Leitfossilien. Entdeckt steinzeitliche Kleinkunst.
1865	Gregor Mendel veröffentlicht seine Vererbungsregeln.
1866	Ernst Haeckel publiziert seine „Generelle Morphologie der Organismen" mit Stammbäumen zur Stützung von Darwins Deszendenztheorie. Zahlreiche Zeichnungen: „Kunstformen der Natur". Vergleich der frühen Stadien der Embryonalentwicklung von Wirbeltieren führt zum Biogenetischen Grundgesetz.
1869	Friedrich Miescher isoliert aus Zellkernen eine bisher unbekannte organische Stoffgruppe, die er „Nuklein" nennt.
1879	Walther Flemming nennt die färbbare Kernsubstanz Chromatin. Bezeichnet die normale Zellteilung als Mitose.
1888	Wilhelm Waldeyer-Hartz führt den Begriff „Chromosom" für die färbbaren Kernstrukturen ein.
1889	Richard Altmann erkennt die sauren Eigenschaften des Nukleins und bezeichnet diese Stoffgruppe folgerichtig als „Nukleinsäure".
1890	Eduard Strasburger und Theodor Boveri beschreiben unabhängig voneinander die artspezifische Konstanz der Chromosomenzahlen.
1891	Eugene Dubois findet den „Java-Menschen" Pithecanthropus erectus, heute als Homo erectus mit einem Alter von einer Million Jahren eingeordnet.
1892	Gabriel de Mortillet führt die fortschreitende Verfeinerung der Steinwerkzeuge als Kriterium für die Periodeneinteilung des Paläolithikums ein: Acheuléen, Moustérien usw.

	Hans Adolf Driesch teilt befruchtete Seeigeleier im Vier-Zellen-Stadium und erhält vier intakte, erbgleiche Seeigel: Erste geklonte Tiere.
1900	Wiederentdeckung der Vererbungsregeln Mendels durch Correns, de Vries und Tschermak.
1902/1903	Theodor Boveri (Würzburg) und Walter S. Sutton (New York) begründen unabhängig voneinander die Chromosomentheorie der Vererbung und beschreiben die Vorgänge bei der Reduktionsteilung (Meiose) zur Bildung der haploiden Keimzellen.
1904	August Weismann formuliert die Keimbahntheorie: Die sexuelle Fortpflanzung ist an Keimzellen gebunden, die übrigen Körperzellen (Soma) tragen nichts zur Vererbung bei. Die Nachkommen zeigen in ihren Merkmalen Variationen und unterliegen damit der natürlichen Auslese. Mitbegründer des Neodarwinismus, der definiert wird als Weiterentwicklung der Selektionstheorie durch Einschluss von Zytologie und Genetik bei Ablehnung einer Vererbung erworbener Eigenschaften (Lamarck).
1909	Wilhelm Johannsen prägt das Wort „Gen" für einen Erbfaktor sowie die Begriffe „Genotyp" und „Phänotyp".
1910	Theodor Boveri erkennt die Polarität von Seeigeleiern an der ungleichen Verteilung von Zytoplasmafaktoren: Nur die Längsteilung ergibt identische Zwillinge, eine Querteilung dagegen nicht.
1911	Thomas Hunt Morgan beschreibt die lineare Anordnung der Gene auf den Chromosomen und den Austausch von Chromosomenabschnitten bei der Reduktionsteilung.
1911	Wilhelm Kattwinkel entdeckt die Olduvai-Schlucht in Tansania mit zahlreichen Fossilien.

1912	Der Schädel aus Piltdown in Südengland wird als „missing link" in der Evolution des Menschen gefeiert. Erst 1953 konnte bewiesen werden, dass es sich um eine geniale Fälschung handelte.
1913	Hans Reck findet in der Olduvai-Schlucht das erste menschliche Skelett und löst damit weitere Grabungen aus.
1913	Alfred Sturtevant erstellt erste Genkarten der Taufliege Drosophila, Calvin Bridges ergänzt sie durch Untersuchungen der Riesenchromosomen.
1923	Hans Spemann und Hilde Mangold entdecken den „Organisator" in Molchembryonen und beschreiben Differenzierung und Prädetermination der Zellen: „Die prospektive Potenz ist größer als die prospektive Bedeutung".
1924	Raymond Dart bezeichnet einen fossilen Kinderschädel aus Taung (Südafrika) mit einem Alter von etwa 2 Millionen Jahren als Australopithecus africanus.

Die weiteren wichtigen Fossilfunde sind im Abschnitt „Letzte Neuigkeiten aus Genetik und Paläontologie" in einer tabellarischen Übersicht nach ihrem Alter geordnet worden und sollen daher in dieser Zeittafel nicht zusätzlich erwähnt werden. Eine Ausnahme bilden die jüngsten spektakulären Skelettfunde von sehr frühen Menschenaffen (Publikationen 2004 und 2009).

1927	Hermann J. Muller erzeugt Mutationen bei Drosophila durch Röntgenstrahlen.
1941	George Beadle und Edward Tatum stellen die „Ein-Gen-Ein-Enzym-Hypothese" auf.
1944	Oswald Avery beweist mit seinen Experimenten an Pneumokokken, dass die DNS als Träger der Erbsubstanz fungiert. Gerhard Schramm gelingt der analoge Nachweis: Die genetische Informati-

on, d.h. das infektiöse Agens des Tabakmosaikvirus, besteht aus proteinfreier RNS.

1946 Edward Tatum und Joshua Lederberg entdecken den bei der Bakterienkonjugation stattfindenden Genaustausch, den sie als Indiz für Sexualität interpretieren.

1952 Alfred Hershey und Martha Chase bekräftigen die Avery- Befunde durch den expliziten Beweis, dass Protein *nicht* infektiös ist.

1952 Joshua Lederberg und Norton Zinder weisen nach, dass Bakteriophagen beim Wirtswechsel Teile des Genoms aus dem befallenen Bakterium auf die neu infizierten Bakterien übertragen (Transduktion).

1953 DNS liegt als Doppelhelix vor: Diese Erkenntnis wird ermöglicht durch experimentelle und theoretische Ergebnisse von Francis Crick, Jerry Donohue, Rosalind Franklin, James D. Watson und Maurice Wilkins.

1953 Miller-Urey-Experiment: Harold Clayton Urey und sein Doktorand Stanley Lloyd Miller simulieren die chemisch-physikalischen Zustände auf unserer Erde vor vier Milliarden Jahren. Es entstehen organische Verbindungen, die zur Synthese von Nukleinsäuren und Proteinen geeignet sind. Diese „Ursuppe" wird als Beginn der chemischen Evolution, als Basis für die Entstehung des Lebens angesehen.

1955 Severo Ochoa und Arthur Kornberg isolieren RNS- bzw. DNS-Polymerase. Mit diesen Enzymen gelingt die Synthese von Poly-Nukleotiden, die in der Zelle als Dreier-Kombinationen den Einbau bestimmter Aminosäuren in das entstehende Protein steuern (vgl. 1961).

1958 Matthew Meselson und Franklin Stahl analysieren den Vorgang der DNS-Verdopplung als „semikonservative Replikation": Nach der Trennung des ursprünglichen Doppelstrangs in zwei Einzelketten dient jede (alte) als Matrize zur Synthese der neuen. Jede aus dieser Verdopplung hervorgehende Doppelhelix besteht also aus einem alten und einem neuen DNS-Strang.

1959 Gerhard Schramm und Heinz Günter Wittmann sowie A. Tsugita und Heinz Fraenkel-Conrat analysieren die komplette Aminosäure-Sequenz des Tabakmosaikvirus(TMV)-Hüllproteins und beweisen, dass diese von der Virus-RNS codiert wird. Das Hüllprotein ändert sich qualitativ bei Nitrit-Mutanten der TMV-RNS, wobei die Erhöhung der Uracil- und Guaninanteile eine Zunahme der von diesen Nukleotiden codierten Aminosäuren bedingt: Ein erster Schritt zur Entschlüsselung des genetischen Codes.

1961 Heinrich J. Matthaei gelingt im Labor von Marshall W. Nirenberg mithilfe des Uracil-Tripletts UUU die Synthese eines Polypeptids aus Phenylalanin: Erste direkte kausale Zuordnung der Wirkungsweise des genetischen Codes. Beide Forscher klären bis 1966 die Codierungen aller 64 möglichen Dreier-Kombinationen aus Uracil, Cytosin, Adenin und Guanin auf. Der Einbau einer der 20 Aminosäuren kann von bis zu 6 verschiedenen Codons gesteuert werden. Nur ein Triplett übermittelt das Startsignal, drei weitere bewirken als Stopp-Codons den Abbruch der Proteinsynthese.

1962 François Jacob, Jacques Monod und André Lwoff beschreiben die Repressor- bzw. Promotor Funktionen zur Regulierung der Transkription (DNS → messenger-RNS).

1978 Edward B. Lewis erkennt bei seinen Forschungen über die Regulierung der frühen Embryonalentwicklung, dass die Einhaltung des Körperbauplans in der Längsachse von „homöotisch" genannten Genen (Hox-Genen) nach dem „colinearen Prinzip" gesteuert wird (Drosophila). Ein mutiertes Gen ersetzt das ursprüngliche Merkmal durch ein homöotisches (entsprechendes), sodass beispielsweise anstelle der Antennen am Kopf der Fliege ein Paar Beine wächst. In einer nicht experimentell erzeugten, natürlichen Mutante wurden die Schwingkölbchen (Halteren) durch ein Paar Flügel ersetzt, sodass eine vierflügelige Form entstand.

1980 Christiane Nüsslein-Volhard und Eric F. Wieschaus können nachweisen, dass Entwicklungsgene nur in bestimmten Phasen des Embryonalwachstums und nur in speziellen Regionen eingeschaltet sind. Durch ihre zeitlich und örtlich koordinierten Aktivitäten, die über Signalstoffe wie die Morphogene wirken, wird die Einhaltung des Bauplans garantiert. Mithilfe gezielt erzeugter Punktmutationen konnten die Funktionen der normalen Segmentierungsgene definiert werden. – Dieser Hox-Gen-Komplex wurde in der Evolution hochkonserviert: Er ist von den Insekten, die ihn schon vor 300 Millionen Jahren benutzten, bis zu den heutigen Wirbeltieren mit gleicher Funktion erhalten geblieben, wenn auch in variierter Form.

1985 Kary Mullis gelingt mit der Polymerase-Ketten-Reaktion (PCR) die Vervielfältigung von DNS-Abschnitten in geometrischer Reihe, d.h. exponentiell. Dadurch kann eine minimale DNS-Probe bis über die analytisch erforderliche Mindestmenge vermehrt werden, so beispielsweise für den „genetischen Fingerabdruck".

1987	Alan Wilson widmet sich der mitochondrialen DNS (mt-DNS), die nur mit dem Zytoplasma der Eizelle vererbt wird. Mit ihrer Hilfe lassen sich Verwandtschaften noch nach vielen Generationen nachweisen und auch die vor spätestens 90.000 Jahren begonnenen Wanderungen des Homo sapiens „out of Africa" mit hoher Sicherheit nachzeichnen.
2001	Im internationalen Humangenomprojekt, gestartet 1990, sind die ersten 60 % des menschlichen Genoms sequenziert (273 Autoren!). Nach Einführung der automatischen Gensequenzierung kann die vollständige Aufklärung 2006 mit einer Genauigkeit von 99,99 % abgeschlossen werden. Ergebnisse: Unsere 25.000 Gene sind in nur 2 % des Gesamtgenoms lokalisiert und sehr ungleich verteilt. Auf dem Chromosom 1 befinden sich 3.000 Gene, auf dem Y-Chromosom nur 231. Im Mittel besteht ein Gen aus 3.000 codierenden Basenpaaren.
2004	Publikation über den Fund eines Menschenaffen-Skeletts in Spanien („Pierolapithecus catalaunis, 2002) mit einem Alter von ca. 13 Millionen Jahren.
2005	Nach der „Synthetischen Theorie der Biologischen Evolution", die zwischen 1930 und 1950 die früheren Randgebiete wie Zytologie und Genetik verstärkt in die Evolutionsforschung einbezieht, folgt ihr anschließend die „Erweiterte Synthetische Evolutionstheorie", die 2005 mit dem Tode von Ernst Mayr ihren vorläufigen Abschluss findet. Die Zunahme und Verfeinerung der Erkenntnisse aus der molekularen Genetik und der Entwicklungsbiologie mit ihrer Zellforschung auf molekularer Ebene bestätigen die als essentiell für das Evolutionsgeschehen betrachte-

	ten Mechanismen, die durch genetische Variation mit darauf folgender natürlicher Selektion die Mikro- und Makro-Evolution ermöglicht haben.
2009	Mit der Publikation von Einzelheiten des auf ein Alter von 47 Millionen Jahren geschätzten Uraffen-Skeletts „Ida" (Darwinius Masillae) aus der Grube Messel bei Darmstadt wird die Existenz der gemeinsamen Vorfahren von Mensch und Affen erheblich vorverlegt.

Glossar

Aktualismus
Lässt zur Erklärung historischer Ereignisse nur solche Ursachen zu, die auf zeitlich unbegrenzt gültige Naturgesetze zurückzuführen sind, also immer noch Aktualität besitzen.

Allele
Paar sich einander entsprechender Gene auf homologen Chromosomen: Ein Allel stammt von der Mutter, das andere vom Vater. Mutiert ein Allel, so kann es Dominanz über das andere Allel gewinnen und ein neues Merkmal ausprägen.

Analogie
Organe mit gleicher Funktion, aber verschiedener entwicklungsgeschichtlicher Herkunft und Anatomie sind analog, z.b. Schmetterlings- und Vogelflügel.

Bakteriophage
Bakterien infizierendes Virus, das nur seine Gene (DNS oder RNS) in das Bakterium injiziert und damit die Virenreplikation im Bakterium auslöst. Oft kurz als Phage bezeichnet.

Basenpaar
Zwei komplemenäre Nukleotidbasen, die in der DNS-Doppelhelix (siehe dort) über Wasserstoffbrückenbindungen zusammengehalten werden (Guanin-Cytosin und Thymin-Adenin, abgekürzt als G-C und T-A).

Blastula
Sehr frühes Embryonalstadium mit nur einer Zellschicht bereits unterschiedlich determinierter, aber überwiegend noch omnipotenter Zellen, die einen flüssigkeitsgefüllten kugelförmigen Innenraum umschließen.

Chiasmen
Lichtmikroskopisch sichtbare Überkreuzungen zwischen homologen Chromosomen in der Vorphase der Meiose, vgl. Crossing-over.

Chromosom
Nach Spiralisation des zuvor gestreckten Chromatidfadens zur Einleitung einer Zellteilung lichtmikroskopisch sichtbare Struktur des Zellkerns mit gut anfärbbaren Abschnitten (Nukleinsäuren), dazwischen (Nukleo-) Proteine (Histone). Vehikel der genetischen Information.

Chromosomenpaar, homologes
Eine diploide menschliche Zelle enthält zwei Chromosomensätze mit je 23 Chromosomen. Einer stammt von der Mutter, der andere vom Vater. Bei Beginn einer Zellteilung paaren sich die jeweils gleichgestalteten (homologen) Chromosomen der beiden Sätze. Das einzige morphologisch unterschiedliche Paar besteht bei Männern aus den Geschlechtschromosomen X (von der Mutter) und Y (vom Vater). Das weibliche Geschlecht wird von der Konstellation XX bestimmt.

Code, genetischer
Sequenz von drei Nukleotidbasen (Triplett), die für den Einbau einer bestimmten Aminosäure in das Protein (= Genexpression) codiert, vgl. Codon.

Codon
Triplett-Code, Dreierfolge von Nukleotidbasen der m-RNS, die vom komplementären Triplett des codierenden DNS-Stranges (Teil der genetischen Information) festgelegt wird, vgl. m-RNS.

Crossing-over
Überkreuzung homologer Chromosomen nach Paarung in der Vorphase der 1. Meioseteilung. Dabei erfolgen nacheinander

Bruch, Austausch einander entsprechender Teile des mütterlichen und väterlichen Chromosoms und Verheilung in neuer Kombination (Chromosomenstückaustausch, vgl. Meiose).

Deszendenz
Abstammung z.b. der höheren Lebewesen von einfacheren Vorläuferformen nach deren Variation und Selektion der am besten angepassten Formen.

Diluvium
Heute als Pleistozän bezeichnet. Epoche des Quartärs, beginnend vor 1,8 Millionen Jahren, abgelöst vor 10.000 Jahren vom Holozän.

Diploidie
Normalbestand von zwei Chromosomensätzen pro Zelle (jeweils ein mütterlicher und ein väterlicher mit je 23 Chromosomen beim Menschen).

DNS-Doppelhelix
Struktur der Desoxyribonukleinsäure: Parallel verlaufende Stränge aufeinanderfolgender Nukleotidbasen in Spiralform. Zwischen den beiden sich gegenüberliegenden Basen (G-C oder T-A) bestehen Wasserstoffbrückenbindungen, die beide Ketten zusammenhalten (vgl. Basenpaar).

Dominantes Gen
Unterdrückt das homologe Allel, sofern dies rezessiv ist (Heterozygotie, vgl. dort). Sind beide Allele dominant (oder rezessiv), nennt man diese Konstellation homozygot.

Epigenetik
Erklärt das Ein- und Abschalten von Genen durch vererbbare oder nicht vererbbare Regulations-Mechanismen. Sie können den Methylierungsgrad der Promotor-Region oder Modifikationen des DNS-Proteinkerns (Histone) betreffen. Diese Ef-

fekte werden entweder durch Signalstoffe benachbarter Zellen ausgelöst (Gewebedifferenzierung im Embryonalwachstum) oder durch andere interne oder auch externe Faktoren induziert. Eine Demethylierung schaltet das betroffene Gen wieder ein. – Als Ursache für die epigenetische Aktivierung „springender Gene" (Transposons) werden „Umweltstressoren" diskutiert. Im Gegensatz zu den erstgenannten Veränderungen, die die DNS-Basensequenzen *nicht* mutieren, führen die Transposons durch die Translokation von DNS-Abschnitten zwangsläufig zu einem Umbau von Genen.

Evolution
Entwicklung der Lebewesen seit der Entstehung des ersten Lebens auf der Erde. Durch Variation und Selektion der am besten an die jeweiligen Umweltbedingungen angepassten Arten (Mikroevolution) entstanden daraus bei Eroberung neuer Lebensräume höherentwickelte, komplexere Baupläne (Makroevolution), z.B. Fische → Amphibien → Reptilien

Exon
Codierende DNS-Region eines Gens, für Expression der genetischen Information verantwortlich. Ein Gen besteht aus mehreren Exons mit je etwa 100 Basenpaaren (Mensch). Vgl. Intron.

Gastrula
Folgt in der Embryonalentwicklung auf das Stadium der Blastula, aus der die Gastrula durch Einstülpung als becherförmige Form mit doppelter Zellschicht hervorgeht.

Gen
Funktionell identisch mit dem Begriff Erbfaktor, auf molekularer Ebene definiert als spezifische Basensequenz einer Nukleinsäure (meist DNS), die für die Synthese eines Proteins codiert (vgl. Exon).

Genom
Summe aller im Chromosomensatz gespeicherten Gene. Bestimmt den Genotyp.

Haploidie
Haploide Zellen wie z.b. die Gameten (Ei- und Samenzelle) besitzen nur einen Chromosomensatz, der durch die Vorgänge bei der Meiose sowohl mütterliche als auch väterliche Anteile erhalten hat.

Heterozygotie
Liegt vor in einer Zelle mit verschieden stark prägenden Allelen (dominant und rezessiv) eines Gens auf dem homologen Chromosomenpaar, ein solches Gen wird auch mischerbig genannt (Aufspaltung in der F2-Generation, vgl. 2. Mendel-Regel).

Histone
Proteine, die das Grundgerüst eines Chromosoms bilden. Um den Histonkern sind die Chromatidfäden in unregelmäßiger Anordnung aufgewickelt.

Homologie
Organe mit gleichem anatomischem Grundgerüst, aber verschiedenen Funktionen, sind homolog, z.B. Arm des Menschen, Vorderbein eines Vierfüßers, Vogelflügel.

Homöotische Gene
Steuern Morphologie und Reihenfolge der Körpersegmente. In einer homöotischen Mutante fehlt ein Körperteil. Es wird homöotisch („entsprechend, ähnlich") ersetzt, z.B. bei einer Drosophila-Mutante die fehlenden Antennen am Kopf durch ein (zusätzliches) Beinpaar.

Homozygot
Eine diploide Zelle mit zwei gleich starken Allelen (beide dominant oder beide rezessiv) eines bestimmten („reinerbigen") Gens ist homozygot. Bei Selbstkreuzung findet keine Aufspaltung statt im Gegensatz zu heterozygoten Allelen.

Hox-Gene
Homöotische Gene, die als charakteristischen Bestandteil eine Homöobox besitzen. Diese codiert für einen als Homöodomäne bezeichneten Proteinabschnitt, der an spezielle DNS-Sequenzen bindet und dadurch bestimmte Transkriptionsfaktoren an- oder abschalten kann, also regulatorisch wirkt.

Hybridisierung
Kreuzung reinerbiger Eltern oder Selbstkreuzung (Inzucht) einer Filialgeneration. In der Botanik angewandt zur Züchtung ertragreicher Sorten oder zur Erkennung des Erbgangs bestimmter Merkmale (vgl. Mendel).

Intron
Region eines Gens zwischen den Exons. Die von ihnen codierten DNS-Abschnitte werden zwar wie die der Exons in m-RNS transkribiert, dann aber von speziellen Enzymen herausgeschnitten (gespleißt) und folglich nicht in Protein translatiert.

Katastrophentheorie
Vertritt die These einer Auslöschung aller Lebewesen durch universale Naturkatastrophen mit anschließendem neuem Schöpfungsakt. Die dabei entstandenen Arten sind an die veränderte Umwelt a priori optimal angepasst. Daher besteht keine Notwendigkeit zur Wandlung im Sinne der Evolution (Cuvier).

Klon
Gruppe erbgleicher Zellen oder Individuen.

Konjugation
Bakterienpaarung mit Austausch genetischen Materials (Transformation), als Indiz für Bakteriensexualität angesehen. Bei mutierten Genen Ursache von Resistenzen gegen Antibiotika.

Kreationismus
Glaubensbewegung vor allem in den USA, die im Hinblick auf die komplizierte Zweckmäßigkeit von Organen und Lebewesen, insbesondere der Menschen, einen „Intelligenten Designer" (ID-Kreationismus, Neo-Kreationismus) als Schöpfer postuliert, dabei aber christlich-religiöse Begriffe vermeidet. Setzt sich für die Abschaffung der Evolutionslehre im Biologieunterricht ein.

Meiose
Zwei aufeinanderfolgende Zellteilungen (1. und 2. Reifeteilung) mit dem Effekt einer Reduktion des diploiden Chromosomensatzes der Ausgangszelle auf je einen haploiden in den vier entstandenen Gameten. Dabei findet infolge des (sichtbaren) Crossing-over eine (unsichtbare) Neukombination mütterlicher und väterlicher Allele statt mit der Folge, dass jede Keimzelle eine einzigartige Genkombination aufweist (vgl. Rekombination).

Mendel-Regeln
1.) Uniformitätsgesetz: Alle Individuen der ersten Kreuzungsgeneration (Kinder = F1) von homozygoten Pflanzen (Eltern = P-Generation) sind untereinander immer gleich aussehend. Dabei ist es beim dominanten Erbgang in den meisten Fällen gleichgültig, welcher Elternteil das Merkmal trägt, d.h. Vater und Mutter sind austauschbar.
2.) Spaltungsgesetz: Die Individuen nach Hybridisierung (Enkelgeneration = F2) spalten ihr Merkmal wie folgt auf: Liegt das untersuchte Merkmal im elterlichen Allelpaar als dominant (A) in einem, als rezessiv (a) im anderen Allel vor, so ergibt

sich die Relation dominant:rezessiv = 3:1, genotypisch AA+Aa+Aa+aa.
Ist das Gen in beiden Allelen gleich stark, aber von verschiedener Qualität (A+B), so folgt ein intermediärer Erbgang mit der Relation Merkmal AA:2AB:BB = 1:2:1.

3.) Gesetz der freien Kombinierbarkeit verschiedener Merkmale: Unterscheiden sich die Eltern in zwei Merkmalen, so wird in der Enkelgeneration eine neue Kombination dieser Merkmale beobachtet, die auch homozygote neue Sorten (Arten) einschließt.

Mimikry

Nachahmung auffälliger Merkmale gefährlicher oder giftiger Arten zum Selbstschutz durch Täuschung der Fressfeinde.

Missing link

Als „fehlendes Bindeglied" kann dessen Auffinden eine Lücke in der Deszendenzreihe schließen, z.B. der Archaeopterix als Zwischenform beim Übergang von den Reptilien zu den Vögeln.

Mitochondrien

Kleine Organellen im Zellplasma mit der Fähigkeit zur Selbstvermehrung. In ihnen laufen wichtige Reaktionsketten des Energiestoffwechsels ab. Sie sind wahrscheinlich zunächst selbständige Bakterien gewesen, die erste Einzeller sich einverleibt haben zu einer Art von Endosymbiose. Das erklärt, weshalb Mitochondrien eine eigene DNS (mt-DNS) enthalten.

Mitose

Zellteilung nach Verdopplung aller Chromosomen und deren qualitative und quantitative Verteilung 1:1 auf die beiden Tochterzellen, die also jeweils solche Chromosomenbestände erhalten, die mit dem Genbestand der Mutterzelle identisch sind. Normalfall bei der Vermehrung somatischer Zellen.

Morphogen

Zytoplasmafaktor, Produkt eines Entwicklungsgens, induziert in Abhängigkeit von seiner aktuellen Konzentration am Wirkort („Schwellenwert") unterschiedliche Zelldifferenzierungen.

m-RNS

Abkürzung für messenger-Ribonucleinsäure, in die die Basensequenz des codierenden DNS-Strangs komplementär umgeschrieben (transkribiert) wird, also C → G, G → C und T → A bzw. A → U. (In jeder RNS wird Thymidin durch Uracil ersetzt). Die „Boten-RNS" verlässt den Zellkern und transportiert die in ihr gespeicherte genetische Information in das Zytoplasma, wo sie sich an Ribosomen anlagert und dort die Synthese des Proteins (Genprodukt) steuert.

Mutation

Wird die Basensequenz der DNS so verändert, dass ein abgewandeltes (zerstörtes bis völlig neues) Gen entsteht, so liegt eine Mutation vor. Beschränkt sie sich auf ein einzelnes Gen, so spricht man von einer Gen- oder Punktmutation. Durch Veränderungen der Chromosomen durch Brüche, Zerstörung von Teilen (Deletion) oder umgekehrtes Einheilen von Abschnitten (Inversion) nach Brüchen entstehen Chromosomenmutationen. Bei Genommutationen ist die Summe der Gene betroffen, z.B. bei erhöhter Zahl der Chromosomensätze (Polyploidie). Die mutierten Merkmale oder die von ihnen betroffenen Individuen nennt man Mutanten. Als externe Auslöser von Mutationen wirken insbesondere Röntgenstrahlen und Chemikalien.

Naturtheologie

Die Naturtheologen interpretieren die Zweckmäßigkeit des Natürlichen als Folge des Wirkens eines göttlichen Plans. Sie akzeptieren die Evolution nur unter der Annahme, dass der Artenwandel von Gott gelenkt wird (Paley).

Nukleotidbasen
Die zur Gruppe der Pyrimidine gehörenden Basen Cytosin (C), Thymin (T) und Uracil (U) sowie die Purinbasen Adenin (A) und Guanin (G) verbinden sich mit dem Zucker Ribose oder Desoxyribose zu den Nukleosiden. Wird als dritte Komponente Phosphorsäure gebunden, so entstehen Nukleotide. Dies sind die Bausteine der Nukleinsäuren. Sie werden als Nukleotidbasen oder im Zusammenhang mit Nukleinsäuren kurz als Basen bezeichnet.

Omnipotenz
Fähigkeit der zwar prädeterminierten, aber noch nicht differenzierten Zellen der Blastula, sich bei entsprechenden Einwirkungen zu den verschiedensten Gewebearten zu entwickeln: Ihre prospektive Potenz ist größer als ihre prospektive Bedeutung (Spemann).

Organisator
Gewebe, das bei seiner Transplantation in den noch nicht differenzierten, aber noch omnipotenten Zellen der neuen Umgebung eine seiner entwicklungsphysiologischen Aufgabe entsprechende Umwandlung bewirkt. Beispiel: Das Blastulagewebe dorsal vom Urmund löst über das Morphogen Chordin die Differenzierung von Strukturen der Rückenregion auch dann aus, wenn ein Teil dieser Zellschicht in die spätere Bauchregion der Blastula transplantiert wurde.

Phänotyp
Vom Genotyp festgelegte Ausprägung sichtbarer Merkmale in ihrer Gesamtheit: „Erscheinungsbild" eines Individuums.

Polymerasen
Enzyme, die einzelne Nukleotide zu DNS oder RNS polymerisieren. Anwendung im Labor bei der als PCR (polymerase-chain-reaction) abgekürzten Polymerase-Ketten-Reaktion, mit deren Hilfe eine winzige Ausgangsmenge wie z.B. eine einzige

DNS-Doppelhelix in geometrischer Reihe vervielfältigt werden kann, bis die Menge der erzeugten Kopien zur Analytik bzw. Sequenzierung (z.B. zur Anfertigung eines genetischen Fingerabdrucks) ausreicht.

Polyploidie
Vorhandensein von mehr als zwei Chromosomensätzen pro Zelle, entstanden nach deren Verdopplungen ohne nachfolgende Zellteilung (Genom-Mutation). Dieser als Endomitose bezeichnete Vorgang kann zu Riesenchromosomen (siehe dort) führen. Bei Kulturpflanzen wie Weizen, Hafer oder Raps wird Polyploidie durch Züchtung gewollt herbeigeführt zur Steigerung der Samengrößen und damit der Erträge.

Promotor
Sequenzen der DNS am Anfang eines Gens, an die die RNS-Polymerase andockt und den Transkriptionsvorgang startet.

Proteom
Summe aller Proteine, deren Synthese vom gesamten Genom induziert wird und letztlich die Ausprägung des Genotyps als Phänotyp bewirkt.

Reihe
In einer arithmetischen Reihe bleibt die Differenz zwischen ihren Einzelgliedern gleich, z.B. in der Zweierreihe 2-4-6-8 usw. (Zunahme linear). In der geometrischen Reihe hat jedes Glied den doppelten Wert des vorhergehenden, z.B. 2-4-8-16-32 usw. (Zunahme exponentiell).

Rekombination
Nach Chromosomenstückaustausch beim Crossing-over während der Meiose werden die Chromosomen morphologisch wieder hergestellt. Für die Evolution entscheidend ist aber die damit verbundene *Neu*kombination mütterlicher und väterlicher Gene, die zur Variantenbildung in der Folgegeneration

führen kann. Da in der Evolutionsgenetik nur dieser Effekt eine wichtige Rolle spielt, sollte der Begriff Rekombination (betrifft wörtlich die Rekonstruktion der Gestalt) ersetzt werden durch *Neukombination* (der Gene).

Repressor
Spezifischer Transkriptionsfaktor, der in der Nähe des Promotors bindet und durch Blockade der m-RNS-Polymerase die Transkription verhindert.

Rezessives Gen
Bewirkt nur dann eine sichtbare Merkmalausprägung, wenn es homozygot vorliegt, also in beiden Allelen des Gens vorhanden ist.

Ribosomen
Winzige Partikel im Zellplasma, bestehend aus RNS und Protein, an die sich die m-RNS anheftet. An diesem Ribosomen-m-RNS-Komplex wird die von der Basensequenz der m-RNS übermittelte genetische Information in das Genprodukt, die Aminosäuresequenz des synthetisierten Proteins (vgl. t-RNS) übersetzt (Translation).

Riesenchromosomen
Nach etwa zehn endomitotischen Chromosomenverdopplungen in geometrischer Reihe bleiben mehr als 1.000 Chromosomen parallel gebündelt. Diese Form der Polyploidie ist z.B. in den Speicheldrüsen von Drosophila anzutreffen. Aktive Gene sind an Formveränderungen („Puffs" = Aufblähungen) zu erkennen, wodurch die Anfertigung von Genkarten ermöglicht wird.

Röntgenstrukturanalyse
Die Beugung der Strahlung an den Atomgittern von kristallisierten Substanzen erzeugt Bilder wie z.B. Laue-Diagramme, die zur Berechnung von Strukturkonstanten wie Atomabstän-

den herangezogen werden. Derartige Daten bildeten die Basis für die Analyse der DNS als Doppel-Helix.

Sequenzierung
Analytisches Verfahren zur Bestimmung der Reihenfolge einzelner Bausteine in polymeren Molekülen. Die DNS-Sequenzierung ganzer Genome wie das vom Menschen wurde erst durch die automatisierte Analytik ermöglicht, bei der die Polymerase-Ketten-Reaktion eingesetzt wird.

Selektion
Natürliche Auslese der am besten an geänderte Umweltbedingungen angepassten Varianten (Darwin). Dadurch Überleben der Tauglichsten („Survival of the fittest": Spencer).

Symbiose
Für alle Beteiligten nützliche Wechselbeziehung zwischen Individuen verschiedener Arten mit ausgewogenem Geben und Nehmen, z.B. bestehen die Flechten aus der Lebensgemeinschaft eines Pilzes und einer Alge. In der Evolution sind wahrscheinlich die Mitochondrien zunächst bakterielle Symbionten in Einzellern gewesen, ebenso waren die Chloroplasten der grünen Pflanzen zuvor selbständige, bereits zur Photosynthese befähigte Cyanobakterien.

Telomer
Struktur am Chromosomenende, die wahrscheinlich keine Gene enthält. Bei jeder Mitose verliert das Telomer einen kleinen Teil seiner Substanz und wird dadurch zu einem Indikator für die Zellalterung.

Transduktion
Transport von Genen des Wirtsbakteriums durch die in ihm gewachsenen Phagen in das neu infizierte Bakterium.

Transformation
Lamarck: Gezielte Merkmaländerung als direkte Folge der Anpassung an geänderte Umweltbedingungen, Vererbung der so erworbenen Eigenschaften. – Bakteriengenetik: Übertragung von Erbfaktoren bei der Konjugation. – Bei höheren Lebewesen: Einschleusen isolierter Gene in den Organismus. Tiere oder Pflanzen mit einem zusätzlichen Gen sind transgen.

Transkription
Synthese der m-RNS durch RNS-Polymerase, wobei der codierende DNS-Strang als (komplementäre) Matrize dient: Die genetische Information wird in RNS „umgeschrieben".

Transkriptionsfaktoren
Genprodukte (Proteine), die je nach Bindung an bestimmte DNS-Regionen als Aktivatoren oder Repressoren eines der Bindungsstelle benachbarten Gens regulativ auf dessen Expression einwirken.

Translation
Übersetzung der m-RNS-Codons in die Aminosäuresequenz des vom betreffenden Gen codierten Proteins, vgl. t-RNS.

Transmutation
Sichtbare Veränderungen von Merkmalen durch Evolutionssprünge, die zu entscheidenden Selektionsvorteilen führen. Heute verlassene Theorie Darwins.

Transposon
„Springendes Gen": Es kann durch spezielle Enzyme aus seinem ursprünglichen Platz in der DNS herausgeschnitten und an anderer Stelle wieder eingesetzt werden mit der Folge, dass es regulierend auf die Gene in der neuen Nachbarschaft einwirkt, indem es z.B. die Transkription nur ausgewählter Exons zulässt und so neue Merkmalvarianten exprimiert.

t-RNS
Für Bindung und Transport jeder einzelnen Aminosäure gibt es ein spezielles transfer-RNS-Molekül, das die zum jeweiligen m-RNS-Codon passende Aminosäure für die Synthese des Genprodukts (Protein) am Ribosom-m-RNS-Komplex abliefert. Diese Übersetzung des bereits in die m-RNS-Tripletts umgeschriebenen (transkribierten) Gens heißt Translation.

Urmund
Stelle der Blastula, die die Grenze zwischen der Bauch- und Rückenregion festlegt. Hier beginnt die Einstülpung zur dann aus zwei Zellschichten bestehenden Gastrula.

Variante
Besitzt von der Ausgangsform abweichende Merkmalausprägungen: entweder als normale Streuung um einen Mittelwert (Variationsbreite z.B. der Samengrößen) oder aber als Folge von Mutationen. Nur diese genetische Variation ist für die Evolution entscheidend.

Zentromer
Distinkte Struktur meist im mittleren Chromosomenabschnitt, an die bei der Zellteilung die Spindelfaser ansetzt, um das Chromosom in die Äquatorialebene zu ziehen.

Zygote
Befruchtete Eizelle.

„Achtung verdient, wer vollbringt, was er vermag."
(Sophokles)

Lebensdaten

Altmann, Richard   1852 – 1900
Arambourg, Camille   1885 – 1970
Astbury, William   1898 – 1961
Avery, Oswald   1877 – 1955
Baer, Karl Ernst von   1792 – 1876
Bates, Henry Walter   1825 – 1892
Bateson, William   1861 – 1926
Bauer, Joachim   1951
Beadle, George Wells   1903 – 1989
Berger, Ruth   1967
Bohr, Niels   1885 – 1962
Bonnet, Charles   1720 – 1793
Boucher de Perthes, Jacques   1788 – 1868
Boule, Marcellin   1861 – 1942
Boveri, Theodor   1862 – 1915
Bragg, Sir Lawrence   1890 – 1971
Breuil, Henri   1877 – 1961
Bridges, Calvin Blackman   1889 – 1938
Bromage, Timothy G.   1954
Broom, Robert   1866 – 1951
Brunet, Michel   1940
Buffon, George Louis Leclerc, Graf von   1707 – 1788
Busk, George   1807 – 1886
Chardin, Pierre Teilhard de   1881 – 1955
Chargaff, Erwin   1905 – 2002
Chase, Martha   1928 – 2003
Coppens, Yves   1934
Correns, Carl Erich   1864 – 1933

Crick, Francis Harry Compton   1916 – 2004
Cuvier, Baron Georges de   1769 – 1832
Dart, Raymond   1893 – 1988
Darwin, Charles Robert   1809 – 1882
Darwin, Erasmus   1731 – 1802
Dawson, Charles   1864 – 1916
Delbrück, Max   1906 – 1981
Dobzhansky, Theodosius   1900 – 1975
Donohue, Jerry   1920 – 1985
Driesch, Hans Adolf   1867 – 1941
Dubois, Eugène   1858 – 1940
Fitzroy, Robert   1805 – 1865
Flemming, Walther   1843 – 1905
Fraenkel-Conrat, Heinz   1910 – 1999
Franklin, Rosalind   1920 – 1958
Friedrich, Walther   1883 – 1968
Fuhlrott, Johann Carl   1803 – 1877
Geoffroy Saint-Hilaire, Etienne   1772 – 1844
Gierer, Alfred   1929
Gieseler, Wilhelm   1900 – 1976
Gosling, Raymond   1926
Gray, Asa   1810 – 1888
Haeckel, Ernst   1834 – 1919
Haile-Selassie, Yohannes   1961
Haeckel, Ernst   1834 – 1919
Henslow, John Stevens   1796 – 1861
Hershey, Alfred Day   1908 – 1997
Hertwig, Oskar   1849 – 1922
Hinton, Martin Alster Campbell   1883 – 1961
Hooke, Robert   1635 – 1703
Hopwood, Arthur Tindell   1897 – 1969
Huxley, Julian   1887 – 1975
Huxley, Thomas Henry   1825 – 1895
Huygens, Christiaan   1629 – 1693
Jacob, François   1920
Johannsen, Wilhelm Ludvig   1857 – 1927

Johansen, Donald   1943
Kattwinkel, Wilhelm   1866 – 1935
Keith, Sir Arthur   1866 – 1955
Kendrew, John Cowdery   1917 – 1997
Kimeu, Kamoya   1940
Kitching, James William   1922 – 2003
Knipping, Paul   1883 – 1935
Koch, Robert   1843 – 1910
Koenigswald, Gustav Heinrich Ralph von   1902 – 1982
Kornberg, Arthur   1918
Lamarck, Jean-Baptiste de Monet, Chevalier de   1744 – 1829
Lartet, Édouard   1801 – 1871
Laue, Max von   1879 – 1960
Leakey, Jonathan   1940
Leakey, Louis Seymour Bazett   1903 – 1972
Leakey, Mary   1913 – 1996
Leakey, Meave   1942
Leakey, Richard   1944
Lederberg, Joshua   1925
Leeuwenhoek, Antoni van   1632 – 1723
Lewis, Edward B.   1918 – 2004
Libby, Willard Frank   1908 – 1980
Linné, Carl von   1707 – 1778
Luria, Savador Edward   1912 – 1991
Lwoff, André   1902
Lyell, Sir Charles   1797 – 1875
Lyssenko, Trofim D.   1898 – 1976
Malthus, Thomas Robert   1766 – 1834
Mangold, Hilde   1898 – 1924
Mantell, Gideon Algernon   1790 – 1852
Masao, Fidelis T.   1942
Matthaei, Heinrich J.   1929
Mayer, Franz Josef Karl   1787 – 1865
Mayr, Ernst   1904 – 2005
McClintock, Barbara   1902 – 1992
Mendel, Gregor   1822 – 1884

Meselson, Matthew Stanley   1930
Miescher, Friedrich   1844 – 1895
Miller, Stanley Lloyd   1930 – 2007
Mitschurin, Iwan W.   1855 – 1935
Mollison, Theodor   1874 – 1952
Monod, Jacques   1910
Morgan, Thomas Hunt   1866 – 1945
Mortillet, Gabriel de   1821 – 1898
Muller, Hermann Josef   1890 – 1967
Mullis, Kary Banks   1944
Neuweiler, Gerhard   1935 – 2008
Nirenberg, Marshall Warren   1927
Nüsslein-Volhard, Christiane   1942
Oakley, Kenneth Page   1911 – 1981
Ochoa, Severo   1905 – 1993
Owen, Sir Richard   1771 – 1858
Pääbo, Svante   1955
Paley, William   1743 – 1805
Pasteur, Louis   1822 – 1895
Pauling, Carl Linus   1901 – 1994
Perutz, Max   1914 – 2002
Randall, John   1905 – 1984
Reck, Hans   1886 – 1937
Rensch, Bernhard   1900 – 1990
Rigollot, Marcel Jérôme   1786 – 1855
Romanes, George John   1848 – 1894
Röntgen, Wilhelm Conrad   1845 – 1923
Roux, Wilhelm   1850 – 1924
Schaaffhausen, Hermann   1816 – 1893
Schramm, Gerhard   1910 – 1969
Schrenk, Friedemann   1956
Sedgwick, Adam   1785 – 1873
Senut, Brigitte   1954
Simpson, George G.   1902 – 1984
Smith, Sir Grafton Elliot   1871 – 1937
Smith, William   1769 – 1839

Smith Woodward, Sir Arthur 1864 – 1944
Sommerfeld, Arnold 1868 – 1951
Spemann, Hans 1869 – 1941
Spencer, Herbert 1820 – 1903
Stahl, Franklin 1929
Staudinger, Hermann 1881 – 1965
Stebbins, G. Ledyard 1906 – 2000
Strasburger, Eduard 1844 – 1912
Sturtevant, Alfred Henry 1891 – 1970
Sutton, Walter Stanborough 1877 – 1916
Tatum, Edward Lawrie 1909 – 1975
Thomson, Charles Wyville 1830 – 1882
Timoféeff-Ressowsky, Nikolai W. 1900 – 1981
Tobias, Phillip 1925
Tschermak von Seysenegg, Erich 1871 – 1962
Urey, Harald Clayton 1893 – 1981
Virchow, Rudolf 1821 – 1902
Vries, Hugo de 1848 – 1935
Waddington, Conrad Hal 1905 – 1975
Waldeyer-Hartz, Wilhelm 1836 – 1921
Walker, Alan 1938
Wallace, Alfred Russel 1823 – 1913
Warburg, Otto 1883 – 1970
Watson, James Dewey 1928
Weismann, August 1834 – 1914
White, Thimocy (Tim) 1950
Wieschaus, Eric Frank 1947
Wilberforce, Samuel 1805 – 1873
Wilkins, Maurice 1916 – 2004
Wilson, Allan 1934 – 1991
Wilson, Herbert 1929 – 2008
Wittmann, Heinz Günter 1927 – 1990
Zimmer, Karl Günter 1909 – 1981

Von den hier nicht aufgelisteten Forscherinnen und Forschern der Gegenwart konnten die Geburtsjahre aus Gründen des

Datenschutzes nicht ermittelt werden. Alle im Text genannten Personen sind aber im Index mit Angabe der Seitenzahl ihrer Nennung erfasst worden.

Weiterführende Literatur

AUFFERMANN, Bärbel; ORSCHIEDT, Jörg: Die Neandertaler. Konrad Theiss Verlag, Stuttgart 2006
BAUER, Joachim: Das kooperative Gen. Abschied vom Darwinismus. Hoffmann und Campe Verlag, Hamburg 2008
BERGER, Ruth: Warum der Mensch spricht. Eine Naturgeschichte der Sprache. Eichborn Verlag, Frankfurt 2008
BURENHULT, Göran (Leitender Herausgeber): Die ersten Menschen. Weltbild Verlag, Augsburg 2000
CARROLL, Sean B.: Evo Devo. Das neue Bild der Evolution. Berlin University Press 2008
CARROLL, Sean B.: Die Darwin DNA. Wie die neueste Forschung die Evolutionstheorie bestätigt. S. Fischer Verlag, Frankfurt 2008
CUNLIFFE, Barry (Herausgeber): Illustrierte Vor- und Frühgeschichte Europas. Campus Verlag, Frankfurt 1996
DARWIN, Charles: Die Entstehung der Arten (1859) Wissenschaftliche Buchgesellschaft, Darmstadt 1992
DARWIN, Charles: Die Abstammung des Menschen (1874). 5. Auflage. Verlag Alfred Kröner, Stuttgart 2002
DARWIN, Charles: Die Fahrt der Beagle (1839). **mare**buchverlag, Hamburg 2006
DAWKINS, Richard: Das egoistische Gen. Spektrum Akademischer Verlag, Heidelberg, Jubiläumsausgabe 2007
FACCHINI, Fiorenzo: Die Ursprünge der Menschheit. Konrad Theiss Verlag, Stuttgart 2006
GEHRING, Walter J.: Wie Gene die Entwicklung steuern. Eine Geschichte der Homeobox. Birkhäuser Verlag, Basel 2001
GOWLETT, John A. J.: Ascent to Civilisation. Second Edition. McGraw-Hill, Inc., Reprint London 1994
HENN, Wolfram; MEESE, Eckart: Humangenetik. Verlag Herder, Freiburg 2007
HUXLEY, Julian: Entfaltung des Lebens. S. Fischer Verlag, Frankfurt 1954

JOHANSON, Donald; EDGAR, Blake: Lucy und ihre Kinder. Spektrum Akademischer Verlag, Heidelberg 1998

JUNKER, Thomas: Die Evolution des Menschen. Verlag C. H. Beck, München 2006

KIRSCHNER, Marc W.; GERHART, John C.: Die Lösung von Darwins Dilemma. Rowohlt Taschenbuch Verlag, Reinbek 2007

KLOSE, Joachim; OEHLER, Jochen: Gott oder Darwin? Springer-Verlag Berlin, Heidelberg 2008

KUTSCHERA, Ulrich: Evolutionsbiologie. 2. Auflage. Verlag Eugen Ulmer, Stuttgart 2006

KUTSCHERA, Ulrich: Tatsache Evolution. Was Darwin nicht wissen konnte. Deutscher Taschenbuch Verlag, München 2009

LEAKEY, Richard; LEWIN, Roger: Der Ursprung des Menschen. Verlag S. Fischer, Frankfurt 1993

LEAKEY, Louis S. B.: Finding the World's Earliest Man. National Geographic 118, 420 – 435 (1960)

LEWIN, Roger: Die Herkunft des Menschen. Spektrum Akademischer Verlag, Heidelberg, Berlin, Oxford 1993

LEWIN, Roger: Spuren der Menschwerdung. Spektrum Akademischer Verlag, Heidelberg 1991

MANIA, Dietrich: Die ersten Menschen in Europa. Konrad Theiss Verlag, Stuttgart 1998

MAYR, Ernst: Das ist Evolution. Goldmann Verlag, München 2005

NEUWEILER, Gerhard: Und wir sind es doch – die Krone der Evolution. Verlag Klaus Wagenbach, Berlin 2008

NÜSSLEIN-VOLHARD, Christiane: Das Werden des Lebens. Deutscher Taschenbuchverlag, München 2006

OAKLEY, Kenneth Page; CAMPBELL, Bernard Grant; MOLLESON, Theya Ivitsky: Catalogue of Fossil Hominids. Part I: Africa. Trustees of the British Museum (Natural History), London 1977

RECK, Hans: Die Schlucht des Urmenschen. Verlag F. A. Brockhaus, Leipzig 1951

RECK, Hans: Oldoway, die Schlucht des Urmenschen. Verlag F. A. Brockhaus, Leipzig 1933
REICHHOLF, Josef H.: Eine kurze Naturgeschichte des letzten Jahrtausends. Verlag S. Fischer, Frankfurt 2007
REICHHOLF, Josef H.: Evolution. Verlag Herder, Freiburg 2007
ROBINSON, Tara Rodden: Genetik für Dummies. Verlag Wiley VCH, Weinheim 2006
SAWYER, G. J.; DEAK, Victor: Der lange Weg zum Menschen. Spektrum Akademischer Verlag, Heidelberg 2008
SCHRENK, Friedemann; BROMAGE, Timothy G.: Adams Eltern. Verlag C. H. Beck, München 2002
SCHRENK, Friedemann; MÜLLER, Stephanie: Die Neandertaler. Verlag C. H. Beck, München 2005
SCHRENK, Friedemann; MÜLLER, Stephanie: Urzeit. Die 101 wichtigsten Fragen. Verlag C. H. Beck, München 2006
SCHRENK, Friedemann: Die Frühzeit des Menschen. 4. Auflage. Verlag C. H. Beck, München 2003
STORCH, Volker; WELSCH, Ulrich; WINK, Michael: Evolutionsbiologie. 2. Auflage. Springer-Verlag, Heidelberg 2007
STREIT, Bruno (Herausgeber): Evolution des Menschen. Spektrum Akademischer Verlag, Heidelberg 1995
STRINGER, Chris; ANDREWS, Peter: The Complete World of Human Evolution. Thames & Hudson Ltd, London 2005
THOMPSON, Richard L.; CREMO, Michael A.: Verbotene Archäologie. Bettendorf'sche Verlagsanstalt Essen, München 1994
THOMS, Sven P.: Ursprung des Lebens. Verlag S. Fischer, Frankfurt 2005
WATSON, James D.: Die Doppelhelix. 19. Auflage. Rowohlt Taschenbuchverlag, Reinbek 2005
WEBER, Thomas P.: Darwinismus. Verlag S. Fischer, Frankfurt 2002
WUKETITS, Franz M.: Darwin und der Darwinismus. Verlag C. H. Beck, München 2005

Index

A

Abbevilléen 57, 58, 154
Abschlagtechnik 58, 155
Abstammung 18, 22, 26, 43, 69, 80
Acheuléen 57, 58, 146, 147, 154-156
Adenin 97, 125, 173, 175, 179, 256, 260
Akademiestreit 43
Aktualismus 42, 260
Allele 95, 108, 113, 232, 260
Alpha-Helix 122, 124, 176
Altamira 158
Altmann, Richard 87, 199
Altpaläolithikum 155
Altsteinzeit 56, 57, 153, 155
Amphibien 13, 30, 80, 208, 220, 263
Analogie 71, 81, 235, 244, 260
Anatomie, vergleichende 41, 70
Ante-Neandertaler 196, 202, 234, 241
Arambourg, Camille 188, 240
Archae-Bakterien 12
Archaeopteryx 30, 80, 220, 267
Ardipithecus kaddaba 237, 239
Ardipithecus ramidus 186, 187, 192, 237, 238, 239
Art (Definition) 48-50, 220
Artbildung 99, 111, 220, 247, 248
Artenwandel 18, 24, 39, 43, 268
Astbury, William 98, 122
Atapuerca 196, 241, 242
Atomgitter 121
Aurignacien 58, 59, 75, 146, 148, 155
Auslese, natürliche 26, 27
Australopithecinen 129, 131-133, 146, 186, 192, 193, 230, 237
Australopithecus afarensis 187, 241
Australopithecus africanus 131, 132, 188, 190
Australopithecus anamensis 186, 239
Australopithecus bahrelgazali 186, 237
Avery, Oswald 97, 118-120, 171

B

Baer, Karl Ernst von 44, 89
Bakterien 12, 118-120, 128, 160, 171, 174, 180, 182, 184, 199, 215
Bakteriologie 85
Bakteriophagen 161, 171, 255
Basenfolge 179, 201
Basenpaar 126, 211, 212, 260
Bates, Henry W. 26
Bateson, William 90

Beadle, Georges W. 160, 172
Beagle 23, 24, 34, 35, 39
Bedeutung, prospektive 104
Befruchtung 89, 90, 199, 207, 221
Bilzingsleben 156
binomial 48, 50
Biogenetisches Grundgesetz 80
Biokatalysatoren 175
Bjornsson, Hans 245
Blastula 102-104, 208, 260, 263, 269, 274
Blumenshine, Robert 191
Bohr, Niels 169
Bonnet, Charles 29
Botenstoff 206
Boucher de Perthes, Jacques 55-59, 146, 150, 153
Boule, Marcellin 74, 75
Boveri, Theodor 84, 86, 87-92, 101, 206
Boxgrove 196, 241
Bragg, Sir Lawrence 98, 122
Bridges, Calvin B. 109, 110
Breuil, Abbé Henri 153-159
Broca-Zentrum 233
Bromage, Timothy 189, 190, 240
Broom, Robert 129-134, 188, 240
Brunet, Michel 186, 237, 239, 240
Buffon, Georges Graf von 29, 49, 160
Busk, George 73

C

Carbonell, Eduald 240, 242
Ceprano 196, 241
Chapelle-aux-Saints, La 74
Chardin, Pierre Teilhard de 113, 114
Chargaff, Erwin 125
Chase, Martha 97, 118
Chiasmen 106, 112-114, 261
Chlorophyll 12, 173
Chloroplasten 13, 272
Chloroplasten-DNS 13
Chopper 146, 154
Chorda 209
Chordin 208, 209, 269
Chromatidfäden 106, 264
Chromatin 87, 252
Chromosomen 86-93, 95, 96, 105-111, 253, 260-262, 267, 268, 270, 271
Chromosomensatz 88-90, 113, 199, 211, 221, 264
Chromosomenstückaustausch 108, 117, 171, 221, 262, 270
Clarke, Ron 191, 240
Code, genetischer 11, 129, 161, 178-185, 161, 261
Codon 180, 181, 183, 261, 274
Coppens, Yves 187, 188, 240
Correns, Carl Erich 60, 97
Crick, Francis 97, 122-129, 210-213, 216
Cro-Magnon 75, 158, 159, 197, 234
Crossing-over 88, 106, 110, 112, 113, 116, 117, 215, 219, 221, 222, 261, 266, 270
Cuvier, Baron Georges de 39, 40, 43, 56, 225
Cyanobakterien 12, 13, 174, 249, 272

Cytosin 97, 125, 179, 256, 260, 269

D
Dart, Raymond 130, 188, 191-197, 240
Darwin, Charles 19-39, 51, 68, 69, 71, 148, 217
Darwin, Erasmus 28, 48
Darwinismus 15, 16, 217, 218, 247
Darwinius Masillae 238, 239
Darwins Dilemma 116, 117
Dawson, Charles 134, 138, 139
Delbrück, Max 118, 160, 161, 168-171
Designer, Intelligenter (ID) 224, 227
Desoxyribonuklease 120
Deszendenztheorie 18, 22, 26, 27, 31, 43, 54, 100, 163
Differenzierung 98, 101, 244, 254, 269
Dinosaurier 39, 40, 249
diploid 88
Dmanisi 194
DNS 11-13, 97, 98, 109, 117-129, 178-185, 204, 205, 211, 215, 216, 223, 244, 246, 248, 262
DNS-Polymerase 201
DNS-Schrott 211
Dobzhansky, Theodosius 163-167, 218
dominant 64, 262
Dominanz 232, 249, 260
Donohue, Jerry 125, 127, 128

Doppelhelix 97, 120-129, 168, 181, 210, 262,
Dordogne 59, 75, 157, 158
Dosis-Wirkung-Beziehung 170
Down House 19, 20, 35, 44
Driesch, Hans Adolf 100, 101
Drosophila 99, 105, 109, 110, 163, 165, 170, 171, 203, 207, 208, 215, 220
Dubois, Eugène 77, 194, 195, 240
Dystrophin 211

E
Egoismus 15-17, 213
Eikern 91
Embryo(nal)entwicklung 80, 93, 98, 100-102, 162, 203-205, 244
Endomitose 110, 270
Endosymbiose 12, 13, 267
Engis 73
Entwicklungsbiologie 202, 205, 246
Entwicklungsgene 207, 233
Enzym 160, 172, 176, 177, 181
Epigenetik 16, 117, 216, 243, 244, 262
Epigenom 244
Erbfaktoren 90, 95, 106, 107, 111, 118, 165, 171, 175, 273
Erythrozyten 83
Eubakterien 12, 13
Eukaryonten 12, 13
Evo Devo 202, 206, 246, 282

Evolution 11-14, 67, 80, 94, 96, 106, 111-113, 116, 178, 202, 203, 205, 215, 224, 263
Evolution, chemische 172, 173
Evolution, kulturelle 155
Evolutionsbiologie 217-219
Exons 214, 215, 263, 265, 273
Explosion, kambrische 13

F

Familie (Taxonomie) 49, 50
Faustkeile 55, 57, 58, 146, 147, 153-156
Fingerabdruck, genetischer 201, 212
Finken (Galapagos) 35, 36, 220
Fische 13, 24, 43, 80, 132, 220
Fitzroy, Robert 23, 24
Flemming, Walther 87, 88
FOXP2 s. Sprachgen
Fraenkel-Conrat, Heinz 179
Franklin, Rosalind 98, 123-127
Friedrich, Walther 121
Fuhlrott, Johann Carl 52-55

G

Galapagos 32-35, 220
Gameten 88-90, 222, 264, 266
Gastraea-Theorie 82
Gastrula 102, 104, 208, 263, 274
Gattung 48-50, 190, 192
Gemütsbewegungen 69

Gen 15, 16, 90, 108, 109, 117-120, 172, 182, 183, 211, 219, 263
Genetik 91, 94, 105
Gene, springende 213-216
Genkarten 106, 108, 109, 271
Genkopplung 107
Genom 199, 207, 210-216, 218, 247, 248, 264
Genotyp 90, 95, 213, 220, 253, 264, 269
Geoffroy Saint-Hilaire, Etienne 43, 100
Gibraltar 73, 196, 241
Gierer, Alfred 179
Gieseler, Wilhelm 150
Giraffen 32, 33
Gosling, Raymond 126, 128
Gravettien 58, 155
Gray, Asa 27
Guanin 97, 125, 179, 256, 260, 269

H

Haeckel, Ernst 44, 45, 69, 78-83
Haile-Selassie, Yohannes 237, 239, 240
Halbwertszeit 151
haploid 88, 89
Henslow, John Stevens 22, 23
Hersey, Alfred D. 97, 118, 161
Hertwig, Oskar 89
heterozygot 95
Hinton, Martin 136-139
Hipparion 142

Hirnvolumen 75, 135, 191, 193, 197, 230, 237, 242
Histone 109, 244, 261, 264
HIV 216
Höhlenmalerei 153, 155, 158, 159, 234
Homo erectus 154, 162, 191-197, 202, 230, 231, 233, 237, 240-242
Homo ergaster 154, 162, 191-195, 237, 240, 241
Homo georgicus 194
Homo habilis 146, 147, 154, 190-192, 240, 241
Homo heidelbergensis 156, 196, 202, 233, 241, 242
Homo neanderthalensis s. Neandertaler
Homo pekinensis 195
Homo rudolfensis 190-192, 194, 236, 237, 240, 241
Homo sapiens 14, 144, 145, 148, 150, 155, 163, 196-198, 200, 202, 230, 231, 233, 234, 237, 241
Homo sapiens, archaischer 200, 241
Homo sapiens, moderner 241
Homo sapiens sapiens 197
Homologie 71, 264
Homöobox 204, 265
homöotisch 204, 264
homozygot 95, 262, 265, 271
Hooke, Robert 84
Hopwood, Arthur T. 147
Hox-Gene 204-207, 265
Hurst, Jane A. 232
Hurum, Jörn 238, 239
Huxley, Julian 166, 219, 220
Huxley, Thomas Henry 68-71, 73, 114, 115, 226

I
Ida (Uraffe) 238, 239
ID-Kreationisten 226
intermediär 63, 95
Introns 212, 214

J
Jacob, François 161, 182
Java 61, 77, 194, 195, 240
Johannsen, Wilhelm 90
Johanson, Donald 187, 240
Jungpaläolithikum 58, 155

K
Kalium-Argon-Verfahren 187, 198
Kampf ums Dasein 25, 68, 197, 227
Kaprina 73, 196, 241
Katastrophentheorie 39, 41, 56, 265
Kattwinkel, Wilhelm 140-142
Keimbahn 92, 93, 96, 218, 223
Keimzellen s. Gameten
Keith, Sir Arthur 132
Kendrew, John 122, 129
Kerguelen 34, 37, 38
Kiemenknochen 43
Kiemenspalten 80, 81
Kimbel, William 187, 240
Kimeu, Kamoya 193, 240
Kitching, James 188, 240
Kleinkunstwerke 59, 153-159
Knipping, Paul 121
Koch, Robert 85

Koenigswald, Gustav H. R. von 195
Kombinierbarkeit, freie (Mendel) 66, 107, 276
Komdrai 131
Konjugation 171, 266, 273
Kornberg, Arthur 129, 161, 180
Kreationismus 167, 223-225, 227, 266
Kristallografie 122, 123

L

Laetoli 187
Lamarck, Jean-Baptiste 22, 28-38, 71, 93, 94, 243, 247
Lartet, Édouard 57, 59, 153, 156
Lascaux 158
Laue, Max von 98, 121
Leakey, Jonathan 191, 240
Leakey, Louis 140, 141, 145-148, 151, 152, 187, 189, 240
Leakey, Mary 185-191, 192, 239, 240
Leakey, Meave 186, 239, 240
Leakey, Richard 188, 190, 191, 193, 240
Lederberg, Joshua 160, 171
Leitfossilien 57, 138, 143, 189, 235, 248
Levallois-Technik 155
Lewis, Edward B. 162, 202-210, 246
Libby, Willard Frank 150-151
Linné, Carl von 45-51, 160
Lucy 187, 240, 241
Luria, Salvador E. 118, 161
Lwoff, André 161

Lyell, Charles 40, 41, 54, 225
Lyssenko, Trofim 163-167
Lyssenkoismus 163, 166, 167, 170

M

Magdalénien 58, 150, 155, 158
Makapansgat 132, 188
Makroevolution 220, 263
Malema 189
Malthus, Thomas 25
Mangold, Hilde 102-105, 206, 209
Mantell, Gideon 40
Massai 141
Matrize 118, 128, 181, 183, 273
Masao, Fidelis 191, 240
Matthaei, Heinrich J. 129, 161, 180, 181
Mauer (Heidelberg) 76, 196, 241
Mayer, Franz Josef Karl 72
Mayr, Ernst 217-219, 220, 222-224, 226, 229
McClintock, Barbara 213-216, 246
Meiose 220, 253, 261, 262, 264, 266, 270
Mendel, Gregor 60, 61-66
Mendel-Regeln 63, 64, 66, 96, 111, 246
Merkmaländerung 31-34, 43, 113, 273
Meselson, Matthew Stanley 127
messenger-RNS 180-184, 204, 208, 214, 245, 248, 256, 261, 271, 274

Metallzeitalter 155
Methylierung 244
Miescher, Friedrich 87
Mikroevolution 220, 263
Mikro-RNS 248
Mikroskop 84, 85
Miller, Stanley Lloyd 173
Mimikry 26, 267
missing link 133, 135, 138
Mitochondrien 13, 267, 272
Mitochondrien-Eva 163, 200
Mitochondrien (-DNS) 13, 198-202, 267, 272
Mitose 88, 221, 267, 272
Mitschurin, Iwan W. 164, 165
Mittelpaläolithikum 155
Modjokerto 195
Molchembryonen 102, 254
Molekularbiologie 160, 170, 223
Mollison, Theodor 150
Monaco, Anthony 232
Monismus 78, 83
Monod, Jacques 161, 182
Monismus 78, 83
Morgan, Thomas Hunt 105-107
Morphogen 207, 209, 268, 269
Mortillet, Gabriel de 57, 153
Morula 208
Mount Carmel 196, 241
Moustérien 58, 155
Moyà-Solà, Salvador 238, 239
m-RNS s. messenger-RNS
Muller, Hermann J. 110-112, 279, 220-222
Mullis, Kai 201

Mutanten 106, 111, 170, 199, 203, 207, 220, 268
Mutationen 15, 96, 99, 105, 106, 111, 112, 114, 172, 179, 199, 200, 204, 219, 233, 244, 247, 268, 274

N

Naturtheologen 23, 24, 39, 40, 268
Naulette, La 73
Neandertal 52-54, 134
Neandertaler 14, 72, 73, 75-77, 196, 233, 234, 241
Neodarwinismus 94, 217, 218
Neolithikum 155
Neovitalismus 101
Neukombination 111, 113, 117, 160, 171, 215, 222, 266, 270
Ngeneo, Bernard 190, 193, 240
Ngorongorokrater 142
Nirenberg, Marshall W. 129, 161, 180, 181
Nuklein 87, 97
Nukleinsäure 87, 117, 119, 179, 199, 263
Nukleotid 180, 181, 232, 244
Nukleotidbasen 161, 168, 179, 199, 211, 244, 260-262, 269
Nukleotidsequenz s. Basenfolge
Nüsslein-Volhard, Christiane 162, 202, 209

O

Oakley, Kenneth P. 139, 150
Ochoa, Severo 129, 161, 178-184
Olduvai-Schlucht 76, 140, 142, 145, 147, 152, 153, 185, 188, 191
Olduvan-Industrie 146, 154, 191
Omnipotenz 104, 269
Ontogenese 80
Orce 194
Organisator 100, 103, 162, 203, 206, 208, 209, 269
Orrorin tugensis 238
Owen, Richard 70, 279

P

Pääbo, Svante 231
Paläoanthropologie 14, 54, 235
Paläogenetik 231
Paläontologie 30, 40, 130, 134, 137, 228, 236
Paley, William 23, 38, 39, 225
Paranthropus aethiopicus 188, 240
Paranthropus boisei 188, 189, 190, 237, 248
Pasteur, Louis 85
Pauling, Linus 122, 124-126
PCR 201, 202, 257, 269
Perutz, Max 122, 129
Petralona 196, 241
Phänotyp 90, 95, 214, 220, 253, 269, 270
Photosynthese 12, 13, 151, 249, 272
Phylogenese 80

Pierolapithecus catalaunicus 239
Pickford, Martin 237, 239
Piltdown-Affäre 17, 133, 134, 137
Pithecanthropus erectus 77, 194
Pleistozän 138, 143, 147, 262
Pneumokokken 119, 120, 171
Polarität 101, 206, 208, 226
Polymerase 129, 161, 180, 183, 201, 245, 269
Polymerase-Ketten-Reaktion s. PCR
Polynukleotidketten 127
Polyploidie 110, 268, 270, 271
Potenz, prospektive 104
Primaten 51, 69, 82, 160, 162, 238, 239
Prinzip, colineares 205
Proconsul africanus 186, 239
Promotor 183, 244, 262, 270
Proteinsynthese 129, 161, 179-183, 214
Proteom 213, 270
Punktmutation 232, 268

R

Radiocarbon-Datierung 150
Rak, Yoel 187, 240
Randall, John 123
Reck, Hans 76, 140, 142-152
Reduktionsteilung 88, 89, 98, 106, 220, 221
Regulatoren 214, 247, 248
Reifeteilung 88, 266
Rekombination 221, 222, 270
Rensch, Bernhard 219

Replikation 13, 128, 161
Repressor 183, 271
Reptilien 13, 30, 80, 83, 130, 132, 220, 263, 267
Retroviren 215, 216
Revolution, neolithische 58, 250
rezessiv 64, 96, 262, 264-266
Ribosomen 161, 182, 183, 214, 268, 271
Riesenchromosomen 109, 110, 270, 271
Rigollot, Marcel Jérôme 57
RNS 11, 119, 129, 178-185, 212, 215, 223
Romanes, George John 94
Röntgen, Wilhelm Conrad 120, 121
Röntgenstrukturanalyse 98, 120, 122, 123, 271
Roux, Wilhelm 101

S

Saccopastore 196, 241
Sahelanthropus tschadensis 237, 239
Sangiran 195
Sauerstoff 12, 173, 174
Säuger 13, 30, 33, 82, 132, 162
Schädelbasis 186, 231
Schaaffhausen, Hermann 53-55, 72-74
Scheitelkamm 131, 188
Schimpansen 82, 131, 132, 162, 186, 193, 212, 214, 216, 231, 232, 238
Schmuck, prähitorischer 59, 159
Schnabeltier 80
Schöningen 156
Schöpfung 39, 40, 42, 43, 46, 90, 99, 112, 113, 116
Schöpfungsgeschichte 18, 23, 24, 29, 72, 130, 167, 200, 224, 225
Schramm, Gerhard 118-119, 171, 179
Schrenk, Friedemann 189, 190, 240
Sedgwick, Adam 22
Seeigelembryonen 100
Selektion 12, 26, 27, 32-34, 37, 69, 74, 80, 82, 100, 115, 116, 262, 263, 272
Selektionstheorie 25, 27
Senut, Brigitte 237, 239
Serengeti 145, 149
Sexualität 47, 48, 157, 171, 220
Simpson, George G. 219
Sinanthropus 114, 195
Sintflut 41, 42
Smith, Sir Grafton Elliot 132
Smith, William 57
Smith Woodward, Sir Arthur 132, 134, 137, 139
Solutréen 58, 155
Soma 93, 223, 253
Sommerfeld, Arnold 121
Spaltugsgesetz (Mendel) 64
Spemann, Hans 101-105, 208, 209
Spencer, Herbert 67-68, 197
Spermienkern 91, 100, 199
spleißen 214, 265
Sprachentwicklung 229, 231-233
Sprachgen 231-235
Spy 73

Stahl, Franklin 128
Staudinger, Hermann 97, 121
Stebbins, G. Ledyard 219, 224
Steinheim 196, 241
Steinwerkzeuge 55, 57, 59, 148, 154, 193, 194, 231
Sterkfontein 131, 132, 188
Strasburger, Eduard 84, 86, 88
Stratigrafie 57
Sturtevant, Alfred H. 108, 109
Sutton, Walter 87, 91, 92
Swanscombe 196, 241
Swartkrans 132, 188
Symbiose 12, 199, 219, 272

T

Tabakmosaikvirus 119, 178
Tautavel 196, 241
Taxonomie 48
Telomere 212, 272
Thomson, Charles W. 37
Thymin 97, 125, 179, 260, 269
Timoféeff-Ressowsky, Nikolai W. 160, 169
Tobias, Phillip 191, 240
Transduktion 160, 172, 272
Transfer-RNS 183, 184, 214, 274
Transformation 31, 33, 120, 266, 273
Transkription 180, 183, 184, 204, 214, 215, 244, 273
Transkriptionsfaktoren 11, 183, 204, 205, 207, 208, 214, 233, 273

Translation 183, 184, 271, 273, 274
Translokation 107, 263
Transmutation 33, 273
Transposition 107, 215
Transposon 215, 246, 248, 273
Triplett 180, 181, 183, 256, 261
t-RNS s. Transfer-RNS
Tschad 186, 193, 237, 239, 240
Tschermak von Seysenegg, Erich 60, 97
Turkana-Boy 193
Turkana-See 186, 188, 190, 193, 240

U

Überkreuzungen s. Crossing-over
Umweltfaktoren 164, 216, 245, 247
Uniformitätsgesetz (Mendel) 63
Uracil 179, 180, 268, 269
Uraha 190, 235, 237
Uratmosphäre 173
Urey, Harald Clayton 172, 173
Ursuppe 172, 173
Urzeugung 31

V

Vargha-Khadem, Faraneh 232
Varianten 12, 14, 15, 25-27, 32, 33, 36, 37, 51, 96, 106, 111, 116, 117, 186, 192, 215, 220, 247, 272, 274

Variation 11, 33, 34, 47, 80, 82, 99, 114, 117, 251, 259, 262, 263, 274
Vererbung, epigenetisch 246
Vererbung erworbener Eigenschaften 93, 94, 218, 223, 247, 251, 253
Vererbung, genetisch 61-66, vgl. Erbfaktoren
Vernalisation 166, 167
Virchow, Rudolf 53, 54
Vögel 13, 30, 35, 80, 83, 132
Vries, Hugo de 60, 96, 97, 111

W
Waddington, Conrad Hal 243-246
Waldeyer-Hartz, Wilhelm 86
Walker, Alan 188, 240
Wallace, Alfred Russel 25-27, 68, 72, 74-77, 94, 217, 218
Wallace, Douglas 198
Warburg, Otto 177
Warmblüter 30
Wasserstoffbrückenbindungen 127, 128, 260, 262
Watson, James D. 97, 122-129, 211
Wawilow, Nikolai I. 165
Weismann, August 84, 92-96, 218
Wernicke-Zentrum 233
White, tim 186, 239
Wieschaus, Eric F. 162, 202, 209
Wilberforce, Bischof Samuel 69-70, 112-115, 225
Wilkens, Maurice 97, 123, 124

Wilson, Allan 198-202
Wilson, Herbert 126
Wirbeltierembryonen 44

Y
Y-Chromosom-Adam 200

Z
Zebrafinken 234
Zeiss, Carl 85
Zellteilung 11, 13, 60, 88, 110, 127, 212, 221, 261, 267, 270
Zentromer 212, 274
Zimmer, Karl-Günter 160, 169
Zinjanthropus 140, 151, 152, 188
Zygote 89, 90, 100, 102, 208, 274
Zytologie 60, 94, 96
Zytoplasmafaktoren 101, 206

Legenden

Umschlag vorne:
„Geburt der Venus", Sandro Botticelli 1485. Florenz, Uffizien.
Grafik: Evolution der Schädelformen, von links nach rechts:
Sahelanthropus tschadensis, fast 7 Millionen Jahre alt
Ardipithecus ramidus, vor 4,4 Millionen Jahren
Australopithecus africanus, vor 3,5 bis 2,5 Millionen Jahren
Homo rudolfensis, vor 2,5 bis 1,8 Millionen Jahren
Homo erectus, vor 2 bis 0,3 Millionen Jahren
Homo sapiens sapiens, ab 160.000 Jahren vor heute
Unten rechts:
DNS-Doppelhelix mit semikonservativer Verdopplung (vgl. S. 128)

Umschlag hinten:
Charles Darwin im Alter von 30 Jahren. Aquarell von George Richmond 1839 (Ausschnitt). Kent, Down House.
Hintergrund: Kunstformen der Natur, Ernst Haeckel 1899 – 1904

Meine Hochachtung insgesamt für Ihr sehr ansprechend und fundiert geschriebenes Sachbuch, interessant und unterhaltsam zugleich. Es hat mir sehr gut gefallen, ich habe viel Neues gelernt, zumal ich auf diesem Gebiet Laie bin. Bei näherer Betrachtung geht von den Ereignissen bei der Evolution eine erstaunliche Faszination aus …

Petra Schmidt, Lektorin
Juli 2009